高职高专计算机系列规划教材

全国高职高专计算机立体化系列规划教材

SQL Server 数据库实例教程

主　编　汤承林　　杨玉东

副主编　李　焱　　程晓蕾　　陈金萍

北京大学出版社

PEKING UNIVERSITY PRESS

内 容 简 介

本书以创建一个"HcitPos 管理系统"为例,循序渐进地讲解 SQL Server 2005 数据库基础知识,介绍数据库的表的结构和数据的修改、结构化查询语句、事务处理、存储过程和触发器等知识。

本书内容简明扼要,对每一项重要内容都给出了一个图文并茂的任务并加上"特别提醒",充分考虑了 SQL Server 2005 数据库管理系统初学者的实际需要,保证初学者从知识的起点开始,逐步掌握 SQL Server 数据库管理和开发的基础知识。本书以"HcitPos 管理系统"为例,以任务的形式介绍 SQL Server 2005 的管理和开发技术,适合"理论实践一体化"的教学方法,将知识讲解与技能训练有机结合,融"教、学、做"于一体。每章节配备了课堂练习题、选择题与课外拓展题,附录给出了实验练习题,以帮助读者检验对每章的学习效果,还给出两个阶段性项目实战,可以帮助读者全面检查对数据库基础和高级应用的学习效果。

本书可作为高职高专院校学生和教师学习 SQL Server 数据库管理系统的参考书和教学用书,也适合 SQL Server 数据库管理系统的初、中级读者使用。

图书在版编目(CIP)数据

SQL Server 数据库实例教程/汤承林,杨玉东主编. —北京:北京大学出版社,2010.5

(全国高职高专计算机立体化系列规划教材)

ISBN 978-7-301-17174-5

Ⅰ. ①S… Ⅱ. ①汤…②杨… Ⅲ. ①关系数据库—数据库管理系统,SQL Server—高等学校:技术学校—教材 Ⅳ. ①TP311.138

中国版本图书馆 CIP 数据核字(2010)第 077492 号

书　　　　名:	SQL Server 数据库实例教程
著作责任者:	汤承林　杨玉东　主编
策 划 编 辑:	梁艾玲
责 任 编 辑:	李彦红
标 准 书 号:	ISBN 978-7-301-17174-5/TP · 1105
出 版 者:	北京大学出版社
地　　　　址:	北京市海淀区成府路 205 号　100871
网　　　　址:	http://www.pup.cn　http://www.pup6.com
电　　　　话:	邮购部 62752015　发行部 62750672　编辑部 62750667　出版部 62754962
电 子 邮 箱:	pup_6@163.com
印 刷 者:	北京鑫海金澳胶印有限公司
发 行 者:	北京大学出版社
经 销 者:	新华书店
	787mm×1092mm　16 开本　20.75 印张　500 千字
	2010 年 5 月第 1 版　2010 年 5 月第 1 次印刷
定　　　　价:	38.00 元

前　言

本书是一本关于 SQL Server 数据库管理的基础教程，在中文版 Microsoft SQL Server 2005 Enterprise Edition 中介绍对象，结合大量的任务讲解"数据库"和"数据对象"(表、视图、函数、存储过程、事务等)的概念和管理方法，并结合大量的任务讲解结构化查询语言的数据定义语言、数据操作语言命令语法。

SQL Server 2005 是一个非常优秀的关系型数据库管理系统，是一个功能强大的后台数据库管理系统，它可以帮助各种规模的企业管理数据，以强大的数据仓库以及与微软新产品良好的兼容性赢得越来越多的用户。越来越多的开发工具也提供了与 SQL Server 的接口。

SQL Server 2005 提供的 T-SQL 语言是一种交互式的功能强大的数据库查询语言，T-SQL 语言是对 SQL 语言的具体实现和扩展，通过 T-SQL 语言可以完成对 SQL Server 数据库的各种操作，进行数据库应用开发。它既可以在 SQL Server 中直接执行，也可以嵌入到其他高级程序设计语言中应用。

与其他数据库管理系统(Oracle、DB2 和 Sybase 等)相比，SQL Server 2005 的管理界面更直观、简洁，对于较难的操作，提供了清晰的配置向导，按步骤执行即可完成复杂的管理工作。此外，它还提供了从企业级大型数据管理到个人学习使用的各种版本，更适合作为学习数据库技术的入门工具。

本书的作者多年来一直从事数据库及数据库设计的教学工作，熟悉各种数据库管理系统的功能和特点，具有丰富的数据库教学、设计和开发经验，了解不同层次读者的实际需要，通过对本书的学习，读者不仅能够掌握 SQL Server 2005 数据库管理和开发的基础知识，而且能够清楚地学会通常情况下数据库应用项目从设计、开发到管理各个阶段的主要任务。读者还能够胜任有关 SQL Server 数据库应用项目的日常管理工作，成为合格的 SQL Server 数据库开发、管理和维护人员。

本书共 9 章，各章节的主要内容如下。

第 1 章："HcitPos 管理系统"教学案例功能简介，简要介绍案例应用系统的操作及功能。

第 2 章：介绍数据库的基础知识，包括数据库的发展历史、数据库的几个重要概念、数据库的设计过程及相关知识。

第 3 章：介绍使用 SSMS 和 T-SQL 语句创建、删除数据库的操作方法。

第 4 章：介绍数据库表的结构的修改和表中的数据库操作，主要讲解表的结构的修改、表中的数据库"增、删、改"操作。

第 5 章：查询，包括数据库表的模糊、多表和嵌套查询知识。

第 6 章：视图与索引，包括视图与索引的创建、修改等操作。

第 7 章：T-SQL 高级编程，包括 T-SQL 的控制语句的讲解、游标和事务知识的学习。

第 8 章：存储过程与触发器，包括存储过程与触发器的创建、执行和删除等操作。

第 9 章：数据库备份和安全管理操作，包括数据库的磁盘备份、导入与导出数据操作、用户权限的管理知识。

书后还有实验和阶段性项目实战。实验的内容紧紧围绕章节内容展开，供学生上机练习。

实验要与对应章节同步学习，在授课计划中实验要和前面的章节内容一起安排。

阶段性项目实战一在第 6 章学完后使用，阶段性项目实战二在第 9 章学完后使用，如果课时不足，留给学生课外自己练习。

表 1-1 简要介绍了本书的教学思路，表中列出了本书中所涉及的各目标任务及所对应的章节。

表 1-1　数据库技术教学思路

序号	任务描述与要求	相关知识与技能
1	了解案例数据库信息	第 1 章　"HcitPos 管理系统"教学案例功能简介
2	理解数据库技术基础知识	第 2 章　数据库设计
3	掌握数据库操作技术	第 3 章　SQL Server 2005 数据库基本操作
4	掌握数据库表操作技术	第 4 章　数据库表操作
5	掌握数据库查询技术	第 5 章　查询操作
6	掌握视图与索引知识	第 6 章　视图与索引操作
7	全面掌握数据库操作基本知识	阶段性项目实战一
8	掌握 T-SQL 语言知识	第 7 章　T-SQL 编程、游标和事务操作
9	掌握存储过程与触发器知识	第 8 章　存储过程与触发器操作
10	掌握数据安全与管理知识	第 9 章　数据库备份与安全管理操作
11	全面掌握数据库高级编程与管理知识	阶段性项目实战二

本书由江苏淮安信息职业技术学院汤承林副教授、淮阴工学院杨玉东博士任主编，江苏淮安信息职业技术学院李焱、万博科技职业学院程晓蕾和大连水产学院职业技术学院陈金萍任副主编。

由于编者的知识和水平有限，本书难免存在疏漏之处，敬请广大读者批评指正。

电子信箱：TCL12345678900@163.com。

编　者
2010 年 3 月

目　　录

第1章 "HcitPos 管理系统" 教学案例功能简介

本章目标

- 了解 C/S 模式数据库应用系统中数据的查询与更新方法,体验信息管理系统中增(增加)、删(删除)、改(修改)、查(查询)数据的过程。
- 了解数据库应用系统处理数据的方法和数据库存储与管理的操作方法。
- 掌握数据库应用系统的主要结构模式与组成。

本教材使用一个 "HcitPos 管理系统" 的后台数据库 "HcitPos" 作为全书案例数据库,并将在此数据库的基础上设计一个基于 C#的 "HcitPos 管理系统",旨在使学生体会学习数据库知识后数据库用在什么地方? 如何使用? 增强学生学习数据库知识的积极性、主动性和能动性。

该 "HcitPos 管理系统" 主要包括:商品信息的登记、业务处理、商品信息的查询统计和用户管理等。对 "HcitPos 管理系统" 的详细分析将在第 2 章阐述。

1. 操作演示

(1) 首先进入系统登录界面,输入用户 ID 和密码,验证用户 ID 与密码的正确性,有时会出现登录异常警告信息,表示数据库连接不正确,如图 1.1 所示;有时显示登录错误信息,表示用户 ID(工号)或密码不正确,如图 1.2 所示。

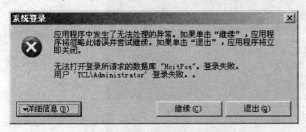

图 1.1 数据库连接错误显示信息

图 1.2 用户登录错误信息

(2) 登录成功后进入系统主界面，如图 1.3 所示。

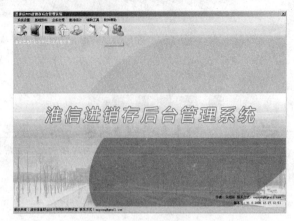

图 1.3　主菜单界面

(3) 单击【基础资料】菜单项，单击【商品类别设置】进入如图 1.4 所示的界面。

(4) 单击【基础资料】菜单项，单击【商品信息设置】进入如图 1.5 所示的界面。可以添加、修改与删除商品信息。

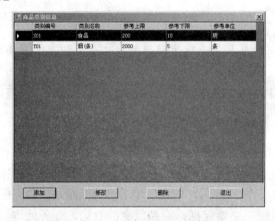

图 1.4　商品类别设置

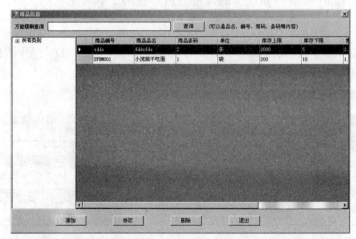

图 1.5　商品信息设置

(5) 单击【业务处理】菜单项，单击【采购入库】进入如图 1.6 所示的界面。可以添加、修改与删除商品采购信息。

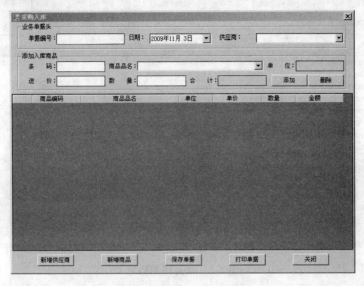

图 1.6 采购入库操作

(6) 单击【查询统计】菜单项，单击【商品采购查询】进入如图 1.7 所示的界面。可以查询商品采购汇总信息。

图 1.7 商品采购汇总

(7) 单击【商品统计】菜单项，单击【商品销售查询】进入如图 1.8 所示的界面。可以查询商品销售信息。

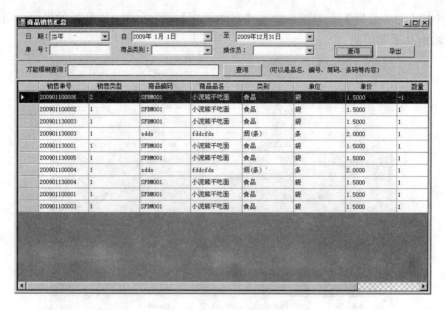

图 1.8　商品销售信息

(8) 执行 "HcitPos" 系统的所在文件夹下的 "前台" 文件夹下的 "HcitPos.Sale.exe" 调用前台销售子系统，出现如图 1.9 所示的界面。可以进行商品销售信息录入。

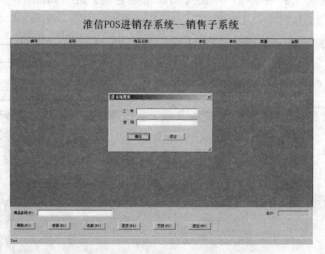

图 1.9　商品前台销售

限于篇幅，不再把系统中所有功能列出。

2. "HcitPos 管理系统" (后台)主要功能模块图

系统主要功能模块如图 1.10 所示。

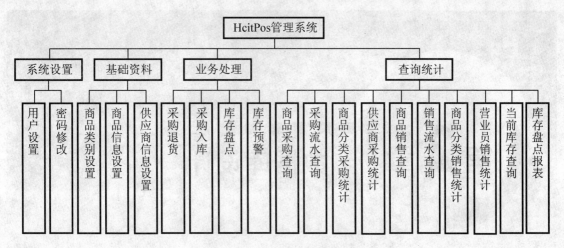

图 1.10 系统功能模块

"HcitPos 管理系统"还有一个前台销售子系统，如图 1.9 所示。

3. 数据流图

案例数据库的数据流图如图 1.11 所示。

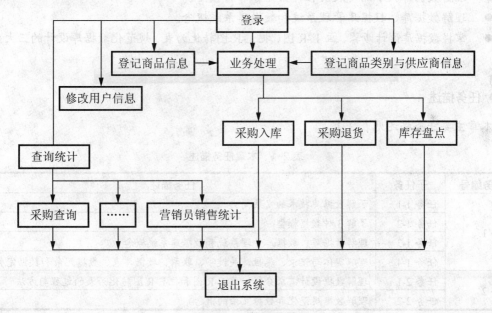

图 1.11 数据流图

第 **2** 章　数据库设计

 **本章目标**

- 理解数据库技术的发展历程、数据库 3 种模型。
- 理解数据库、数据库管理系统和数据库系统概念。
- 掌握数据库设计步骤、画 E-R 图、把 E-R 图转化为表、规范化数据库设计的三大范式。

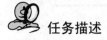 **任务描述**

本章主要任务描述见表 2-1。

表 2-1　本章任务描述

任务编号	子任务	任务描述
任务 1	任务 1-1	了解数据库技术的发展简史
	任务 1-2	了解 3 种数据模型
	任务 1-3	理解数据库、数据库管理系统和数据库系统概念
	任务 1-4	理解实体与记录、属性、关键字、联系、数据库表、数据冗余和数据完整性
任务 2	任务 2-1	理解数据设计需求分析、画 E-R 图和把 E-R 图转化为表的过程与方法
	任务 2-2	理解数据规范化和数据冗余的概念

2.1　数据库概述

【**任务 1**】了解数据库技术的发展历程、数据库的基本概念(数据、数据库、数据库管理系统和数据库系统)、数据库 3 种模型(网状模型、层次模型和关系模型)、实体、属性和联系等基础知识。

现实世界大量的信息是无序、杂乱无章的，它们经过人们的抽象、加工和处理在计算机中用符号表示成数据，最终人们采用 "0" 和 "1" 两个符号来表示数据，完成对数据的各种处理操作。在计算机程序设计中，如果都采用数组或其他形式的数据结构来表示或处理这些数据，一方面不能处理大量的数据，另一方面也不便于存储、检索、维护和加工利用。为了便于对数据进行收集、整理、组织、存储、查询、维护、传递和从中挖掘隐藏在大量数据中的规律，必须找到一个更有效的、能最大限度地提高数据的使用效率，减轻程序员和操作员的负担的数据处理技术，而数据库技术正是针对数据管理的计算机软件技术。

使用数据库技术可以高效且条理分明地存储数据，它使人们能够更加迅速和方便地管理数据，主要体现在如下几个方面。

(1) 可以结构化存储大量的数据信息，方便用户进行有效的检索和访问。

(2) 可以有效地保持数据信息的一致性、完整性、降低数据冗余。

(3) 可以满足应用的共享和安全方面的要求。

(4) 可以从中挖掘出规律性的信息，对人们的决策具有指导作用。

2.1.1 数据库发展简史

【任务 1-1】了解数据库技术的发展简史。

数据库技术产生于 20 世纪 60 年代末，至今已有 40 多年的历史。短短 40 多年，已从第一代的层次、网状数据库，到第二代的关系数据库，再发展到第三代的以对象模型为主要特征的数据库技术。

1968 年，IBM 公司在数据库管理系统方面研制成功了集成数据存储系统，它可以让多个程序共享数据库；1969 年 10 月，CODASYL 数据库研制者提出了网状模型数据库系统规范报告 DBTG，使数据库系统开始走向规范化和标准化；1979 年，IBM 公司 San Jose 研究所的 E.F.Codd 在美国计算机学会会刊 *Communication of the ACM* 上发表的题为 *A Relation Model of Data for Shared Data Bank* 的论文，开创了数据库系统的新纪元，这三件事情奠定了数据库技术的基础。

之后，E.F.Codd 连续发表了多篇论文，成功地奠定了关系数据库理论的基石。

1971 年，美国数据库系统语言协会在正式发表的 DBTG 报告中，提出了三级抽象模式，即对应用程序所需要的那部分数据结构描述的外模式，对全体数据的逻辑结构和特征的描述的概念模式，对数据的物理结构和存储结构描述的内模式，解决了数据独立性问题。

1976 年，美籍华人陈平山提出了数据逻辑设计的实际联系方法。1978 年，在新奥尔良发表的 DBDWD 报告中，他把数据库系统的设计过程划分为 4 个阶段：需求分析、信息分析与定义、逻辑设计和物理设计。

1984 年，David Marer 所著的《关系数据理论》一书标志着关系数据库在理论上的成熟。之后，关系模型从实验室走向社会，涌现了许多性能良好的商品化关系数据库系统。如微软公司的 SQL Server 2005，IBM 公司的 DB2，甲骨文公司的 Oracle 等。由于关系模型的理论性强，关系数据库语言使用的方便性，推动了关系数据库系统的应用和普及。因此从 20 世纪 80 年代末开始，关系数据库逐步取代了层次数据库和网状数据库，成为主流产品。本教材讲解的数据库为关系数据库。

2.1.2 数据模型

【任务 1-2】了解 3 种数据模型。

数据模型是数据库中数据的存储结构，是数据库技术研究的主要问题之一。在数据库发展历程中，有 4 种常见的数据模型，即层次模型、网状模型、关系模型和面向对象模型。

1. 层次模型

层次(或树模型)模型采用树状结构来表示数据之间的联系，树的结构也称为记录，记录之间只有简单的层次结构，层次模型满足下列两个条件。

(1) 有且只有一个节点没有父节点，该节点为树的根节点。

(2) 其他节点有且仅有一个父节点。

层次模型如图 2.1 所示。

IBM 公司在 1969 年研制的 IMS 系统是最典型的层次模型数据库系统。如人们使用的 Windows 2000/XP 等操作系统中的注册表就是一个层次模型数据库。

2. 网状模型

网状模型是层次模型的拓展，它满足下列条件。

(1) 可以有任意个节点没有父节点。

(2) 一个节点可以有多个父节点。

(3) 两个节点之间可以有两种或两种以上的联系。

网状模型如图 2.2 所示。

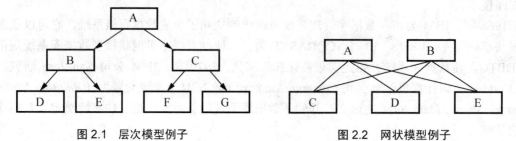

图 2.1　层次模型例子　　　　　　　图 2.2　网状模型例子

网状模型与层次模型的最大区别在于，两个节点之间的联系不是唯一的，DBTG 系统是典型的网状模型数据库系统。

3. 关系模型

关系模型是最重要的数据模型，其实它就是以二维表形式存储记录信息，如图 2.3 所示。从图中可以看出，关系模型实际上就是一个二维表。关系模型应用最为广泛，Access、Visual FoxPro、SQL Server、Oracle、Sybase 等都属于关系模型数据库管理系统。

	供应商编号	供应商名称	联系地址	联系人
1	GYS0001	淮安新源食品有限公司	健康西路51号	张三
2	GYS0002	上海徐家汇家用电器有限公司	徐家汇西路12号	李四
3	GYS0003	青岛电子有限公司	青岛上海路234号	王五
4	GYS0004	淮安新天地制鞋有限公司	淮海路21号	钱六
5	GYS0005	洋河酒厂	江苏洋河镇21号	王小四

图 2.3　关系模型例子

关系模型中的关系具有如下条件。

(1) 关系中的每一列(属性)都是不能再分的基本字段。

(2) 各列定义不同的名字。

(3) 各行不应重复。

(4) 行列次序无关紧要。

在本书中所学习的内容就是关系模型数据库管理系统 SQL Server 2005，此后所述的数据库都默认为关系模型数据库，以后就不再重复强调了。

4. 面向对象模型

面向对象模型是一种新兴的数据模型，它采用面向对象的特点来设计数据库，面向对象模型的数据库中存储对象以对象为单位，每个对象包含了对象的属性和方法，具有类和继承等特点。Computer Associates 的 Jasmine 属于面向对象的数据库系统。目前尚无完备的理论基础和实现标准，只是处在实验阶段，有些是扩充关系模型的关系，属于半面向对象数据库。

2.1.3　数据库的几个概念及关系

【任务 1-3】理解数据库、数据库管理系统和数据库系统概念。

1. 数据库概念

数据库(DataBase，DB)，顾名思义，是存放数据的仓库。只不过这个仓库是在计算机存储设备上，而且数据是以一定的格式存放的。

比较好的描述是：所谓数据库是指长期存储在计算机内的、有组织的、有结构的、可共享的数据集合。数据库中的数据按一定的数据模型组织、描述和存储，具有较小的冗余度、较高的数据独立性和易扩展性，并可供各类用户共享。

2. 数据库管理系统

有了数据库之后，如何更科学地组织和管理数据库中的数据，完成这一任务的是一个系统件——数据库管理系统(DataBase Management System，DBMS)。数据库在建立、运用和维护时，由数据库管理系统统一管理、控制。数据库管理系统使用户能方便地定义数据和操纵数据，并能够保证数据的安全性、完整性、多用户对数据的并发使用及发生故障后的系统恢复。

3. 数据库应用系统

数据库应用系统(DataBase Application System，DBAS)是在数据库管理系统支持下运行的一类计算机应用(软件)系统。它由 3 部分组成：数据库、数据管理系统(DBMS)和应用程序(用户编写)。

4. 数据库系统

数据库系统(DataBase System，DBS)由数据库应用系统、计算机硬件和软件系统与人(数据库管理员和用户)3 部分构成。

人们形象地把上述的几个概念及相关软、硬件用图 2.4 表示。

图 2.4　数据库系统示意图

2.1.4　数据库描述

【任务 1-4】理解如下几个关键词：实体与记录、属性、关键字、联系、数据库表、数据冗余和数据完整性。

1. 实体(Entity)与记录(Record)

在生活中，经常会听说"实体"一词，例如：一个部门就可以称为一个实体，又如一个学生、一个教师、一门课程、一个班级等都可以称为实体。在数据库概念中，实体是所有客观存在的、可以被描述的事物，也可以说，一个具体的或抽象的事物叫做实体。

在计算机中描述这些实体的时候，采用的方法是针对这些实体所具有的"特征或特性"进行表述，例如：针对供应商信息，要描述的信息有供应商编号、供应商名称、联系地址和联系人等；而对商品信息，要描述的信息应包括商品编号、商品类型、商品名称、价格等。

再深入考虑一下，对于不同的供应商的描述，在供应商编号、供应商名称、联系地址、联系人等几个方面进行描述时分别具有统一格式，但是具体到不同的供应商的供应商编号、供应商名称、联系地址等是不一样的，因此只要是对供应商的描述，描述的"格式"都是一样的，在这种格式下，不同的数据体现了不同的实体。

图 2.5 是描述实体与二维表(供应商信息表)的对应关系。

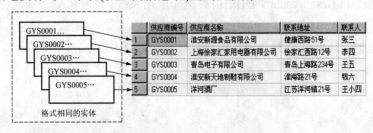

图 2.5　实体与二维表中行的对应关系

通过图 2.5 可以看出，现实生活中的表格的每一行(Row)对应于一个实体，在数据库中把每一"行"称为"一条记录"，数学中称为"一个元组"，而把所有记录组成的表格称为数据库的"表"(Table)，实体中的每个特征或特性称为"列"(Column)或"字段"或"属性"或"数据项"，"一条记录"中每个"字段"具体的值称为"数据"，如图 2.6 所示。

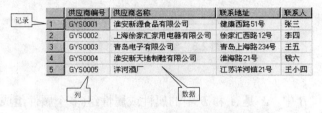

图 2.6　一个表中的信息表示

2. 属性(Attribute)

在前面描述供应商实体时，描述供应商的"特征或特性"的信息有供应商编号、供应商名称、联系地址和联系人等。这些描述实体所具有的某一特性称为属性，属性抑或称为列、字段或数据项。一个实体可以由若干个属性来刻画。

3. 键(Key)

在商品信息实体中，商品编号和条形码两列都可以唯一区分(或标识)不同的商品，即不能有重复的商品编号和条形码，如图 2.7 所示。

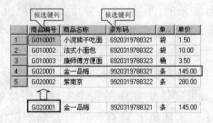

图 2.7　主键唯一标识记录

从图 2.7 可以看出，一个实体中可能有多个列唯一标识一条记录，把唯一标识一条记录的列称为候选键(或关键字)(Alternate Key)。候选键分为主键和候选键(或唯一键)。把其中能够更真实反映实体的候选键称为主键(Primary Key)。例如，商品编号是反映一个销售部门销售商品的情况，不是针对所有生产厂商生产的商品，所以把商品编号作为主键，而条形码仍称为候选键。又如，在学生基本情况信息这样的实体中，学号和身份证都可唯一标记一条记录，但在学校这个环境中，选择学号作为主键是再恰当不过的。

🃏 **特别提醒：**

主键不一定是一个列，可能是多个列的组合，唯一标识记录的多个列组成的键称为组合键，如图 2.8 中的进货明细表，进货单号与商品编号才能唯一标识某进货单号中某一商品的进货价格和进货数量。

图 2.8　组合键作为主键

4. 外键

在两个实体 A 和 B 中，X 是 A 和 B 中的属性或属性组(多个属性组成)且是 A 的主键或唯一键，则 X 称为 B 的外键(Foreign Key)。例如，商品信息实体中的商品编号和进货明细实体中的商品编号，商品编号是商品信息实体的主键且是进货明细实体的外键。主键和外键提供了表示两个实体之间联系的手段。

5. 实体集

具有相同属性的实体有相同的特性和性质。用实体名及其属性名集合来抽象和刻画同类实体，称为实体型(Entity)。例如供应商(供应商编号，供应商名称，联系地址，联系人，电话)是一个实体型，同型的实体的集合称为实体集(Entity Set)。例如全体供应商就是一个实体集。

6. 联系(Relationship)

现实世界的事物之间是有联系的，这种联系必须要在信息世界中加以反映。一般存在两类联系：一类是实体内部的联系，如组成实体的属性之间的联系；另一类是实体之间的联系，下面讨论实体之间的联系。

两个实体集之间的联系可以分为 3 类：

(1) 一对一联系(1∶1)。如果实体集 A 中的每个实体，实体集 B 中至多有一个实体与之联系；反之亦然，则称实体集 A 与实体集 B 具有一对一联系，记作 1∶1。

例如，学校里，一个班级只有一个班长，而一个班长只在一个班级中任职，则班级与班长之间具有一对一联系。

(2) 一对多联系(1∶n)。如果实体集 A 中的每个实体，实体集 B 中至多有 n 实体($n \geq 0$)与之联系；反之，实体集 B 中的每一个实体，实体集 A 中至多只有一个实体与之联系。则称实体集 A 与实体集 B 具有一对多联系，记作 1∶n。

例如，学校里，一个班级有若干名学生，而每个学生只在一个班级中学习，则班级与学生之间具有一对多联系。

(3) 多对多联系($m∶n$)。如果实体集 A 中的每个实体，实体集 B 中有 n 个实体($n \geq 0$)与之联系；反之，实体集 B 中的每一个实体，实体集 A 中也有 m 个实体($m \geq 0$)与之联系。则称实体集 A 与实体集 B 具有多对多联系，记作 $m∶n$。

例如，商品进销存中，商品信息与供应商信息，一种商品可能由多个供应商提供，一个供应可能提供多种商品，商品与供应商之间是多对多的联系。

实际上，一对一联系是一对多联系的特例，而一对多联系又是多对多联系的特例，它们之间的关系如图 2.9 所示。

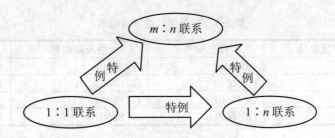

图 2.9 3 类联系之间的关系

7. 数据库表

不同的记录组织在一起，就形成了数据库的"表"，也可以说，表是实体的集合，是用来存储具体的数据的。

一个数据库可以包括多个表(实体)，简单地说数据库就是表的集合。

早期一个数据库就是一个表，现在数据库不仅是表的集合，而且还包括各个表之间的关系。因为现实世界中的实体之间是相互联系的，如实体供应商和进货单之间是存在联系的，它们之间的联系用"供应"来表示。表与表之间是互相联系的，把表之间的联系称为"关系"，也就是说，数据库包括多个表及表之间的"关系"。

这些"关系"后来被人们高度抽象，成为今天统一的概念，通过键、类型、规则、权限、约束、触发器等抽象概念来表达。

随着数据库的发展和需求的增加，数据库管理还产生了其他一些辅助的功能，为了便于查询产生存储过程、视图和游标等操纵数据库中表的对象，这些也成为数据库的一个重要的组成部分。

8. 数据冗余和数据完整性

数据冗余(Redundance)是指一种数据存在多个相同的副本，数据库系统中可以大大减少数据冗余，提高数据的使用效率。

比如：在"HcitPos 管理系统"数据库的进货明细表中，使用的进货信息见表 2-2。

表 2-2　进货明细表

编号	进货单号	商品名称	供应商名称	单价	进货数量	计量单位
1	P0001	小浣熊干吃面	淮安新源食品有限公司	1.5	100	袋
2	P0001	美的电冰箱	淮安苏宁电器	2345.0	10	台
3	P0002	小浣熊干吃面	淮安新源食品有限公司	1.5	200	袋
4	P0002	美的电冰箱	淮安苏宁电器	2345.0	13	台

从表 2-2 中可以看出，第 1 条和第 3 条记录、第 2 条和第 4 条记录商品名称中出现相同"小浣熊干吃面"、"美的电冰箱"；第 1 条和第 3 条记录、第 2 条和第 4 条记录供应商名称中出现相同"淮安新源食品有限公司"、"淮安苏宁电器"；第 1 条和第 3 条记录、第 2 条和第 4 条记录计量单位中出现相同"袋"、"台"，因而存在重复的数据，有简化的必要。

减少数据冗余最常见的方法是分类存储。其方法是把进货明细表分解成如表 2-3、表 2-4、表 2-5、表 2-6 所示。

表2-3 调整后的进货明细表

编号	进货单号	商品编号	供应商编号	进货数量
1	P0001	G010001	GYS0001	100
2	P0001	G050001	GYS0007	10
3	P0002	G010001	GYS0001	200
4	P0002	G050001	GYS0007	13

表2-4 商品信息表

商品编号	商品名称	单价	…
G010001	小浣熊干吃面	1.5	…
G050001	美的电冰箱	2345.0	…
…	…	…	…

表2-5 供应商信息表

供应商编号	供应商名称	…
GYS0001	淮安新源食品有限公司	…
GYS0007	淮安苏宁电器	…
…	…	…

表2-6 商品计量单位表

计量单位编号	计量单位
1	台
2	袋
…	

经过这样的处理，可以有效地减少数据冗余，但也会增加数据查找的复杂性，查找进货明细信息需要查找4个表，这样也无疑增加了查找的复杂性、降低了查找效率。例如把商品计量单位与商品信息表合二为一，见表2-7。因为商品的计量单位不多，又易统一，所以保留了一定的数据冗余，即是说数据库允许一定的数据冗余。

表2-7 调整后的商品信息表

商品编号	商品名称	单价	计量单位	…
G010001	小浣熊干吃面	1.5	袋	…
G050001	美的电冰箱	2345.0	台	…
…	…	…	…	…

数据完整性(Integrity)指数据的正确性、有效性和相容性，即将数据控制在有效的范围内，或要求数据之间满足一定的关系。

例如，在"HcitPos 管理系统"中，删除商品信息表中一条商品信息，那么进货明细表、销售明细表、库存盘点明细表相应的商品信息应全部删除；删除供应商信息表中一条供应商信息，那么进货信息表中相应的供应商信息应全部删除；进货一件商品或销售一件商品，则在商品信息表中的库存数量也该相应的增加或减少。

因而在设计数据库时，应该考虑数据库不要有太多的数据冗余和确保数据的完整性。

2.2   规范数据库设计步骤

【任务2】理解数据库设计步骤、画 E-R 图、把 E-R 图转化为表、规范化数据库设计的三大范式和数据完整性。

在实际的项目开发中，如果系统的数据存储量较大，设计的表比较多，表和表之间的关系比较复杂，需要考虑规范的数据库设计，然后再进行具体的创建库、创建表工作，不管是 B/S，还是创建 C/S 程序设计，数据库设计的重要性都是不言而喻的。如果设计不当，查询起来就非常吃力，程序的性能也会受到影响。无论使用的是 SQL Server 还是 Oracle 数据库，通过进行规范化的数据库设计，都可以使程序代码更具可读性，更容易扩展，从而也会提升项目的应用性能。

何谓数据库设计？简单地说，数据库设计就是规划和结构化数据库中数据对象以及这些数据对象之间关系的过程。

图 2.10 所示为数据库 HcitPos 中的商品信息表(GoodsInfo)、进货信息表(PurchaseInfo)和进货明细表(PurchaseDetails)3 个表之间的关系。

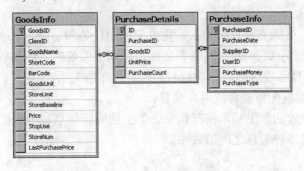

图 2.10 HcitPos 库中 3 表关系

数据库中创建的数据结构的种类，以及在数据对象之间建立的复杂关系是数据库系统效率的重要决定因素。

一个好的数据库设计表现为以下几点：效率较高；更新和检索数据时不会出现问题；便于进一步扩展；应用程序开发容易。

【任务 2-1】理解数据库设计需求分析、画 E-R 图和把 E-R 图转化为表的过程与方法。

对项目设计的开发一定要有一个整体的感性认识，项目开发需要经过需求分析、概要设计、详细设计、代码编写、运行测试和打包发行等几个阶段。这里重点讨论各个阶段的数据库设计过程。

(1) 需求分析阶段：分析客户的业务和数据处理需求。

(2) 概要设计阶段：绘制数据库的 E-R 图，用于在项目团队内部、设计人员和客户之间进行沟通，确认需求信息的正确和完整。

(3) 详细设计阶段：将 E-R 转换为多张表，进行逻辑设计，确认各表的主外键，并应用数据库的三大规范进行审核。经项目组开会讨论确定后，还需要根据项目的技术实现、团队开发能力以及经费来源，选择具体的数据库进行物理实现，包括创建数据库、表、存储过程和触发器等。

(4) 代码编写阶段：编写数据库、表、视图、用户自定义函数、存储过程和触发器等对象的代码。

(5) 运行测试阶段：数据对象代码的运行调试，分析，保证数据库数据的完整性、一致性。

(6) 打包发行阶段：数据库的备份。

2.2.1 需求分析阶段的数据库设计

需求分析阶段的重点是调查、收集并分析客户业务数据需求、处理需求、安全性与完整性需求等。

常用的需求调查方法有：在客户的单位跟班实习、组织召开调查会、邀请专人介绍、设计调查表并请用户填写、查阅业务相关数据记录等。

常用的需求分析方法有：调查客户的单位组织情况、各部门的业务需求情况、协助客户分析系统的各种业务需求、确定新系统的边界。

无论数据库的大小和程序复杂性如何，在进行数据库的系统分析时，都可以参考下列基本步骤：收集信息、标识实体、标识每个实体需要存储的详细信息、标识实体之间的关系。

1) 收集信息

创建数据库之前，必须充分理解数据库需要完成的任务和功能。简单地说，用户需要了解数据库需要存储哪些信息(数据)，实现哪些功能。以本书讲解的"HcitPos 管理系统"为例，需要了解"HcitPos 管理系统"的具体功能与后台数据库的关系。

用户登录，后台数据库需要存放用户信息。

(1) 后台数据库存放的学生基本情况信息、学生的成绩信息和班级信息等。

(2) 后台数据库的各种信息之间的关系。

2) 标识实体

在收集需求信息后，必须标识数据库要管理的关键实体。以"HcitPos 管理系统"为例，其具体包含如下实体。

(1) 供应商实体：反映供应商情况。

(2) 商品计量单位实体：反映商品计量单位情况，如"台"、"袋"、"双"等。

(3) 商品类别实体：商品的分类，如一般把商品分为：食品类、烟酒类、服装与鞋类、家用电器类、日杂用品类和文化用品类等。

(4) 商品信息实体：登记商品信息。

(5) 权限信息实体：登记用户权限信息。

(6) 用户信息实体：反映用户名称、用户 ID、用户密码和权限情况。

(7) 进货信息表实体：登记进货商品的批次、供应商信息等。

(8) 进货明细实体：反映进货商品的详细信息。

(9) 销售类型实体：反映销售商品类型情况。

(10) 销售信息实体：反映销售商品的销售单号、销售金额等情况。

(11) 销售明细实体：反映销售商品的详细信息，如商品数量和单价等。

(12) 库存盘点信息实体：反映库存盘点情况。

(13) 库存盘点信息明细实体：反映库存盘点详细情况，如库存盘点明细编号、盘点单号、盘点商品、库存数量和盘点数量等。

(14) 菜单项信息实体：反映操作软件菜单编码及菜单项情况。

(15) 小票打印信息实体：反映小票打印的表头和表尾信息。

(16) 提示信息实体：反映该 POS 系统操作的提示信息。

数据库中每个不同的实体一般都拥有一个与其对应的表，也就是说，在数据库中，会对应 16 张表，分别是供应商信息表、商品计量单位表、商品类别表、商品信息表、进货信息表、进货明细表、销售类型表、销售信息表、销售明细表、库存盘点信息表、库存盘点明细表、用户表、权限表、菜单项信息表、小票打印信息表和提示信息表。

3) 标识每个实体需要存储的详细信息(属性)

将数据库中的主要实体标识为表的候选对象以后,下一步就是标识每个实体存储的详细信息,也称为该实体的属性,这些属性将组成表中的列。简单地说,就是需要细分出每个实体包含的成员信息。以"HcitPos 管理系统"为例,逐个分解每个对象的成员信息。

对实体的描述,一般表示如下。

实体名(属性 1,属性 2,属性 3,…,属性 n)

其中:"属性 1"带下划线,表示是主键。

这样,即可对"HcitPos 管理系统"中的各实体描述如下。

(1) 供应商(供应商编号,供应商名称,助记码,联系地址,联系人,电话,手机,传真,邮政编码,电子邮件,主页,开户行,银行账号,税号,备注)

(2) 商品计量单位(计量单位编号,计量单位)

(3) 商品类别(商品类别编号,商品类别名称)

(4) 商品信息(商品编号,商品类别,商品名称,拼音简码,条形码,计量单位编号,库存上限,库存下限,单价,是否可用,库存数量,上次进价)

(5) 权限信息(权限编号,权限名称)

(6) 用户(用户编号,用户名,密码,权限编号,是否可用)

(7) 进货信息(进货单号,进货日期,供应商编号,操作员,进货金额,进货类型)

(8) 进货明细(编号,进货单号,商品编号,单价(实际),进货数量)

(9) 销售类型(编号,名称)

(10) 销售信息(销售单号,销售类型,销售金额,操作员,销售时间)

(11) 销售明细(编号,销售单号,商品编号,数量,单价)

(12) 库存盘点信息(盘点单号,盘点日期,操作员)

(13) 库存盘点明细(编号,盘点单号,商品编号,库存数量,盘点数量)

(14) 小票打印信息(编号,小票头,小票尾,是否打印)

(15) 提示信息(编号,内容,提示类型,提示方式)

(16) 菜单项(菜单项编号,菜单项名称)

注意:带下划线的属性为实体的主键。

4) 标识实体之间的关系

关系型数据库有着非常强大的功能,它能够关联数据库中各个项目的相关信息。不同类型的信息可以单独存储,但是如果需要,数据库引擎可以根据需要将数据库组合起来。在设计过程中,要标识实体之间的关系,需要分析这些表,确定这些表在逻辑上是如何相关的,以及添加关系列建立起表之间的连接。

以"HcitPos 管理系统"为例:

(1) 供应商实体与进货信息实体之间的主从关系,需要进货信息实体中表示所进商品属于哪个供应商。

(2) 商品类别实体与商品信息实体之间的主从关系。

(3) 商品信息实体与进货明细实体之间的主从关系。

(4) 进货信息实体与进货明细实体之间的主从关系。

(5) 销售类型实体与销售信息实体之间的主从关系。

(6) 销售信息实体与销售明细实体之间的主从关系。

(7) 商品信息实体与销售明细实体之间的主从关系。

(8) 库存盘点信息实体与库存盘点明细实体之间的主从关系。

(9) 商品信息实体与库存盘点明细实体之间的主从关系。

(10) 用户信息实体与进货信息实体之间的主从关系。

(11) 用户信息实体与销售信息实体之间的主从关系。

(12) 用户信息实体与库存盘点信息实体之间的主从关系。

(13) 计量单位实体与商品信息之间的主从关系。

(14) 权限信息实体与用户信息实体之间的主从关系。

2.2.2 绘制 E-R 图

在需求阶段解决了客户的业务和数据处理需求后,就进入了概要设计阶段,此时需要和项目团队的其他成员以及客户沟通,讨论数据库的设计是否满足客户的业务和数据处理需求。和机械行业需要机械制图、建筑行业需要施工图纸一样,数据库设计也需要图形化的表达式——E-R(Entity-Relationship)实体关系图,它也包括一些具有特定含义的图形符号。

E-R 图以图形方式将数据库的整个逻辑结构表示出来,E-R 图的组成包括如下几部分。

(1) 矩形表示实体。

(2) 椭圆形表示属性。

(3) 菱形表示实体之间的联系。

(4) 直线用来连接属性和实体集,也用来连接实体集和联系。

根据 E-R 图的各种符号,可以绘制"HcitPos 管理系统"的 E-R 图。

这里先画出每个实体 E-R 图,再画出实体集 E-R 图(不含属性)。

(1) 供应商 E-R 图如图 2.11 所示。

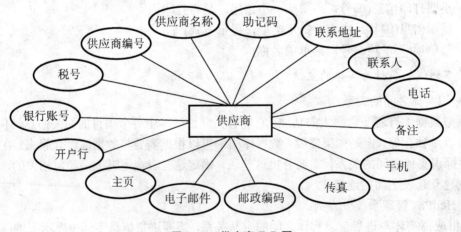

图 2.11 供应商 E-R 图

(2) 商品计量单位 E-R 图如图 2.12 所示。

图 2.12　商品计量单位 E-R 图

(3) 商品类别 E-R 图如图 2.13 所示。

图 2.13　商品类别 E-R 图

(4) 商品信息 E-R 图如图 2.14 所示。

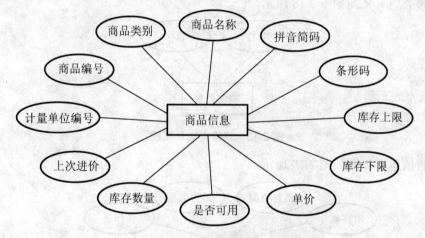

图 2.14　商品信息 E-R 图

(5) 权限信息 E-R 图如图 2.15 所示。

图 2.15　权限信息 E-R 图

(6) 进货信息 E-R 图如图 2.16 所示。

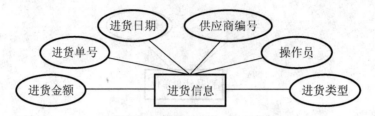

图 2.16　进货信息 E-R 图

(7) 进货明细 E-R 图如图 2.17 所示。

图 2.17　进货明细 E-R 图

(8) 销售类型 E-R 图如图 2.18 所示。

图 2.18　销售类型 E-R 图

(9) 销售信息 E-R 图如图 2.19 所示。

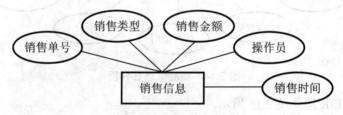

图 2.19　销售信息 E-R 图

(10) 销售明细 E-R 图如图 2.20 所示。

图 2.20　销售明细 E-R 图

(11) 库存盘点信息 E-R 图如图 2.21 所示。

图 2.21　库存盘点信息 E-R 图

(12) 库存盘点明细 E-R 图如图 2.22 所示。

图 2.22　库存盘点明细 E-R 图

(13) 小票打印信息 E-R 图如图 2.23 所示。

图 2.23　小票打印信息 E-R 图

(14) 提示信息 E-R 图如图 2.24 所示。

图 2.24　提示信息 E-R 图

(15) 用户信息 E-R 图如图 2.25 所示。

图 2.25　用户信息 E-R 图

(16) 菜单项 E-R 图如图 2.26 所示。

图 2.26　菜单项信息 E-R 图

(17) 实体集 E-R 图如图 2.27 所示。

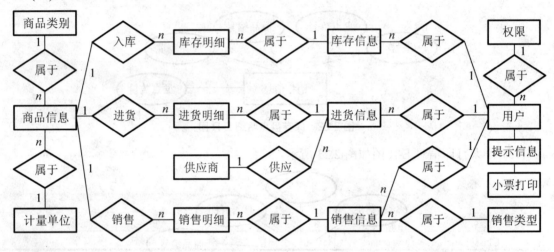

图 2.27　实体集 E-R 图

2.2.3　将 E-R 图转换为表

概要设计阶段解决了客户的需求问题，并绘制了 E-R 图，在详细设计阶段，需要把 E-R 图转换为多张表，并标识表的主外键，本节将介绍如何将 E-R 图转换成表，如何审核各表的结构是否规范。

为了叙述方便，这里把实体集也称为实体。

第一步，将各实体转换为对应的表，将各属性转换为各表对应的列。

第二步，标识每个表的主键列，需要注意的是：对没有主键的表添加 ID 编号列，它没有实际含义，只用作主键或外键。

第三步，将联系的属性与联系相关的实体的主键组合成一个表。例如现实中的含有学号、课程号和成绩列的学生成绩表是由学生基本信息表中的学号和课程表中的课程号构成的。

最后得到的数据字典(仅供参考)见表 2-8～表 2-23。

表 2-8　供应商信息表(SupplierInfo)

序号	列名	数据类型	长度	列名含义	说明
1	SupplierID	varchar	20	供应商编号	主键
2	SupplierName	varchar	250	供应商名称	非空
3	ShortCode	varchar	50	助记码(缩写)	
4	Address	varchar	500	联系地址	默认值"地址不详"
5	LinkMan	varchar	10	联系人	

续表

序号	列名	数据类型	长度	列名含义	说明
6	Phone	varchar	20	电话	
7	Mobile	varchar	20	手机	
8	Fax	varchar	20	传真	
9	Postcode	varchar	6	邮政编码	检查约束(6 位数字)
10	E-mail	varchar	50	电子邮件	检查约束(含 "@" 符号)
11	HomePage	varchar	50	主页	检查约束(含 "http://www.")
12	BankName	varchar	50	开户行	
13	BankAccount	varchar	50	银行账号	
14	TaxID	varchar	50	税号	
15	Notes	varchar	50	备注	

表 2-9　商品计量单位表(GoodsUnit)

序号	列名	数据类型	长度	列名含义	说明
1	UnitID	varchar	4	计量单位编号	主键
2	Unit	varchar	4	计量单位	非空

表 2-10　商品类别表(GoodsClass)

序号	列名	数据类型	长度	列名含义	说明
1	ClassID	varchar	10	商品类别编号	主键
2	ClassName	varchar	50	商品类别名称	非空

表 2-11　商品信息表(库存表)(GoodsInfo)

序号	列名	数据类型	长度	列名含义	说明
1	GoodsID	varchar	50	商品编号	主键
2	ClassID	varchar	10	商品类别	外键，GoodsClass (ClassID)
3	GoodsName	varchar	250	商品名称	非空
4	ShortCode	varchar	50	拼音简码	
5	BarCode	varchar	20	条形码	唯一性约束
6	GoodsUnit	varchar	4	计量单位编号	外键，GoodsUnit (Unit ID)
7	StoreLimit	int		库存上限	默认值 0
8	StoreBaseline	int		库存下限	默认值 0
9	Price	money		单价	默认值 0
10	StopUse	bit		是否可用	
11	StoreNum	int		库存数量	默认值 0
12	LastPurchasePrice	money		上次进价	默认值 0

表 2-12　权限信息表(RightInfo)

序号	列名	数据类型	长度	列名含义	说明
1	RightID	varchar	10	权限编号	主键
2	RightName	varchar	max	权限名称	非空

表 2-13　用户表(UsersInfo)

序号	列名	数据类型	长度	列名含义	说明
1	UserID	varchar	20	用户编号	主键
2	UserName	varchar	10	用户名	非空
3	Password	varchar	50	密码	
4	RightID	varchar	10	权限编号	外键，RightInfo(RightID)
5	Available	bit		是否可用	默认值 1

表 2-14　进货信息表(PurchaseInfo)

序号	列名	数据类型	长度	列名含义	说明
1	PurchaseID	varchar	50	进货单号	主键
2	PurchaseDate	datetime		进货日期	默认 getdate()
3	SupplierID	varchar	20	供应商编号	外键，SupplierInfo(SupplierID)
4	UserID	varchar	20	操作员	外键，UsersInfo(UserID)
5	PurchaseMoney	meney		进货金额	
6	PurchaseType	int		进货类型	检查约束(值为：1，2)默认值 1

表 2-15　进货明细表(PurchaseDetails)

序号	列名	数据类型	长度	列名含义	说明	
1	ID	int		编号	标识列	
2	PurchaseID	varchar	50	进货单号	外键，PurchaseInfo(PurchaseID)	主键
3	GoodsID	varchar	50	商品编号	外键 GoodsInfo(GoodsID)	
4	UnitPrice	meney	20	单价(实际)	默认值 0	
5	PurchaseCount	int		进货数量	默认值 0	

表 2-16　SalesType 销售类型表(字典表)

序号	列名	数据类型	长度	列名含义	说明
1	ID	varchar	2	编号	主键
2	Name	varchar	50	名称	取值：零售、批发、团购

表 2-17　销售信息表(SalesInfo)

序号	列名	数据类型	长度	列名含义	说明
1	SalesID	varchar	50	销售单号	主键
2	SalesType	varchar	2	销售类型	外键，SalesType(ID)，默认值 "1"
3	SalesMoney	money		销售金额	默认值 0
4	UserID	varchar	20	操作员	外键，UsersInfo(UserID)
5	SalesTime	datetime		销售时间	默认值 getdate()

表 2-18　销售明细表(SalesDetails)

序号	列名	数据类型	长度	列名含义	说明	
1	ID	int		编号	标识列	
2	SalesID	varchar	50	销售单号	外键，SalesInfo(SalesID)	主键
3	GoodsID	varchar	50	商品编号	外键，GoodsInfo(GoodsID)	
4	SalesCount	int		数量	默认值 0	
5	UnitPrice	money		单价	默认值 0	

表 2-19 库存盘点信息表(CheckInfo)

序号	列名	数据类型	长度	列名含义	说明
1	CheckID	varchar	50	盘点单号	主键
2	CheckDate	datetime		盘点日期	默认值 getdate()
3	UserID	varchar	20	操作员	外键，UsersInfo(UserID)

表 2-20 库存盘点明细表(CheckDetails)

序号	列名	数据类型	长度	列名含义	说明	
1	ID	int		编号	标识列	
2	CheckID	varchar	50	盘点单号	外键，CheckInfo(CheckID)	主键
3	GoodsID	varchar	50	商品编号	外键，GoodsInfo(GoodsID)	
4	StoreNum	int		库存数量	默认值 0	
5	CheckNum	int		盘点数量	默认值 0	

表 2-21 小票打印信息表(SystemSet)

序号	列名	数据类型	长度	列名含义	说明
1	ID	varchar	2	编号	
2	PrintTitle	varchar	250	小票头	
3	PrintFooter	varchar	250	小票尾	
4	ShowTip	bit		是否打印	默认值 0

表 2-22 提示表(Tips)

序号	列名	数据类型	长度	列名含义	说明
1	ID	uniqueidentifier		编号	主键，默认约束(newid())
2	Contents	varchar	max	内容	
3	TipsType	int		提示类型	取值：1-一次性，2-每周，3-每月，4-每年
4	TipsMethod	varchar	250	提示方式	

表 2-23 菜单项表(MenuItemInfo)

序号	列名	数据类型	长度	列名含义	说明
1	MenuItemID	varchar	4	菜单项编号	主键
2	MenuItemName	varchar	max	菜单项名称	

第四步，还需要在表之间体现实体之间的映射关系。

(1) 供应商信息表(SupplierInfo)中的供应商编号(SupplierID)与进货信息表(PurchaseInfo)中的供应商编号(SupplierID)的主、外键关系。

(2) 商品类别表(GoodsClass)中商品类别(ClassID)与商品信息表(库存表)(GoodsInfo)中的商品类别(ClassID)的主、外键关系。

(3) 商品信息表(库存表)(GoodsInfo)中商品编号(GoodsID)与进货明细表(PurchaseDetails)中的商品编号(GoodsID)的主、外键关系。

(4) 进货信息表(PurchaseInfo)中的进货单号(PurchaseID)与进货明细表(PurchaseDetails)中的进货单号(PurchaseID)的主、外键关系。

(5) SalesType 销售类型表(字典表)中编号(ID)与销售信息表(SalesInfo)中销售销售类型(ID)的主、外键关系。

(6) 销售信息表(SalesInfo)中的销售单号(SalesID)与销售明细表销售单号(SalesID)的主、外键关系。

(7) 商品信息表(库存表)(GoodsInfo)中商品编号(GoodsID)与销售明细表(SalesDetails)中的商品编号(GoodsID)的主、外键关系。

(8) 库存盘点信息表(CheckInfo)中盘点单号(CheckID)与库存明细表(CheckDetails)中盘点单号(CheckID)的主、外键关系。

(9) 商品信息表(库存表)(GoodsInfo)中商品编号(GoodsID)与库存明细表(CheckDetails)中的商品编号(GoodsID)的主、外键关系。

(10) 用户权限表(RightInfo)中用户权限编号(RightID)与用户表(UsersInfo)中的权限编号(RightID)之间的主、外键关系。

(11) 用户表(UsersInfo)中的用户编号(UserID)与进货信息表(PurchaseInfo)中的用户编号(UserID)的主、外键关系。

(12) 用户表(UsersInfo)中的用户编号(UserID)与销售信息表(SalesInfo)中的用户编号(UserID)的主、外键关系。

(13) 用户表(UsersInfo)中的用户编号(UserID)与库存盘点信息表(CheckInfo)中的用户编号(UserID)的主、外键关系。

(14) 计量单位表(GoodsUnit)中的计量单位编号(UnitID)与商品信息表(GoodsInfo)表中的计量单位编号(GoodsUnit)的主、外键关系。

第五步，根据需要还得考虑每张表的数据完整性。

2.2.4 数据规范化

【任务 2-2】理解数据规范化和数据冗余的概念。

1. 问题的提出

在一次项目化实训过程中，遇到这样一个问题，一个小组 6 个人对同一项目，设计出 6 个不同的 E-R 图。不同的人从不同的角度，标识出不同的实体，实体又包含了不同的属性，自然就设计出 6 个不同的 E-R 图了。那么如何审核这 6 个 E-R 图呢？怎样找到一个最优方案？

为了理解方便，来建立一个描述商品进货数据库，该数据库涉及的对象包括、进货单号(PurchaseID)、商品编号(GoodsID)、商品名称(GoodsName)、单位(GoodsUnit)、价格(Price)、供应商名称(SupplierName)、联系人(LinkMan)、进货日期(PurchaseDate)、进货数量(PurchaseCount)、进货金额(PurchaseMoney)。假如该数据库由单一的进货明细表(PurchaseDetails)组成，该表包括以上字段信息。

表 2-24 是一个进货数据库的实例。

表 2-24 PurchaseDetails(进货明细表)

进货单号	商品编号	商品名称	单位	价格	供应商名称	联系人	进货日期	进货数量	进货金额
P0001	G010001	小浣熊干吃面	袋	1.6	新源食品	张 三	2009-4-12	50	80.0
P0001	G050001	美的电冰箱	台	2 345	苏宁电器	张思晓	2009-4-12	10	2 3450.0
P0002	G010001	小浣熊干吃面	袋	1.6	新源食品	张 三	2009-4-13	40	64.0
P0002	G050001	美的电冰箱	台	2 345	苏宁电器	张思晓	2009-4-13	5	1 1725.0

实际进货情况告诉大家以下几点。

(1) 一个进货明细表包括进货单号，商品编号，进货数量、商品单位、进货价格等。

(2) 一个进货单包括供应商编号、进货金额、进货日期等。

(3) 一个商品信息包括商品编号、销售价格、库存数量等。

(4) 供应商信息包括供应商编号、供应商名称和联系人等。

从表 2-24 会发现存在如下 4 个问题。

(1) 数据冗余太大。比如商品名称、供应商名称和联系人重复太多，重复次数与商品编号出现次数相同。这将浪费大量的存储空间。

(2) 更新异常(Update Anomalies)。由于数据冗余，当更新表中的数据时，系统要付出很大的代价来维护数据的完整性。否则，会面临数据不一致的危险。比如，更换商品名称，必须修改多条记录，同一商品可能输入成两个不同的商品名称。

(3) 插入异常(Insertion Anomalies)。如果在进货明细表中插入一个还没有进货的商品时，就会出现问题。

(4) 删除异常(Deletion Anomalies)。如果删除某个商品时，就会删除供应商的信息。

鉴于存在以上问题，可以得出结论，表 PurchaseDetails 所表示的关系不应当发生插入异常、删除异常、更新异常，数据冗余应尽量得少。

表 PurchaseDetails 中之所以会产生问题，是由于存在于其中的某些数据依赖引起的。规范化理论正是用来改造关系中存在的问题，通过分解关系来消除其中不合适的数据依赖，以解决插入异常、删除异常、更新异常和数据冗余问题。即在设计数据库时，有一些专门的规则，称为数据库的设计范式，遵守这些规则，将创建设计良好的数据库，下面来讲一讲三大范式理论。

2. 规范设计要求

(1) 第一范式(1NF)。第一范式的目标是确保每列的原子性，如果每列都是不可再分的最小数据单元(也称为最小的原子单元)，则满足第一范式(1NF)。例如，一个销售商的进货信息表见表 2-25。

表 2-25　某销售商的进货信息表

| 进货单号 | 进货日期 | 供应商信息 | | | 进货金额 |
		供应商编号	供应商名称	联系人	
P0001	2009-4-12	GYS0001	淮安新源食品有限公司	张　三	23 530
P0002	2009-4-13	GYS0007	淮安苏宁电器	张思晓	11 789

其中供应商信息可以细分为供应商编号、供应商名称和联系人等。这就不满足第一范式。

(2) 第二范式(2NF)。第二范式在第一范式的基础上更进一层，其目标是确保表中的非主属性都完全取决于主键：如果一个关系满足了 1NF，并且除了主键以外的其他列，都完全依赖于该主键，则满足第二范式(2NF)。

为了理解第二范式，需要理解函数依赖概念。假如 X、Y、Z 是关系 R 的 3 个属性，如果 $(X, Y) \rightarrow Z$，且 $Y \rightarrow Z$，则称 Z 部分函数依赖于 (X, Y)，否则，如果 $(X, Y) \rightarrow Z$，且 $Y \rightarrow Z$ 不存在，则称 Z 完全函数依赖于 (X, Y)。

例如，表 2.24 所反映的关系。

进货明细(进货单号，商品编号，商品名称，价格，供应商名称，供应的联系人，进货日

期，进货数量，进货金额)

该表中主要用来描述商品进货明细情况的，所以进货明细使用"进货单号"与"商品编号"两列作为主键，(进货单号，商品编号)→供应商名称，且进货单号→供应商名称，进货单号→进货金额，则"供应商名称"部分函数依赖于"(进货单号，商品编号)"、"进货金额"部分依赖于"(进货单号，商品编号)"，不应在进货明细表中，这样可把上面的进货明细表改造为如下两个表。

进货明细(<u>进货单号</u>，<u>商品编号</u>，商品名称，价格，进货日期，进货数量，进货金额)

进货信息(<u>进货单号</u>，供应商名称，联系人，进货日期，进货金额)

同理，(进货单号，商品编号)→商品编号，商品编号→商品名称，这样可把上面的进货明细表改造为如下三个表。

进货明细(<u>进货单号</u>，<u>商品编号</u>，价格，进货数量)

商品信息(<u>商品编号</u>，商品名称，价格)

进货信息(<u>进货单号</u>，供应商名称，联系人，进货日期，进货金额)

(3) 第三范式(3NF)。第三范式在第二范式的基础上更进一层，第三范式的目标是确保每列都和主键(或组合键)直接相关，而不是间接相关；即如果一个关系满足了 2NF，并且除了主键(或组合键)以外的其他列都依赖于主键(或组合键)，则满足第三范式(3NF)。

为了理解第三范式，需要理解传递依赖概念。假如 X、Y、Z 是关系 R 的 3 个属性(可以是属性组合)，如果 $X \rightarrow Y$ 且 $Y \rightarrow Z$(Y 不包括在 X 中)，则可以得出 $X \rightarrow Z$，则称 Z 传递依赖于 X。

再分析上面得到的改造后进货信息表。如果在一个进货信息表中"供应商名称"不重名，则呈现如下情况。

进货信息(<u>进货单号</u>，供应商名称，联系人，进货日期，进货金额)

进货单号→供应商名称，供应商名称→联系人

这样，进货信息表存在了传递依赖关系。因此，应把"联系人"从进货信息表中删除，放入供应商信息表中，同时根据实际需要在供应商信息表中增加一列"供应商编号"，进货信息表分解成如下两个表：

进货信息(<u>进货单号</u>，供应商编号，进货日期，进货金额)

供应商信息(<u>供应商编号</u>，供应商名称，联系人)

最后进货明细表(表 2.24)分解为如下四个表：

进货明细(<u>进货单号</u>，<u>商品编号</u>，价格，进货数量)

商品信息(<u>商品编号</u>，商品名称，单位，价格)

进货信息(<u>进货单号</u>，供应商编号，进货日期，进货金额)

供应商信息(<u>供应商编号</u>，供应商名称，联系人)

注意： 进货明细表和商品信息表虽然满足了第一、第二、第三范式，但却含有数据冗余。在这两个表中都有"价格"列，这样会出现数据冗余，如果让这两个表中都有"价格"列，则应有所区别，进货明细表中的"价格"应为"进货价格"，而商品信息表中的"价格"应为"销售价格"；商品的单位正常存在数据冗余，但因为商品单位种类较少，可以不再划分出一个新表了。

了解了用于规范化数据库设计的 3 个范式及消除数据冗余的知识后，对表 2-25 进行如下审核。

(1) 是否满足第一范式；第一范式要求每列具有原子性，不能再细分。

(2) 是否满足第二范式；第二范式要求每列必须与主键(或组合键)相关，不相关列放入别的表，即要求一个表只描述一件事情。

(3) 是否满足第三范式；第三范式要求表中各列必须和主键直接相关，不能间接相关。

(4) 尽量减少数据冗余。在一个表中已有的列尽量不要在另一表中存在。

最终把进货明细表(PurchaseDetails)拆分，见表 2-26～表 2-29。

表 2-26　PurchaseInfo(进货信息表)

进货单号	供应商编号	进货日期	进货金额	…
P0001	GYS0001	2009-04-12	23 530	…
P0002	GYS0007	2009-04-13	11 789	…
…	…	…	…	…

表 2-27　PurchaseDetails(进货明细表)

编号	进货单号	商品编号	进货价格	进货数量	…
1	P0001	G010001	1.6	50	…
2	P0001	G050001	2 345	10	…
3	P0002	G010001	1.6	40	…
4	P0002	G050001	2 345	5	…
…	…	…	…	…	…

表 2-28　GoodsInfo(商品信息表)

商品编号	商品名称	销售价格	…
G010001	小浣熊干吃面	1.6	…
G050001	美的电冰箱	2 345	…
…	…	…	…

表 2-29　SupplierInfo(供应商信息表)

供应商编号	供应商名称	联系人	…
GYS0001	淮安新源食品有限公司	张三	…
GYS0007	淮安苏宁电器	张思晓	…
…	…	…	…

本 章 小 结

本章详细地介绍了数据库设计的过程，其主要内容如下。

(1) 在需求分析阶段，设计数据库的一般步骤如下。

① 收集信息。

② 标识对象。

③ 标识每个对象的属性。

④ 标识对象之间的关系。

(2) 在概要设计阶段和详细设计阶段，设计数据库的步骤如下。

① 绘制 E-R 图。

② 将 E-R 图转换为表格。

③ 应用三大范式规范化数据库表。

为了设计结构良好的数据库，需要遵守一些专门的规则，称为数据库的设计范式。

第一范式(1NF)的目标：确保每列的原子性。

第二范式(2NF)的目标：确保表中的每列都和主键相关。

第三范式(3NF)的目标：确保每列都和主键列直接相关，而不是间接相关。

习　　题

一、选择题

1. 下列选项不属于实体的是(　　)。

　　A. 汽车型号　　　　B. 出版社　　　　C. 手机　　　　D. 停车场

2. 以下不属于数据模型的是(　　)。

　　A. 层次模型　　　　B. 概念模型　　　　C. 网状模型　　　　D. 关系模型

3. 学生实体与课程实体之间的联系是(　　)。

　　A. 一对一　　　　B. 一对多　　　　C. 多对多　　　　D. 多对一

4. 数据库 DB、数据库系统 DBS、数据库管理系统 DBMS 之间的关系是(　　)。

　　A. DB 包含 DBS 和 DBMS　　　　B. DBMS 包含 DB 和 DBS

　　C. DBS 包含 DB 和 DBMS　　　　D. 没有任何关系

5. 下列实体的联系中属于多对多联系的是(　　)。

　　A. 学生与课程　　　　　　　　　B. 学校与校长

　　C. 住院的患者与病床　　　　　　D. 职工与工资

二、课外拓展

1. 试根据实际需要，重新设计"HcitPos 管理系统"中 E-R 图和数据字典。

2. 试分析并画出 QQ 聊天室数据库的 E-R 图、数据字典，并用三大范式验证之。

3. 根据学生所处环境，设计一个"学生信息管理系统"数据库，标识其实体、实体及属性和关系，画 E-R 图，并将 E-R 图转化为表。

第3章　SQL Server 2005 数据库基本操作

本章目标

● 掌握创建服务器和注册服务器的方法。
● 掌握使用 SSMS 创建和删除数据库的方法。
● 掌握使用 T-SQL 语句创建和删除数据库的方法。

任务描述

本章主要任务描述见表 3-1。

表 3-1　本章任务描述

任务编号	子任务	任务描述
任务 1	任务 1-1	使用 SSMS 创建服务器组
	任务 1-2	使用 SSMS 创建服务器注册
	任务 1-3	使用 SSMS 实现对服务器的启/停
任务 2	任务 2-1	使用 SSMS 创建数据库和删除数据库
	任务 2-2	使用 T-SQL 创建数据库和删除数据库
	任务 2-3	使用 T-SQL 语句创建带有文件组的数据库

3.1　SQL Server Management Studio 简介

SQL Server 2005 中的 SQL Server Management Studio 又称 SQL Server 2005 管理平台，简称 SSMS(以后若无特别声明，SSMS 就表示 SQL Server Management Studio)，它拥有 SQL Server 2000 企业管理器(Enterprise Manager)和查询分析器(Query Analyzer)的功能，给用户带来很大的

方便。此外，SSMS 还提供了一种环境，用于管理 Analysis Services(分析服务)、Integration Services(集成服务)、Reporting Services(报表服务)和 XQuery。SSMS 为开发者提供了一个熟悉的环境，为数据库管理人员提供了一个单一的实用工具，使他们能够通过易用的图形工具和丰富的脚本来完成任务。由于 SSMS 能够以层叠列表的形式来显示所有的 SQL Server 对象，所以它不仅能够配置系统环境和管理 SQL Server，而且所有 SQL Server 对象的创建与管理都可以通过它来完成。SSMS 可以完成有效的操作，这些操作包括管理 SQL Server 服务器；建立与管理数据库；建立与管理表、视图、存储过程、触发程序、角色、规则、默认值等数据库对象，以及用户定义的数据类型；备份数据库和事务日志、恢复数据库；复制数据库、设置任务调度；设置报警；提供跨服务器的拖放控制操作；管理用户账户；建立 Transact-SQL 命令语句。

要打开 SSMS，可以单击【开始】菜单，然后单击 Microsoft SQL Server 2005 程序组中的 SQL Server Management Studio，启动后，界面如图 3.1 所示。

在 SSMS 的【对象资源管理器】中，要打开一个文件夹，单击服务器加号(+)(或者双击该文件夹，或者在选定文件夹时单击右箭头)，单击后显示下一层的所有对象。如图 3.1 所示，服务器的直接子对象是数据库、安全性、服务器对象、复制、管理、SQL Server 代理等。只有在单击前一级的加号时，子对象才出现。在对象上单击右键，则显示该对象的属性，如图 3.2 所示。减号(－)表示对象目前已被展开，要压缩一个对象的所有子对象，单击它的减号(或双击该文件夹，或者在文件夹被选定时单击左箭头)。本书将在后续章节中具体介绍怎样在 SSMS 中完成各种任务。

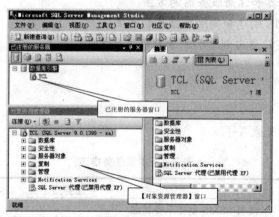

图 3.1　SSMS 界面

图 3.2　对象属性选择界面

3.2　数据库的创建与管理

【任务 1】 掌握使用 SSMS 创建、管理服务器组、服务器注册、服务器的启/停。

应用 SSMS，可以实现 SQL Server 2000 中查询分析器(Query Analyzer)的功能，用于输入和执行 Transact-SQL(简称 T-SQL)语句，并且迅速查看这些语句的结果，以分析和处理数据库中的数据。这是一个非常实用的工具，对掌握 SQL 语句，深入理解 SQL Server 的管理工作有很大帮助，在管理平台(Management Studio)工具栏上，单击工具栏左侧的【新建查询】按钮 ，可以打开查询分析器，如图 3.3 所示，可以在 SQL Query 标签页中输入要执行的 SQL 语句，单击 SQL Query 标签页左上角的 ✓ 按钮，分析 SQL 命令行是否符合 T-SQL 语言的语法规则，单击【执行】按钮 ，或按 Ctrl+E 组合键执行 SQL 语句，并将查询结果显示在结果窗口中。

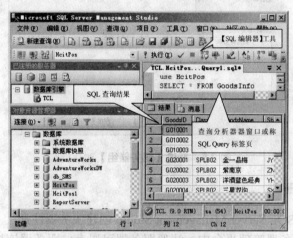

图 3.3　SQL Server 2005 查询分析器

3.2.1　创建服务器组

【任务 1-1】 使用 SSMS 创建服务器组。

在一个网络系统中，可能有多个 SQL Server 服务器，可以对这些 SQL Server 服务器进行分组管理。分组的原则往往是依据组织结构原则，如将公司内的一个部门的几个 SQL Server 服务器分为一组，SQL Server 分组管理由 SSMS 来进行。

操作步骤如下。

(1) 在已注册的服务器中，单击【已注册的服务器】工具栏上的服务器类型。如果【已注册的服务器】窗口不可见，则在【视图】菜单中，单击【已注册的服务器】命令。

(2) 右键单击某服务器或服务器组，选择【新建】|【服务器组】选项，如图 3.4 所示。

(3) 在【新建服务器组】对话框的【组名】列表框中，输入服务器组的唯一名称，服务器组名必须唯一，在【组说明】列表框中，选择性地输入一个描述服务器组的说明。

(4) 在【选择新服务器组的位置】框中，选择一个用于存放该组的位置，再单击【保存】按钮，如图 3.5 所示。

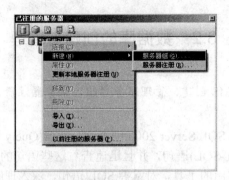

图 3.4 打开【新建服务器组】对话框

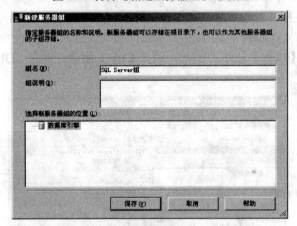

图 3.5 新建【服务器组】对话框

3.2.2 创建服务器注册

【任务 1-2】使用 SQL Server Management Studio 创建服务器注册。

在 SQL Server 服务器管理平台中，注册服务器可以存储服务器连接信息，以供将来连接使用，有 3 种方法可以在 SSMS 中注册服务器：在安装 SSMS 之后首次启动将自动注册本地服务器实例；也可以随时启动自动注册过程来还原本地服务器实例的注册；还可以使用 SSMS 的已注册的服务器工具注册服务器。

在注册服务器时必须指定以下选项，如图 3.6 所示。

(1) 服务器类型。在 Microsoft SQL Server 2005 中，可以注册下列类型的服务器，数据库引擎、Analysis Services(分析服务)、Integration Services(集成服务)、Reporting Services(报表服务)等，默认值为数据库引擎服务。

(2) 服务器名称。

(3) 登录到服务器时使用的身份验证的类型，以及登录名和密码(如果需要)。登录服务器使用的身份验证模式分为两种：Windows 认证模式和 SQL Server 身份验证模式。Windows 认证模式可以使用一个 Windows 登录账户和口令；而使用 SQL Server 身份验证，则必须使用 SQL Server 登录账户和口令。

(4) 注册了服务器后，要将该服务器列入其中的组的名称。

要和已注册的服务器实现"连接"，则需要使用右键单击一个服务器，选择【连接】|【对象资源管理器】选项，如图 3.7 所示。

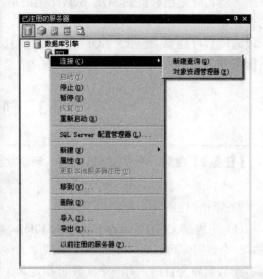

图 3.6　【新建服务器注册】对话框　　　　图 3.7　连接已注册的服务器

与连接服务器相反的是断开服务器，只要在所要断开的服务上单击右键，选择【断开】选项即可。注意，断开服务器并不是从计算机中将服务器删除，而只是从 SSMS 中删除了对该服务器的引用，需要再次使用该服务器时，只需在 SSMS 中重新连接即可。

3.2.3　服务器启动、暂停和停止

【任务 1-3】使用 SSMS 实现对服务器的启/停。

在 SQL Server 2000 中单独使用"服务器管理器"来对服务进行启动、暂停和停止。而在 SSMS 中，只需在所启动的服务器上单击右键，从弹出的快捷菜单中选择【启动】选项，即可启动服务器。

暂停和停止服务器的方法与启动服务器的方法类似，只需在相应的快捷菜单中选择【暂停】或【停止】选项即可，如图 3.8 所示。

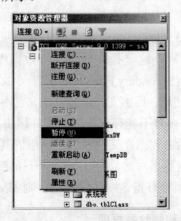

图 3.8　暂停和停止服务器选项

"暂停" SQL Server 指的是一旦暂停，将不再允许新的上线者(连接在服务器上的用户)使用服务器，原先已联机到 SQL Server 上的用户仍然能继续作业，这样可以确保原来正在进行的作业不会中断，可以持续进行并加以完成。如果系统管理想对服务器进行维护，那么在暂停一段时间后可能要"停止" SQL Server，而且一旦"停止" SQL Server，所有用户都不可以访问服务器了。

3.3 创建数据库

【任务2】理解、使用 SSMS 创建、删除数据库；理解、使用 T-SQL 语言创建、删除数据库。

数据库文件的几个概念如下。

(1) 主数据文件(Primary DataBase File)。数据库文件是存放数据库数据和数据库对象的文件。一个数据库可以有一个或多个数据库文件，但是一个数据库文件只能属于一个数据库。当有多个数据库文件时，有一个文件被指定为主数据库文件，其扩展名为.mdf，它用来存储数据库的启动信息和部分或者全部数据，而且一个数据库只能有一个主数据库文件。

(2) 辅助数据库文件(Secondary DataBase File)。用于存储主数据库文件中未存储的数据和数据库对象，一个数据库可以没有辅助数据库文件，也可以同时拥有多个辅助数据库文件。使用辅助数据库文件的优点在于，可以在不同的磁盘上创建辅助数据库文件并将数据存储在文件中，这样可以提高数据处理的效率。辅助数据文件的扩展名为.ndf。

(3) 事务日志文件(Transaction Log File)。每个 SQL Server 2005 数据库都有事务日志，用于记录所有事务和由每个事务对数据库所做的修改以及事务日志文件存储数据库的更新情况等事务日志信息。当数据库损坏时，管理员可以使用事务日志恢复数据库，其文件扩展名为.ldf。

(4) 逻辑文件名和物理文件名。SQL Server 的文件拥有两个名称，即逻辑文件名和物理文件名。当使用 Transact-SQL(简称 T-SQL)命令语句访问某一个文件时，必须使用该文件的逻辑名，而且数据库中各逻辑文件名必须唯一。物理文件名是文件实际存储在磁盘上的文件名，而且可包含完整的磁盘目录路径。例如：系统数据库 master，master 为其逻辑文件名，而其对应的物理文件名为 master.mdf，其事务日志文件名为 master.ldf。

(5) 数据库文件组(DataBase File Group)。为了便于分配和管理，SQL Server 允许将多个文件归纳为一组，并赋予一个名称，这就是文件组。与数据库文件一样，文件组分主文件组(Primary File Group)和次文件组(Secondary File Group)。一个文件只能存在于一个文件组中，一个文件组也只能被一个数据库使用；日志文件是独立的，它不能作为任何文件组的成员，也就是说，数据库的数据内容和日志内容不能存入相同的文件组中。主文件组中包括所有的系统表，当建立数据库时，主文件组包括主数据库文件和未指定组的其他文件。在此文件组中可以指定一个默认文件组，那么，在创建数据库对象时，如果没有指定将其放在哪一个文件组中，就会将它放在默认的文件组中，如果没有指定默认文件组，则主文件组为默认文件组。

3.3.1 使用 SSMS 创建数据库和删除数据库

每个数据库都由以下几个部分的数据库对象组成：关系图、表、视图、存储过程、用户、角色、规则、默认、用户自定义数据类型和用户自定义函数等。SQL Server 使用这样一个公共模板来创建数据库，每个服务器中最多可以创建 32 767 个数据库，数据库的名称必须满足系统标识符命名规则，最好能够符合"见名知义"原则。

创建数据库的过程实际上就是为数据库设计名称、设计所占用的存储空间和存放文件位置的过程。

在创建任何用户数据库之前，每个服务器的数据库中都可以看到 6 个初始数据库，它们是 SQL Server 2005 中的系统数据库和示例数据库，是在安装 SQL Server 2005 时由安装程序自动创建的。其中有 4 个系统数据库，分别是：master(记录 SQL Server 系统级的信息)、tempdb(存放所有连接系统用户的和 SQL Server 产生的临时性对象)、model(系统所有数据库的模板)、msdb (SQL Server 代理利用它来安排作业、报警等)。另外两个是 Adventureworks 和 AdventureWorksDW，为示例数据库。

【任务 2-1】使用 SSMS 创建数据库和删除数据库。

创建一个 HcitPos 数据库，该数据库的主数据文件逻辑名称为 HcitPos_Data，物理文件名为 HcitPos_Data.mdf，初始大小为 10MB，最大尺寸为无限大，增长速度为 10%，数据库的日志文件逻辑名称为 HcitPos_Log，物理文件名为 HcitPos_Log.ldf，初始大小为 5MB，增长速度为 1MB，主数据文件和日志文件都存放在 D 盘的 Student 文件夹下。

操作步骤如下。

(1) 在 SSMS 中，在数据库文件夹或其下属任一用户数据库图标上单击右键，弹出快捷菜单，如图 3.9 所示。选择 新建数据库(N)... 选项，出现如图 3.10 所示的对话框。

图 3.9 新建数据库

(2) 在【常规】页中，要求用户输入数据库名称、所有者名称、数据库文件和事务日志文件的逻辑名称、存储路径、初始大小、所属文件组名称、文件增长信息等，如图 3.10 所示。

(3) 在【选项】页中，如图 3.11 所示，可设置数据库排序规则、恢复模式、兼容级别以及其他一些选项。

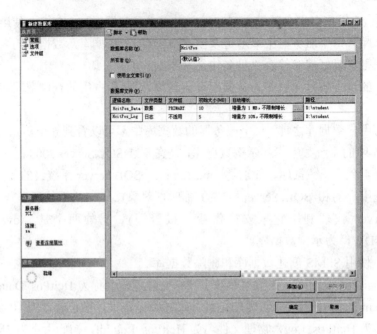

图 3.10　【新建数据库】对话框

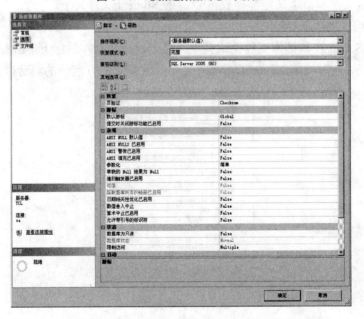

图 3.11　创建数据库的【选项】页

(4) 在【文件组】页中，如图 3.12 所示，可设置或添加数据库文件和文件组的属性，如是否只读，是否为默认值等。

(5) 单击图 3.12 中的【确定】按钮，则开始创建新的数据库。

(6) 删除 HcitPos 数据库，只需先选中要删除的数据库，右键单击选择【删除】选项。如图 3.13 所示，删除过程中必须确定才可删除，以防误操作。删除数据库不仅删除了数据库的引用，同时也删除了数据库的物理文件名。

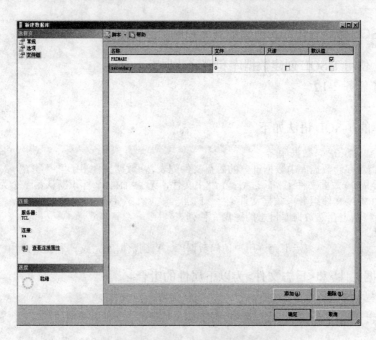

图 3.12　创建数据库【文件组】页

图 3.13　删除数据库界面

注意： 文件主数据文件初始化大小不低于 3MB，日志文件不低于 1MB。

课堂练习：

在本地服务器下用 SSMS 创建一个只有主数据文件和日志文件的数据库 Sales，主数据文件的逻辑文件名为 Sales_Data，主数据文件名为 Sale_Data.mdf，存放在 D 盘根目录下，其初始容量为 20MB，最大容量为 50MB，增幅为 5%；日志文件的逻辑文件名为 Sales_Log，日志文件名为 Sale_Log.ldf，也存放在 D 盘根目录下，其初始容量为 10MB，最大容量为 50MB，增幅为 5MB。

提示： (1) 如果原来已存在数据库 Sales，则可先删除该数据库。

(2) 如果将物理文件存放在磁盘的一个具体文件夹中，必须指明路径，当然文件夹必须存在。

3.3.2 使用 T-SQL 命令语句方式创建数据库和删除数据库

【任务 2-2】使用 T-SQL 创建数据库和删除数据库。

内容详见【任务 2-1】。

．．．．．．．．．．．．．．．．．．．．．

创建数据库的 T-SQL 语法如下。

```
CREATE DATABASE <数据库名>
[ON    /*指定存储数据库中数据部分的磁盘文件列表，<数据文件>用","分隔*/
 { [PRIMARY]<数据文件>} [,…n]    /*主文件，无 PRIMARY 标识默认第一个为主文件*/
  {FILEGROUP 文件组名 <数据文件>}    [,…n] ]    /*用户自定义文件组*/
[LOG ON //指定存储数据库日志的磁盘文件列表，
{<日志文件>} [,…n]  ]
[FOR RESTORE]   /*表示不允许用户访问数据库，直到数据库完成一个 RESTORE */
```

其中，<数据文件>和<日志文件>为以下属性的组合。

```
(
 NAME = 逻辑文件名，/*指定 SQL 系统引用数据文件或日志文件时使用的逻辑名，它是数据库在 SQL
中的标识*/
 FILENAME = '文件名'/*指定数据文件或日志文件的文件名和路径，而且该路径必须是 SQL 实例上
的一个文件夹*/
[,  SIZE = 文件初始容量]
[,  MAXSIZE= {文件最大容量|UNLIMITED}]        /*最大容量的设定*/
[,  FILEGROWTH = 文件增长幅度]
)
```

🃏 **特别提醒：**

<>括号内内容为必选项，[ ]括号内内容为可选项，所有字符可用大写或小写，{ }括号内
内容为必选参数，标点符号必须是半角字符。

创建数据库操作步骤如下。

(1) 在 SSMS 中单击 [新建查询(N)] [工具栏图标] 工具条上的 [新建查询(N)] 按
钮，在查询标签页输入如下 T-SQL 语句。

```
USE master
CREATE DATABASE HcitPos
ON
(
NAME=HcitPos_Data, /*所有","号不能丢失*/
FILENAME='D:\student\HcitPos_Data.mdf',
SIZE=10,
FILEGROWTH=10%
)
LOG ON
( NAME=HcitPos_Log,
FILENAME='D:\student\HcitPos_Log.ldf',
SIZE=5,
FILEGROWTH=1
)
```

(2) 单击工具条中的 ![执行(X)] 按钮，执行结果如图 3.14 所示。

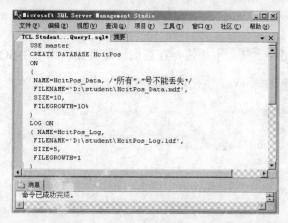

图 3.14　使用 SQL 语句创建数据库

删除数据库文件操作过程同创建数据库步骤相似，其 T-SQL 语句如下。

```
 Use master        /*打开 master 数据库，关闭 HcitPos 数据库*/
  /*删除数据库*/
 DROP DATABASE HcitPos
```

特别提醒：

(1)"FILENAME="D:\student\HcitPos_Data.mdf","后面的","号中不能丢失及"D:\ student"中的 "："是冒号，不是"；"(分号)。

(2) ")"的前面没有","号。

(3)逻辑文件名与物理文件名可以不同。

(4)所有标点符号都是半角字符，不是全角字符。

课堂练习：

在本地服务器下用 T-SQL 语句方式创建上一课堂练习题。

提示：(1) 前面课堂练习已生成数据库 Sales，则可先删除数据库 Sales。

(2) 如果将物理文件存放在磁盘的一个具体文件夹中，必须指明路径，当然文件夹必须存在。

【任务 2-3】使用 T-SQL 语句创建带有文件组的数据库。

创建一个 Employees 数据库，条件如下。

(1) 一个主文件组 PRIMARY，其主数据文件的逻辑文件名为 employee1，物理文件名为 employee1_Data.mdf，初始化大小 10MB，按 10%的幅度增长。

(2) 一个文件组 A，含有两个次要数据文件，其逻辑文件名分别为：employee2、employee3，物理文件名分别为：employee2_Data.ndf、employee3_Data.ndf，初始化大小都为 20MB，最大容量都为 100MB，都按 1MB 幅度增长。

(3) 一个文件组 B，含有一个次要数据文件，其逻辑文件名分别为：employee4，物理文件名分别为：employee4_Data.ndf，初始化大小为 30MB，最大容量为 100MB，按 20%幅度增长。

(4) 两个日志文件，其逻辑文件名分别为：employeelog1、employeelog2，物理文件名分别为：employeelog1_Log.ldf、employeelog2_Log.ldf，初始化大小都为 10MB，最大容量都为 50MB，都按 1MB 的幅度增长。

操作步骤如下。

(1) 在 SSMS 中单击 🔲 新建查询(N) 按钮，在查询标签页输入如下 T-SQL 语句。

```
CREATE DATABASE Employees
ON  PRIMARY
(   /*主数据文件的具体描述*/
    NAME = 'employee1',
    FILENAME = 'D:\employee1_Data.mdf' ,
    SIZE = 10,
    FILEGROWTH = 10%
),  /*此处逗号不能少*/
FILEGROUP  A
(
    /*次要数据文件的具体描述、次要数据文件是可选的，由用户定义并存储用户数据。通过将每个文
件放在不同的磁盘驱动器上，次要文件可用于将数据分散到多个磁盘上。另外，如果数据库超过了单个
Windows 文件的最大大小，可以使用次要数据文件，这样数据库就能继续增长。*/
    NAME = 'employee2',
    FILENAME = 'D:\employee2_Data.ndf' ,
    SIZE = 20,
    MAXSIZE = 100,
    FILEGROWTH = 1
),  /*此处逗号不能少*/
(   /*次要数据文件的具体描述*/
    NAME = 'employee3',
    FILENAME = 'D:\employee3_Data.ndf' ,
    SIZE = 20,
    MAXSIZE = 100,
    FILEGROWTH = 1
),  /*此处逗号不能少*/
FILEGROUP  B
(   /*次要数据文件的具体描述*/
    NAME = 'employee4',
    FILENAME = 'D:\employee4_Data.ndf' ,
    SIZE = 30,
    MAXSIZE = 100,
    FILEGROWTH = 20%
)   /*此处没有逗号*/
LOG ON
(   /*日志文件 1 的具体描述，每个 SQL Server 2005 数据库都具有事务日志，用于记录所有事
务以及每个事务对数据库所做的修改。事务日志是数据库的一个重要组件，如果系统出现故障，它将成为最
新数据的唯一源。删除或移动事务日志以前，必须完全了解此操作带来的后果。
    事务日志支持以下操作。
    (1) 恢复个别的事务。
    (2) 在 SQL Server 启动时恢复所有未完成的事务。
    (3) 将还原的数据库、文件、文件组或页前滚至故障点。*/
    NAME = 'employeelog1',
    FILENAME = 'D:\employeelog1_Log.ldf' ,
    SIZE = 10,
    MAXSIZE = 50,
    FILEGROWTH = 1
```

```
),   /*此处逗号不能少*/
(   /*日志文件 2 的具体描述*/
    NAME = 'employeelog2',
    FILENAME = 'D:\employeelog2_Log.ldf' ,
    SIZE = 10,
    MAXSIZE = 50,
    FILEGROWTH = 1
)
```

(2) 单击工具条中的 ! 执行(X) 按钮，执行成功(结果图略)。

特别提醒：

(1) 日志文件不能分组。

(2) 认真阅读代码中的注释。

本 章 小 结

本章讲解了数据库的基础知识及 SQL Server 中数据库服务器和数据库的创建等知识，具体内容如下。

(1) SQL Server Management Studio 是集 SQL Server 2000 中服务器、管理器、企业管理器、查询分析器等于一身的数据库管理平台，它能够实现对服务器、数据库、表、索引、视图、存储过程等几乎所有的操作。

(2) SQL Server 是 Microsoft 公司提供的关系型数据库管理系统，是当今最流行的数据库之一。

(3) 数据库是表和数据库访问对象的集合，其中表存储现实世界中的实体信息，每一行数据对应一个实体的描述信息。

(4) 数据库冗余是指数据库中存在一些重复的数据，数据完整性是指数据库中的数据能够正确反映实际情况，数据库中允许有一些数据冗余，但是要确保数据的完整性。

(5) 要区分 SQL Server 中数据库的逻辑文件与物理文件，并能很好地创建、删除和修改数据库。

习　　题

一、选择题

1. 数据完整性是指(　　)。
　　A. 数据库中的数据不存在重复　　　　　B. 数据库中所有的数据格式是一样的
　　C. 所有的数据全部保存在数据库中　　　D. 数据库中的数据能够正确反映情况

2. SQL 中 AdventureWorks 数据库属于(　　)。
　　A. 用户数据库　　　　　　　　　　　　B. 系统数据库
　　C. 数据库模板　　　　　　　　　　　　D. 数据库管理系统

3. 数据冗余指的是(　　)。
　　A. 数据与数据之间没有联系　　　　　　B. 数据有丢失

    C. 数据量太大   D. 存在重复的数据

4. SQL Server 数据库的主数据文件的扩展名为(　　)。

    A. .sql   B. .mdf   C. .mdb   D. .ldf

5. 下列关于关系数据库叙述错误的是(　　)。

    A. 关系数据库的结构一般保持不变，但也可根据需要进行改变

    B. 一个数据表组成一个关系数据库，多种不同的数据则需要创建多个数据库

    C. 关系数据库表中的所有记录的关键字字段的值互不相同

    D. 关系数据表中的外部关键字不能用于区别该表中的记录

6. 创建数据库时，不需要指定(　　)属性。

    A. 数据库初始大小   B. 数据库的存放位置

    C. 数据库的物理名和逻辑名   D. 数据库的访问权限

7. 以下说法不正确的是(　　)。

    A. 通过 SQL Server 服务器对 SQL Server 的启动、停止和通过 SQL Server 2005 服务(配置工具中 SQL Server Configuration Manager)对 SQL Server 的启动、停止是同等功效的

    B. 必须先启动 SQL Server 2005 服务中的 SQL Server(MSSQLServer)之后才启动 SQL Server

    C. 必须通过【控制面板】|【管理工具】|【服务】中 SQL Server(MSSQLServer)启动 SQL Server 之后才启动 SQL Server

    D. 只能通过 SQL Server 服务器对 SQL Server 启动和停止

8. SQL Server 提供的 4 个系统库，以下说法正确的是(　　)。

    A. tempdb 数据库是一个空数据库，完全可以删除

    B. AdventureWorks 是用来做模板的一个数据库

    C. msdb 数据库是用来做例子的数据库

    D. 创建新的空白数据库时，将使用 model 数据库中所规定的默认值

9. 以下说法错误的是(　　)。

    A. 数据完整性是指存储在数据库中数据的准确性

    B. SQL Server 是一个 DBMS

    C. ERP、CRM、MIS 等都是 DBMS

    D. 设计数据库时允许必要的冗余

二、课外拓展

在 SSMS 中和使用 T-SQL 语句创建一个数据库 BBS，并要求进行如下设置。

(1) 物理文件存放在 E 盘的 data 文件夹中(需要先建立 data 文件中)。

(2) 数据文件的增长方式为"按 MB"自动增长，初始化大小为 20MB，文件增长量为 2MB。

(3) 日志文件的增长方式为"按百分比"自动增长，初始化大小为 5MB，文件增长为 10%。

注意：比较创建数据库的两种方式。

第4章 数据库表操作

本章目标

- 掌握创建、删除数据库表的操作方法。
- 掌握数据库表的结构和约束的添加、修改和删除的操作方法。
- 掌握数据库表的数据的添加、修改和删除的操作方法。

任务描述

本章主要任务描述见表4-1。

表4-1　本章任务描述

任务编号	子任务	任务描述
任务1		理解外键、数据完整性、约束和数据类型等知识，理解、掌握用 SSMS 和 T-SQL 创建、修改和删除表
	任务1-1	以界面方式建立商品信息表(GoodsInfo)
	任务1-2	理解数据类型、空、标识列等知识
	任务1-3	以 SSMS 建立带有各种约束的商品类别表和商品信息表
	任务1-4	理解主键、唯一键、外键、数据完整性
	任务1-5	为商品销售类型表(SalesType)设置标识列型主键和检查约束
	任务1-6	用 T-SQL 语句删除商品信息表(GoodsInfo)、商品类别表(GoodsClass)、销售类型表(SalesType)
	任务1-7	用 T-SQL 语句创建商品信息表(GoodsInfo)
	任务1-8	用 T-SQL 语句创建含有各种约束的商品类别表(GoodsClass)和商品信息表(GoodsInfo)
	任务1-9	删除商品信息表(GoodsInfo)和商品类别表(GoodsClass)
任务2		使用 T-SQL 的 ALTER TABLE 命令对数据库表的列、约束进行添加、修改和删除操作
	任务2-1	以 T-SQL 语句建立商品类别表(GoodsClass)和商品信息表(GoodsInfo)
	任务2-2	为商品信息表(GoodsInfo)增加列商品计量单位(GoodsUnit)，数据类型为 varchar，宽度为 4；增加列商品单价(Price)，数据类型为 money

续表

任务编号	子任务	任务描述
	任务 2-3	修改商品信息表(GoodsInfo)的 BarCode(条形码)列的数据类型为 char, 列宽为 13; 商品名称(GoodsName)列的数据类型为 varchar, 宽度为 100
	任务 2-4	删除商品信息表中的列 BarCode(条形码)
	任务 2-5	对商品信息表(GoodsInfo)创建外键、唯一键、检查和约束
	任务 2-6	为供应商表(SupplierInfo)添加默认约束、检查约束, 删除创建的默认约束、检查约束
	任务 2-7	启用和暂停供应商表(SupplierInfo)中所有非主键约束、非唯一性约束和默认约束
任务 3		使用【表编辑器】和 T-SQL 语句对数据库表的数据进行添加、修改和删除操作
	任务 3-1	在【表编辑器】中对商品信息表(GoodsInfo)中的数据进行插入、修改和删除操作
	任务 3-2	使用 INSERT 命令向商品类别表(GoodsClass)插入 1 条记录
	任务 3-3	使用 INSERT 命令向商品信息表(GoodsInfo)插入 3 条记录
	任务 3-4	向供应商表(SupplierInfo)中插入含有默认值和 NULL 值数据记录
	任务 3-5	对供应商表(SupplierInfo)中的记录进行修改
	任务 3-6	删除任务 3-3、任务 3-4 中插入的数据

第 3 章已经学习了数据库的基本知识, 以及如何创建和管理 SQL Server 2005 数据库。

数据库本身实质上是一个容器, 它存放数据库表与对表操作的各种数据访问对象, 它是无法直接存储数据的, 直接存储数据是通过数据库中的表来实现的。换句话说, 没有表数据库也就没有着落点, 表是数据库中存放数据的真正"仓库", 是包含 SQL Server 2005 数据库中的所有数据的对象, 它用来存储各种各样的信息。

数据库以表为基础, 并在此基础上使用各种数据库对象对表进行操作。

数据库中的表同人们日常工作、生活中使用的表格类似, 也是由行和列组成的。列由同类的信息组成, 每列又称一个字段, 每列的标题称为字段名, 行包括了若干列数据项, 一行数据称为一条记录, 它表达有一定意义的信息组合, 也就是对应于现实世界的一个实体, 表就是一个实体集。一个数据库表由一条或多条记录组成, 没有记录的表称为空表, 每个表通常都有一个主关键字, 用于唯一确定一条记录。

在没有讲 T-SQL 语言之前, 先讲数据库中表的管理, 目的是提高大家学习数据库的兴趣。数据库的每个知识点都是相互交融的, 真的很难分出先后来, 所以没有按照一般教材上的顺序编写本书。

4.1　表的建立和删除

【任务 1】理解外键、数据完整性、约束和数据类型等知识, 理解、掌握用 SSMS 和 T-SQL 创建、修改和删除表。

4.1.1　以 SSMS 建立数据库表

【任务 1-1】以界面方式建立商品信息表(GoodsInfo)。

商品信息表结构见表 4-2。

表 4-2 商品信息表(GoodsInfo)

列名	数据类型	长度	列名含义	是否允许空	说明
GoodsID	varchar	50	商品编号	否	
ClassID	varchar	10	商品类别	否	
GoodsName	varchar	250	商品名称	否	
BarCode	varchar	20	条形码	否	
GoodsUnit	varchar	4	计量单位		
Price	money		单价		
StoreNum	int		库存数量		

操作步骤如下。

(1) 在 SQL Server Management Studio 管理平台中,单击数据库 HcitPos 文件夹下的【表】,将显示该数据库中所有用户表和系统表(SQL Server 2000 中系统表与用户表是混在一起的),系统表是创建数据库时自动生成的,并用来保存数据库自身的信息。

选择并右击数据库下的【表】,然后在快捷菜单中选择【新建表】选项,如图 4.1 所示。

图 4.1 创建用户表开始界面

出现【表设计器】后,就可以在【表设计器】中输入和定义表中的列。【表设计器】分成【表】标签页和【列属性】标签页两部分,如图 4.2 所示。

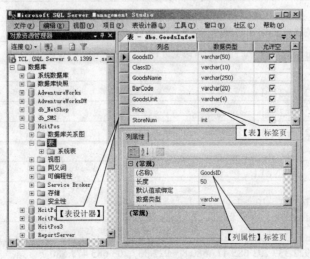

图 4.2 界面方式创建用户表

(2) 在【表】标签页中可以定义各列的列名、数据类型和允许空 3 个主要属性，这与 SQL Server 2000 略有不同，它把数据类型和列宽合二为一了。【列属性】标签页包括除列名、数据类型和允许空以外的属性。

(3) 根据表 4-2 的要求和下面提供的知识，定义列的名称、是否为空等。

在创建表时除了要输入列的名称外，还需要确定该列的数据类型，因此，首先要对 SQL Server 提供的数据类型有所了解。

① 确定列的数据类型。

【任务 1-2】理解数据类型、空、标识列等知识。

表 4-3 列出了 SQL Server 2005 中常用的数据类型。

表 4-3　SQL Server 2005 数据类型

数据类型	范围	存储
二进制型		
binary(n)	长度为 n 字节的固定长度二进制数据，其中 n 取值 1～8 000	n 个字节
varbinary(n)	可变长度的二进制数据，其中 n 取值 1～8 000	输入数据的实际长度+2 个字节
varbinary(max)	输入数据的长度超过 8 000 个字节	
image	可变长度的二进制数据，0～2^{31}-1 个字节	不定
字符串		
char(n)	固定长度非 unicode 字符	n 字节
varchar(n)	可变长度非 unicode 字符	输入数据的 n 个字符数+2 个字节
varchar(max)	2^{31}-1 个字节	
nchar(n)	固定长度 unicode 字符	2×n 字节
nvarchar(n)	可变长度 unicode 字符，n 取值 1～4 000	输入数据的个数两倍+2 个字节
text	存储长文本，最大长度为 2^{31}-1 个字节	
ntext	存储可变长度 unicode 长文本，最大长度为 2^{30}-1 个字节	
日期与时间		
datetime	长格式日期和时间(精确到 3.33 毫秒)	8 字节
smalldatetime	短格式日期和时间(精确到 1 分钟)	4 字节
精确数字		
bigint	-2^{63}～2^{63}-1	8 字节
int	-2^{31}～2^{31}-1	4 字节
smallint	-2^{15}～2^{15}-1	2 字节
tinyint	0～255	1 字节
bit	0、1、NULL	不定
decimal	-10^{38}+1～10^{38}-1	5～17 字节
nummeric		
货币		
money	-922 337 203 685 477.580 8～922 337 203 685 477.580 7	8 字节

续表

数据类型	范围	存储
smallmoney	−214 748.364 8～214 748.364 7	4 字节
近似数字		
float(n)	该数据仅包括数字，包括正数、负数等，n 可取 0～53，当小	4～8 字节
real	于 24 时，系统自动轮换成 real 类型，此处不介绍范围了	4 字节
其他类型		
cursor	游标的引用	
table	占 4 个字节	
timestamp	8 个字节	
uniqueidentifier	全局唯一标识符(GUID)，采用默认值为 newid()产生	
sql_variant	存储 SQL Server 支持的各种数据类型(text、ntext、timestamp 和 sql_variant 除外)	
xml	存储 xml 数据的数据类型，可以在列中或者 xml 类型的变量中存储 xml 实例	

说明：a. char 与 varchar 类型。如果列宽度与实际的数据项大小一致，则使用 char。如果列宽度与实际的数据项大小差异较大，则使用 varchar。如果列的宽度与实际的数据大小相关很大，而且大小可能超过 8 000 字节，则应使用 varchar(max)(2^{31}−1 个字节)。

b. binary 与 varbinary 类型。如果列宽度与实际的数据项大小一致，则使用 binary。如果列宽度与实际的数据项大小差异较大，则使用 varbinary。如果列的宽度与实际的数据大小相关很大，而且大小可能超过 8 000 字节，则应使用 varbinary (max)。

c. image 类型。image 数据列可以用来存储超过 8KB 的可变长度的二进制数据，如 Microsoft Word 文档、Excel 电子表格、位图、GIF 文件等。

d. unicode 数据类型。unicode 数据类型需要相当于非 unicode 数据类型两倍的存储空间。

e. numeric 和 decimal 类型。在 SQL Server 中，numeric 数据类型等价于 decimal 数据类型，如果数值超过货币数据范围，则可使用 decimal 数据类型代替。

f. timestamp 类型。timestamp 用于表示 SQL Server 在一行上的活动顺序，按二进制格式以递增的数字来表示。当表中的行发生变化时，用从@@DBTS 函数获得的当前数据库的时间戳来更新时间戳。timestamp 数据与插入或修改数据的日期和时间无关。

g. uniqueidentifer 类型。uniqueidentifer 以一个十六进制数表示全局唯一标识符(GUID)。uniqueidentifer 数据项不能自动生成，需要为列设置默认约束，其值为函数 newid()。

② 是否为空值。表中的列是否为空值实际上也是一种约束，称为空约束，即如果该列为空，则在输入数据时，这一列值可以不输入。

列是否为空与具体的要求有关，例如，供应商信息表中的传真，有的供应商没有传真机，这一列就允许为空值，有的供应商有传真机，这一列就可以填写相应的值。

确定列的名称、数据类型和允许为空之后，表的基本框架就完成了，如图 4.3 所示。

(4) 单击窗口标题栏上的按钮，出现相应对话框，确认是否保存所创建表。新表创建后，在【对象资源管理器】中展开【数据库】节点中的数据库节点 HcitPos，可以查看到刚才所建的表，如图 4.4 所示。

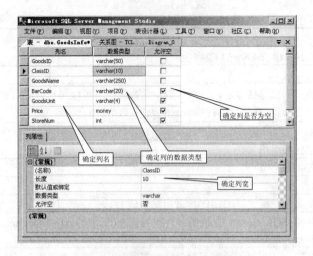

图 4.3 确定数据库表的列的属性

图 4.4 创建好的 GoodsInfo 表

【任务 1-3】以 SSMS 建立带有各种约束的商品类别表和商品信息表。

商品类别表结构见表 4-4。

表 4-4 商品类别表(GoodsClass)

列名	数据类型	长度	列名含义	是否为空	说明
ClassID	varchar	10	商品类别编号		主键
ClassName	varchar	50	商品类别名称	否	默认为"食品"

商品信息表结构见表 4-5。

表 4-5 商品信息表(GoodsInfo)

列名	数据类型	长度	列名含义	说明
GoodsID	varchar	50	商品编号	主键
ClassID	varchar	10	商品类别编号	外键,GoodsClass(ClassID)
GoodsName	varchar	250	商品名称	
BarCode	varchar	20	条形码	唯一键,13 位数字字符
GoodsUnit	varchar	4	计量单位	
Price	money		单价	默认值为 0
StoreNum	int		库存数量	默认值为 0

从表 4-4 和表 4-5 中知道，要为商品类别表和商品信息表创建主键约束、默认值约束、检查约束、唯一键约束和外键约束，在对表设置上述约束之前，首先要理解主键、唯一键、外键和数据完整性知识。

【任务 1-4】理解主键、唯一键、外键、数据完整性。

1. 主键(Primary Key)与候选键(Alternate Key)

在第 2 章中已经介绍了键的知识，现回顾一下，键是表中能够唯一区分一条记录的属性。在如图 4.5 中的商品信息表中，商品编号就是主键，而条形码虽然也能唯一标识一条记录，但却称为候选键(或唯一键)。

一个表只能有一个主键，主键可确保表中的每一行是唯一的，但一个表中可以没有主键，一般情况一个表应设置一个主键。一个表可以有多个候选键(唯一键)。

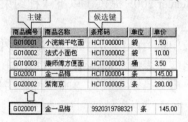

图 4.5　主键唯一标识记录

2. 外键(Foreign Key)

外键的定义是，假设存在两个表 A 和 B，表 A 中的主键在 B 表中存在，但并不是表 B 的主键，仅作为表 B 的一个属性列，则称此属性为表 B 的外键。例如，进货明细表中的商品编号就是外键，如图 4.6 所示。

	进货单号	商品编号	单价	单位	数量
1	P0003	G050002	1220.00	台	5
2	P0002	G020002	280.00	条	2
3	P0002	G020001	145.00	条	3
4	P0002	G050001	2345.00	台	2
5	P0001	G020004	220.00	箱	1

图 4.6　商品信息表中的外键

从图 4.5 和图 4.6 中可看出，商品编号是存放在"商品信息表"和"进货明细表"中的，在"进货明细表"中是用一个进货单中的商品编号来确定一件商品信息的，在录入进货的商品信息时，如果在"商品信息表"中该商品编号不存在，怎么能登记该商品的进货信息呢？

基于这种情况，就应当建立一种"引用"的关系，确保"进货明细表"中商品编号在"商品信息表"必须存在，避免出现录入错误。

这样，从图 4.5 与图 4.6 看出，"商品信息表"中的"商品编号"是主键，"进货明细表"的"商品编号"不是主键，"进货明细表"的"商品编号"的取值必须是"商品信息表"的"商品编号"的取值，称"商品编号"为"进货明细表"的外键，这两个表"商品信息表"与"进货明细表"是通过"商品编号"建立关联关系的。

3. 数据完整性

在前面已经介绍了数据完整性的概念，数据完整性是指数据的准确性和有效性。数据完整性的标准解释为"存储在数据库中的所有数据值均正确的状态。如果数据库中存储有不正确的数据值,则该数据库称为已丧失数据完整性。"数据完整性是通过数据库表的设计和约束来实现的。

例如,在存储商品信息的表中,如果允许任意输入的商品信息中的商品编号而不加以限制,则在同一张表中可能重复出现同一件的商品信息;还有,如果不对表中存储的计量单位信息加以限制,则如"电冰箱"这种家用电器的计量单位可能不是"台";再如,如果不对商品价格加以限制,则商品的价格可能出现负数,这样的数据不具备完整性。

为了实现数据的完整性,数据库需要做如下两方面的工作。

(1) 对表中行的数据进行检验,看它是否符合实际要求。

(2) 对表中列的数据进行检验,看它是否符合实际要求。

为了实现以上要求,SQL Server 2005 提供了以下 4 种约束。

1) 实体完整性约束

实体完整性约束的对象是表中的行(记录),将行定义为表中的唯一实体,即表中不存在两条完全相同的记录。例如:商品信息表中的商品编号"G010001"就只能有一条记录。实体完整性通过为表定义"主键"或"唯一性约束"或"唯一性索引"等来实现。

2) 域完整性约束

域完整性约束对象是表的列(属性或字段),指特定列取值的有效范围。例如,商品销售类型表(GoodsSales)中的销售类型(SalesType)分 3 种情况:"零售"、"批发"和"团购",默认值为"零售";商品信息表(GoodsInfo)的商品条形码(BarCode)必须是 13 位数字字符。域的完整性可以通过为列声明数据类型,为列定义默认值、规则和约束(检查约束和默认约束)来实现。

3) 引用(或外键)完整性约束

引用完整性约束对象是表与表之间的关系。以主键与外键之间的关系为基础,引用完整性确保键值在所有表中一致,这类要求不引用不存在的值,如果一个键值发生更改,则整个数据库中,对该键值的所有引用要进行一致的更改。

例如,在商品信息表和进货明细表中,录入进货明细表中的商品编号必须验证商品信息表中是否有此商品编号;在商品信息表删除一件商品的信息,则应删除进货明细表的相应商品的信息,如图 4.7 所示。

从图 4.7 可以看出两张表的关联关系,商品信息表是主键表,称为"主表",进货明细表是含外键的表,称为"从表"(子表)。

商品信息表

商品编号	商品名称	条形码	单位	单价
G010001	小浣熊干吃面	HCIT000001	袋	1.50
G010002	法式小面包	HCIT000002	袋	10.00
G010003	康师傅方便面	HCIT000003	桶	3.50
G020001	金一品梅	HCIT000004	条	145.00
G020002	紫南京	HCIT000005	条	280.00

进货明细表

商品编号	进货单号	单价	单位	数量
G050002	P0003	1220.00	台	5
G050001	P0002	2345.00	台	2
G030002	P0001	180.00	双	10
G030001	P0001	450.00	双	15
G020004	P0001	220.00	箱	2

图 4.7　两表之间的主、外键

在执行引用完整性时，SQL Server 禁止用户进行如下操作。

(1) 当主表中没有关联的记录时，将记录添加到子表中。也就是说，进货明细表中不能出现在商品信息表中不存在的商品编号。

(2) 更改主表中的值并导致子表中的记录孤立。如果商品信息表中的商品编号改变了，进货明细表中的商品编号也就随之改变。

(3) 从主表中删除记录，但仍存在与该匹配相关的记录。把商品信息表中某商品信息删除了，则该商品的商品编号不能出现在进货明细表中。

4) 用户自定义完整性约束

SQL Server 允许数据库使用者根据应用处理的需求编写规则、默认、约束、存储过程、触发器等保证数据的完整性。规则、默认、存储过程、触发器将在后续章节中讲到。

例如，当对商品销售明细表增加一件商品销售记录时，则在商品信息表中的商品库存数量就应该减少；当对商品进货明细表增加一种商品进货记录时，则在商品信息表中的商品库存数量就应该相应增加，这可以用触发器实现。

特别提醒：

(1) 实现完整性方法。SQL Server 提供了 8 种常用的方式保证数据完整性，见表 4-6。

表 4-6　数据完整性的分类与实现方式的对应关系

	实体完整性	域完整性	引用完整性	用户自定义完整性
主键	√		√	
外键			√	
唯一索引	√			
规则		√		
默认		√		
其他约束		√		√
存储过程		√		√
触发器		√	√	√

(2) 常用约束见表 4-7。

表 4-7　常用约束与数据完整性的对应关系

	关键字	实体完整性	域完整性	引用完整性
主键约束	PRIMARY KEY	√		√
外键约束	FOREIGN KEY			√
唯一性约束	UNIQUE	√		
空约束	[NOT] NULL		√	
默认约束	DEFAULT		√	
检查约束	CHECK		√	

任务 1-3 操作步骤如下。

(1) 为商品类别表设置主键。根据表 4-4 的要求，建立商品类别表的主键，首先选择要建立主键的列商品类别号(ClassID)，单击右键，然后在快捷菜单中选择【设置主键】选项或者在左上角工具栏上单击█按钮就可以了，如图 4.8 所示。

在后面的以 T-SQL 语句命令方式创建表主键或为表添加主键时，可以看出 SQL Server 是把主键作为约束来处理的，也就是说主键可以称为主键约束。

(2) 为商品类别表设置默认值。有时候，对某项数据进行输入时，它总是存在一个"默认"的值，例如，商品的价格如果不输入，默认值可以为 0。此任务中的商品类别名称默认值为"食品"，如图 4.9 所示。

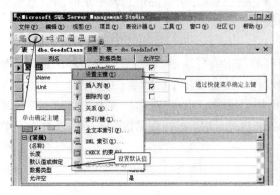

图 4.8　确定表的主键　　　　　　　　　　图 4.9　默认值设置

(3) 单击工具框上的　按钮，保存商品类别表的表结构。

(4) 为商品信息表商品编号(GoodsID)列设置主键。方法同步骤(1)。

(5) 为商品信息表条形码(BarCode)列设置唯一性约束。首先选择要建立唯一键的条形码(BarCode)列，单击右键，然后在快捷菜单中选择【索引/键】选项，如图 4.10 所示。

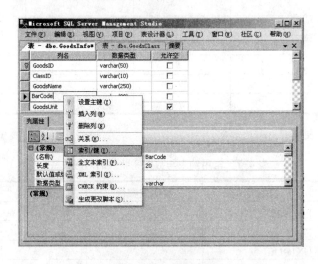

图 4.10　唯一键设置 1

(6) 单击【索引/键】对话框中的　添加(A)　按钮，在【类型】下拉列表框中选择【唯一键】选项，如图 4.11 所示。

(7) 在【列】右侧单击　　按钮，出现如图所示 4.12 所示的对话框，选择 BarCode 列，设置为升序(ASC)，单击　确定　按钮，返回如图 4.11 所示的界面。

(8) 在【名称】右侧修改唯一键约束名称为 UQ_GoodsInfo_BarCode，如图 4.12 所示，单击 关闭(C) 按钮。

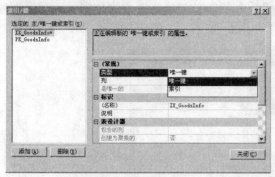 

图 4.11　唯一键设置 2　　　　　　　　　　　图 4.12　唯一键设置 3

(9) 为商品信息表的条形码列设置检查约束，要求其为 13 个数字字符。首先选择要建立检查约束的条形码(BarCode)列，单击右键，然后在快捷菜单中选择【CHECK 约束】选项，如图 4.13 所示。

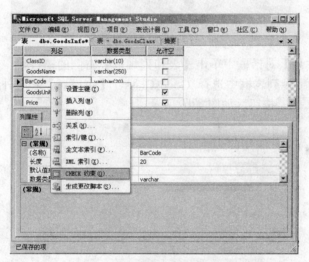

图 4.13　检查约束设置 1

(10) 在【CHECK 约束】对话框中单击 添加(A) 按钮，在【表达式】右侧单击 按钮，在【CHECK 约束表达式】对话框中输入如下代码片段。

BarCode LIKE '[0-9][0-9][0-9][0-9][0-9][0-9][0-9][0-9][0-9][0-9][0-9] [0-9][0-9]'

单击【确定】按钮，如图 4.14 所示。另外修改检查约束名称为 CK_GoodsInfo_BarCode。

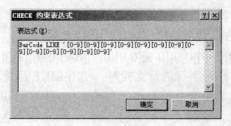

图 4.14　检查约束设置 1

(11) 为商品信息表的商品价格列(Price)和库存数量列(StoreNum)设置默认值，方法同步骤(2)。

(12) 为商品信息表的商品类别列(ClassID)设置外键。首先选择要建立外键的商品类别列(ClassID)，单击右键，然后在快捷菜单中选择【关系】选项，如图 4.15 所示。

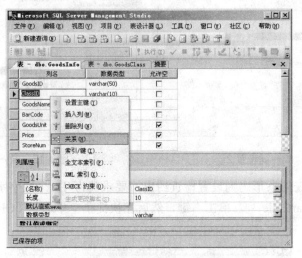

图 4.15 外键约束设置 2

(13) 在【外键关系】对话框中单击【表和列规范】右侧的██按钮，出现【表和列】对话框，在【主键表】的下拉列表框中选择 GoodsClass，【主键表】和【外键表】下拉列表框中选择 ClassID，单击██████按钮，如图 4.16 所示。

图 4.16 外键约束设置 3

(14) 单击工具框上的██按钮，保存商品信息表的表结构。至此，任务 1-3 操作完成。

 特别提醒：

(1) 条形码标准要求为 13 个数字字符。

(2) 【CHECK 约束表达式】对话框中输入的代码片段：

BarCode LIKE '[0-9][0-9][0-9][0-9][0-9][0-9][0-9][0-9][0-9][0-9][0-9] [0-9][0-9]'

数据类型是字符型，需要对字符进行比较时，使用 LIKE 运算符可以完成对字符的模糊匹配。比如，表达式学生姓名第二个字符是"子"的学生，则需要用通配符来表示，表达式为：Stud_name LIKE '_子%'才行。这就要了解 SQL Server 2005 提供的 4 个通配符，见表 4-8。这将在后面详细介绍。

表 4-8　SQL Server 2005 中的通配符

通配符	说明
%	代表任意多个字符
_(下划线)	代表单个字符
[]	代表指定范围内的单个字符
[^]	代表不在指定范围内的单个字符
"	代表一个单引号
|	代表"或"

例如，[0-9]表示 0 至 9 之间的任一数字字符；[a-d]表示 a 至 d 之间的任一小写字母。

课堂练习：

建立进货信息表(PurchaseInfo)、进货明细表(PurchaseDetails)，见表 4-9、表 4-10。

表 4-9　进货信息表(PurchaseInfo)

序号	列名	数据类型	长度	列名含义	说明
1	PurchaseID	varchar	50	进货单号	主键
2	PurchaseDate	datetime		进货日期	默认 GETDATE()
3	SupplierID	varchar	20	供应商编号	
4	UserID	varchar	20	操作员	
5	PurchaseMoney	money		进货金额	
6	PurchaseType	tinyint		进货类型	检查约束(值为：1，2) 默认值1，1：正常，2：退货

表 4-10　进货明细表(PurchaseDetails)

序号	列名	数据类型	长度	列名含义	说明
1	ID	Int		编号	
2	PurchaseID	varchar	50	进货单号	外键 PurchaseInfo(PurchaseID)
3	GoodsID	varchar	50	商品编号	外键 GoodsInfo(GoodsID)
4	UnitPrice	money	20	单价(实际)	默认值 0
5	PurchaseCount	int		进货数量	默认值 0

【任务 1-5】为商品销售类型表(SalesType)设置标识列型主键和检查约束，见表 4-11。

表 4-11　销售类型表(SalesType)

序号	列名	数据类型	长度	列名含义	说明
1	ID	int		编号	标识列，主键
2	Name	varchar	50	名称	取值：零售、批发、团购

标识列的概念如下。

在很多情况下，在存储的信息中很难找到不重复的信息作为列的主键。就拿学生奖惩文件中的信息来说，奖惩编号就是一个不允许重复的列；任何单位发文件的编号也不希望有重复的编号等。

SQL Server 提供了一个"标识列"，特意对列进行区分，标识列本身没有具体的含义。标识列的实现必须注意如下几点。

(1) 这一列的数据类型必须是整型(不含 bit 型)和精确数据类型(decimal 或 numeric，要求小数位数为零)，才可以作为标识列。

(2) 定义成标识列后，还需要分别指定"标识种子"和"标识增量"，默认为 1。

(3) 在输入该列数据时，第一次以"标识种子"开始，以后以"标识增量"增加数值。

(4) 当删除某一条记录时，其他所有标识列的值不变，增加一条新记录时，仍以最近一次输入的标识列的值为基础，按标识增量增加。

任务 1-5 的操作步骤如下。

(1) 选择并右击数据库下的【表】，然后在快捷菜单中选择【新建表】选项，出现【表设计器】，就可以在【表设计器】中输入和定义表中的列。

(2) 在定义 ID 列的数据类型为 int，并定义主键之后，在【表设计器】中【列属性】标签页的【标识规范】右侧的下拉列表框中选择"是"，并设置【标识种子】(默认值为 1)和【标识增量】(默认为 1)，如图 4.17 所示。

(3) 为销售类型名称(Name)设置检查约束，首先选择要建立检查约束的销售类型名称(Name)列，单击右键，然后在快捷菜单中选择【CHECK 约束】选项，在【CHECK 约束】对话框中单击 添加(A) 按钮，在【表达式】右侧的单击 ... 按钮，在【CHECK 约束表达式】对话框中输入如下代码片段：

Name IN('零售','批发','团购')

如图 4.18 所示，单击【确定】按钮，另外修改检查约束名称为 CK_SalesType。

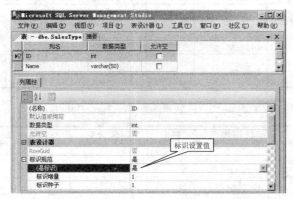

图 4.17　标识列的设置

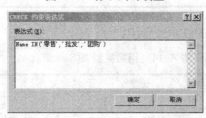

图 4.18　Name 列的检查约束设置

(4) 单击工具栏上的 按钮，输入表名为 SalesType，并单击 确定 按钮。

特别提醒：

(1) 销售类型名称(Name)也可以用下列 T-SQL 语句片段：

Name='团购'　OR　Name='批发'　OR　Name ='零售'

(2) 标识列也可以设置检查约束，例如为销售类型编号(ID)用以下 T-SQL 语句片断：

ID>=1 AND ID<=3

课堂练习：

把进货明细表(PurchaseDetails)的编号(ID)列设置为标识列，进货明细表见表 4-10。

4.1.2　以 SSMS 删除数据库表

【任务 1-6】用 T-SQL 语句删除商品信息表(GoodsInfo)、商品类别表(GoodsClass)、销售类型表(SalesType)。

如果确认某个表不再使用时，则可将其从数据库中删除，以节省存储空间，如果要删除的表是关联的主表，则不能直接将其删除，如果确实要删除主表，则应先删除该表所有的从表(或外键表)，然后才能删除主表。

任务 1-6 步骤如下。

(1) 在删除数据库表时，首先要选中要删除的表，然后按 Delete 键或右击选择快捷菜单中的【删除】选项，如图 4.19 所示。

图 4.19　删除表操作 1

(2) 接下来，出现如下窗口，如图 4.20 所示。单击【确定】按钮即可删除要删除的表。

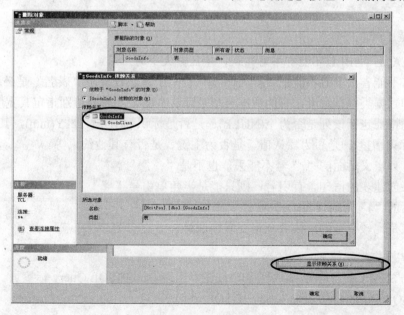

图 4.20　删除表操作 2

特别提醒:

(1) 单击图 4.20 中右下角的【显示依赖关系】,又弹出一个窗口,在该窗口左上角的依赖关系中如果该表没有依赖,则可以确定删除,否则必须先删除关联的从表后才能删除主表。

(2) 本任务必须先删除商品信息表(GoodsInfo),后删除商品类别表(GoodsClass),而销售类型表(SalesClass)不存在依赖关系的从表,可直接删除。

4.2 以 T-SQL 语句建立和删除数据库表

4.2.1 以 T-SQL 语句建立数据库表

【任务 1-7】用 T-SQL 语句创建商品信息表(GoodsInfo)。

商品信息表(GoodsInfo)详见表 4-2。

前面已经用 SSMS 建立和删除数据库表,下面以 SQL 语句命令方式建立和删除数据库表。

建立数据库表的步骤总结如下。

(1) 确定表中有哪些列。

(2) 确定每列的数据类型。

(3) 给表添加各种约束。

(4) 创建各表之间的关系。

建立数据库表的 T-SQL 语法如下。

```
CREATE TABLE    <表名>
(    列名 1 列的数据类型及宽度等特征,
     列名 2 列的数据类型及宽度等特征,
     ……
)
```

特别提醒:

(1) CREATE TABLE 不能有书写错误,不区分大小写。

(2) 表名不能省,千万不能把“<”、“>”也写上,它仅表示“表名”是必选项。

(3) 有的数据类型有宽度,有的数据类型是默认宽度,不需要特别指定其宽度。

(4) 列的特征包括该列是否为空(NULL)、是否是标识列(IDENTITY(m,n),其中 m 为标识种子,n 为标识增量)、是否为默认值、是否为主键、是否有其他约束等。

(5) 注意列定义后面的“,”号不能丢,也不是“;”号。

(6) 如果创建表的语句含有引号,则只能是半角单引号“'”。

(7) 最后的“)”号前没有“,”号。

(8) 约束是比较复杂的,读者一定要慢慢理解。

任务 1-7 操作步骤如下。

(1) 单击 SSMS 左上角的 新建查询(N) 按钮,出现右面的 SQL Query 标签页。

(2) 在 SQL Query 标签页输入如下 T-SQL 语句。

```
USE HcitPos
```

```
GO
/*判定商品信息(GoodsInfo)表是否存在，如果存在则删除*/
IF EXISTS (SELECT name FROM sys.objects WHERE name='GoodsInfo')
DROP TABLE GoodsInfo
GO
CREATE TABLE GoodsInfo                      --创建商品信息表
(
GoodsID   varchar(50)  NOT NULL,     -- 创建非空商品编号(GoodsID)列
ClassID   varchar(10)  NOT NULL,
GoodsName varchar(250) NOT NULL,
BarCode   varchar(20)  NOT NULL,
GoodsUnit varchar(4),
Price     money,
StoreNum  int,                         --此处的","可以省略
)
```

(3) 单击工具栏上的 ▌ 执行(X) 按钮，创建商品信息表(GoodsInfo)成功的界面如图 4.21 所示。

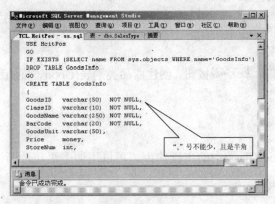

图 4.21 创建商品信息表（GoodsInfo）

【任务 1-8】用 T-SQL 语句创建含有各种约束的商品类别表(GoodsClass)和商品信息表(GoodsInfo)。

商品类别表(GoodsClass)和商品信息表(GoodsInfo)详见表 4-4 和表 4-5。

操作步骤如下：

(1) 单击 SSMS 左上角的 ▌新建查询(N) 按钮，出现右面的 SQL Query 标签页。

(2) 在 SQL Query 标签页输入如下命令。

```
USE HcitPos
GO
/*判定商品类别(GoodsInfo)表是否存在，如果存在则删除*/
IF EXISTS (SELECT name FROM sys.objects WHERE name='GoodsInfo')
     DROP TABLE GoodsInfo
GO
/*判定商品类别(GoodsClass)表是否存在，如果存在则删除*/
IF EXISTS (SELECT name FROM sys.objects WHERE name='GoodsClass')
     DROP TABLE GoodsClass
```

```
GO
CREATE TABLE GoodsClass
(
    ClassID   varchar(10) CONSTRAINT PK_GoodsClass PRIMARY KEY,
                                        -- PK_GoodsClass 为主键名
    ClassName varchar(50)
)
CREATE TABLE GoodsInfo
(
    GoodsID   varchar(50)  CONSTRAINT PK_GoodsInfo PRIMARY KEY,
                                        --主键名 PK_GoodsInfo
    ClassID   varchar(10)  NOT NULL REFERENCES GoodsClass(ClassID),--外键
    GoodsName varchar(250) NOT NULL,
    BarCode   varchar(20)  NOT NULL UNIQUE, --非空，唯一性约束
    GoodsUnit varchar(50),
    Price     money        DEFAULT 0,      --默认约束，其值为。
    StoreNum  int          DEFAULT 0,      --默认约束，其值为。
    /*为条形码列添加检查约束，要求为 13 个数字字符*/
    CHECK(BarCode LIKE '[0-9] [0-9] [0-9] [0-9] [0-9] [0-9] [0-9] [0-9] [0-9]
[0-9] [0-9] [0-9] [0-9]')
)
```

(3) 单击工具栏上的 ![执行(X)] 按钮，创建商品类别表(GoodsClass)和商品信息表(GoodsInfo)
成功，如图 4.22 所示。

🧑 **特别提醒：**

(1) 商品类别表(GoodsClass)中的主键约束，可以用如下语句片断建立。

```
CREATE TABLE GoodsClass
(
...,                               --"，"不能少
CONSTRAINT PK_GoodsClass PRIMARY KEY(ClassID), -- PK_GoodsClass 为用户自定义
主键名
                                        --单独一行
...
)
```

即可把主键约束单独作一行，放在任意列定义前面或后面。

(2) 商品信息表(GoodsInfo)中的外键约束和唯一键约束，可以用如下语句片断建立。

```
CREATE TABLE GoodsInfo
(
...,
FOREIGN KEY(ClassID) REFERENCES GoodsClass(ClassID),--外键，由系统自定义外键约
束名
UNIQUE(BarCode),          --唯一键约束，由系统自定义唯一键约束名
...
)
```

同上，可以把外键约束、唯一键约束集中在一起，单独定义。

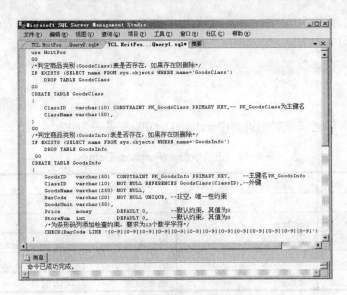

图 4.22　任务 1-8 图

4.2.2　以 T-SQL 语句命令方式删除数据库表

使用 SQL 语句命令方式删除数据库表是非常容易的事，如果当前数据库存在一个已经建立的表，但它又不满足要求，需要重新建立一个这样的表，则先删除，再创建。

删除表的 SQL 语法如下。

```
DROP TABLE  <表名>
```

【任务 1-9】删除商品信息表(GoodsInfo)和商品类别表(GoodsClass)。

操作步骤如下。

(1) 单击 SSMS 左上角的 ![按钮] 新建查询(N) 按钮，出现 SQL Query 标签页。

(2) 在 SQL Query 标签页输入 SQL 命令行。

```
DROP TABLE GoodsInfo
DROP TABLE GoodsClass
```

删除商品信息表(GoodsInfo)和商品类别表(GoodsClass)的结果，如图 4.23 所示。

图 4.23　任务 1-9 操作结果

特别提醒：

删除表有时不一定成功，这是因为被删除的表是被引用表，它存在从表(子表)，因此需要先删除该表的所有从表(子表)，再删除该表。实际 SQL 语法如下。

```
DROP TABLE <从表>,<主表>
```

例如，删除上面例子中的两个表，商品信息表(GoodsInfo)和商品类别表(GoodsClass)。其 T-SQL 语句为如下。

```
DROP TABLE GoodsInfo,GoodsClass
```

课堂练习：

使用 T-SQL 语句建立进货明细表(PurchaseDetails)，见表 4-12。

表 4-12　进货明细表(PurchaseDetails)

序号	列名	数据类型	长度	列名含义	说明
1	ID	int		编号	标识列
2	PurchaseID	varchar	50	进货单号	
3	GoodsID	varchar	50	商品编号	外键 GoodsInfo(GoodsID)
4	UnitPrice	money	20	单价(实际)	默认值 0
5	PurchaseCount	int		进货数量	默认值 0

4.3　使用 T-SQL 的命令修改数据库表的操作

【任务 2】 使用 T-SQL 的 ALTER TABLE 命令对数据库表的列、约束进行添加、修改和删除操作。

4.3.1　使用 T-SQL 语句对数据库表字段信息修改

创建完一个表后，根据实际的需要，要对表进行一定程度的修改。修改的方法有两种：一种是使用 SSMS 的界面方式，另一种是使用 SQL 语句。这里给出 T-SQL 语言的修改方法，使用 ALTER TABLE 命令可以修改表的结构，增加或删除列，也能修改列的属性，还能增加、删除、启用和暂停约束。但是修改表时，不能破坏表原有的数据完整性，例如不能向有主关键字的表添加主关键字，不能向已有数据的表添加 NOT NULL 属性的列，不能为有空值的列设置唯一性约束等。

```
ALTER TABLE 命令的语法如下：
ALTER TABLE <表名>
{ADD {<列定义 ><列约束> }[,… n ]
    |[WITH CHECK|WITH NOCHECK] ADD { <列约束>}[,… n ]
        |DROP  {COLUMN 列名|CONSTRAINT 约束名] }[,… n ]
        |ALTER COLUMN 列名
                    { 新数据类型[(新数据宽度[，新小数位数])]
                        }
        | [CHECK|NOCHECK] CONSTRAINT { ALL| { 约束名 [,… n ]}
}
其中，<列定义>的语法为：
    { 列名 数据类型}
        [ [DEFAULT 常量表达式 ] | [ IDENTITY[(种子值，增量值)] ]
    { 列名 AS 列表达式}
```

```
<列约束>的语法为:
    [ CONSTRAINT 约束名]
    { [NULL|NOT NULL]
    | [[PRIMARY KEY |UNIQUE|CLUSTERED| NONCLUSTERED]
            (主关键字列 1[,…. n ])
        | [[FOREIGN KEY
            (外关键字列 1[,…n ])]
        REFERENCES 参照表名
            (参照列 1[,…n ])]
    | CHECK(逻辑表达式)
        }
```

WITH CHECK|WITH NOCHECK: 指定表中的数据是否启用新添加的或重新启用 FOREIGN KEY 或 CKECK 约束进行检验。

[CHECK|NOCHECK] CONSTRAINT: 指定启用或禁用<约束名>, ALL 指定使用 NOCHECK 选项禁用的所有约束, 或者使用 CHECK 选项启用的所有约束。

4.3.2　创建数据库表

【任务 2-1】以 T-SQL 语句建立商品类别表(GoodsClass)和商品信息表(GoodsInfo)。

商品类别表(GoodsClass)结构见表 4-13。

表 4-13　商品类别表(GoodsClass)

列名	数据类型	长度	列名含义	是否为空	说明
ClassID	varchar	10	商品类别编号	否	主键
ClassName	varchar	50	商品类别名称	否	

商品信息表(GoodsInfo)结构见表 4-14。

表 4-14　商品信息表(GoodsInfo)

列名	数据类型	长度	列名含义	是否为空	说明
GoodsID	varchar	50	商品编号	否	主键
ClassID	varchar	10	商品类别编号	否	
GoodsName	varchar	250	商品名称	否	
BarCode	varchar	20	条形码	否	
StoreNum	int		库存数量		

操作步骤如下:

(1) 在 SSMS 上单击 新建查询(N) 按钮, 出现 SQL Query 标签页。

(2) 在 SQL Query 标签页中输入如下 T-SQL 语句命令行。

```
USE HcitPos
GO
/*判定商品类别(GoodsInfo)表是否存在,如果存在则删除*/
IF EXISTS (SELECT name FROM sys.objects WHERE name='GoodsInfo')
    DROP TABLE GoodsInfo
GO
/*判定商品类别(GoodsClass)表是否存在,如果存在则删除*/
```

```
IF EXISTS (SELECT name FROM sys.objects WHERE name='GoodsClass')
   DROP TABLE GoodsClass
GO
CREATE TABLE GoodsClass
(
   ClassID      varchar(10) PRIMARY KEY,
   ClassName    varchar(50)
)
CREATE TABLE GoodsInfo
(
   GoodsID      varchar(50)  PRIMARY KEY,
   ClassID      varchar(10)  NOT NULL,
   GoodsName    varchar(250) NOT NULL,
   BarCode      varchar(20)  NOT NULL,
   StoreNum     int
)
```

(3) 单击 ![执行(X)] 按钮，商品类别表(GoodsClass)和商品信息表(GoodsInfo)创建结果如图 4.24 所示。

图 4.24　任务 2-1 操作结果

4.3.3　增加列

增加列 T-SQL 命令语法如下。

```
ALTER TABLE <表名>
ADD <列名><新数据数据类型>[<列宽>]
```

【任务 2-2】为商品信息表(GoodsInfo)增加列商品计量单位(GoodsUnit)，数据类型为 varchar，宽度为 4；增加列商品单价(Price)，数据类型为 money。

步骤如下。

(1) 在 SSMS 上单击 ![新建查询(N)] 按钮，出现 SQL Query 标签页。

(2) 在 SQL Query 标签页中输入如下 T-SQL 命令行。

```
ALTER TABLE GoodsInfo
ADD GoodsUnit varchar(4),Price money
```

(3) 单击 **执行(X)** 按钮，执行 T-SQL 命令行完成，如图 4.25 所示。

特别提醒：

(1) 读者常犯的错误是将"ADD GoodsUnit varchar(4)"书写成"ADD COLUMN GoodsUnit varchar(4)"，多了 COLUMN 部分，这是因为删除列的格式是这样的：DROP COLUMN <列名>。

(2) 在表中含有数据，向表中增加一列时，应使新增加的列为默认值或允许为空值。

(3) 在表为空表时，向表中增加一列时，增加的列可以非空。

图 4.25　任务 2-2 操作结果

4.3.4　修改列

修改列 T-SQL 命令语法如下。

```
ALTER TABLE <表名>
ALTER COLUMN <列名><新数据数据类型>[<列宽>]
```

【任务 2-3】修改商品信息表(GoodsInfo)的 BarCode(条形码)列的数据类型为 char，列宽为 13；商品名称(GoodsName)列的数据类型为 varchar，宽度为 100。

步骤如下。

(1) 在 SSMS 上单击 **新建查询(N)** 按钮，出现 SQL Query 标签页。

(2) 在 SQL Query 标签页中输入如下 T-SQL 语句命令行。

```
ALTER TABLE GoodsInfo
ALTER COLUMN BarCode char(13)
ALTER TABLE GoodsInfo
ALTER COLUMN GoodsName varchar(100)
```

(3) 单击 **执行(X)** 按钮，修改列完成，如图 4.26 所示。

图 4.26　任务 2-3 操作结果

特别提醒：

(1) 不允许对主键列进行修改。

(2) 只能修改列的数据类型和宽度及列值可否为空，默认情况下，列是被设置为允许空值的，将一个原来允许为空的列设置成不允许为空，必须在列中没有存放空值和在列上没有创建索引的前提下才能成功；不能修改列名，如果要修改列名、数据类型及宽度，则需要先删除该列，然后再添加这列。

(3) 不能同时修改两列，即上例 SQL 命令不能写成：

```
ALTER TABLE GoodsInfo
ALTER COLUMN BarCode char(13),ALTER COLUMN GoodsName varchar(100)
```

或

```
ALTER TABLE GoodsInfo
ALTER COLUMN BarCode char(13), GoodsName varchar(100)
```

或其他格式。

(4) 不能修改数据类型为 text、image、ntext 和 timestamp 的列。

(5) 具有检查约束和唯一性约束的列，仅可增加数据宽度。

(6) 具有默认约束的列，仅可增加数据宽度。

(7) 列(或标识列)修改为标识列，必须先删除该列后再增加。

4.3.5 删除列

删除列 T-SQL 命令语法如下。

```
ALTER TABLE <表名>
DROP COLUMN <列名>[, ... n ]
```

【任务 2-4】删除商品信息表中的列 BarCode(条形码)。

步骤如下。

(1) 在 SSMS 上单击 🔲 新建查询(N) 按钮，出现 SQL Query 标签页。

(2) 在 SQL Query 标签页中输入如下 T-SQL 语句命令行。

```
ALTER TABLE GoodsInfo
DROP COLUMN BarCode
```

(3) 单击 ! 执行(X) 按钮执行，删除列完成。

特别提醒：

(1) T-SQL 命令不能为：ALTER TABLE GoodsInfo DROP BarCode。

(2) 不能删除主键列 GoodsID，否则出现如图 4.27 所示结果。

图 4.27 删除主键列出现的错误

(3) 在删除非普通列，例如具有约束的列或为其他列所依赖的列时，需要先删除相应的约束或依赖信息，再删除该列。

4.3.6　添加约束

添加约束的 T-SQL 命令语法如下。

```
ALTER TABLE <表名> ADD CONSTRAINT <约束名>
```

【任务 2-5】对商品信息表(GoodsInfo)创建外键、唯一键、检查和默认约束。

(1) 对列 ClassID 添加一个外键约束，约束名为 FK_GoodsInfo_ClassID，引用商品类别表(GoodsClass)的列 ClassID。

(2) 对列 BarCode 添加一个检查约束，要求列 BarCode 必须是 13 位数字字符，约束名为 CK_GoodsInfo_BarCode；为该列添加一个唯一键约束，约束名为 UQ_ GoodsInfo_ BarCode。

(3) 对列 Price 和 StoreNum 各添加一默认约束，默认值都为 0，约束名让系统自己建立。操作步骤如下。

(1) 在 SSMS 上单击 新建查询(N) 按钮，出现 SQL Query 标签页。

(2) 如果列 BarCode 被删除，在 SQL Query 标签页中输入如下 T-SQL 语句命令行。

```
ALTER TABLE GoodsInfo
ADD BarCode varchar(13)
```

(3) 在 SQL Query 标签页中输入如下 T-SQL 语句命令行。

```
ALTER TABLE GoodsInfo
ADD  CONSTRAINT  FK_GoodsInfo_ClassID  FOREIGN  KEY(ClassID)  REFERENCES
GoodsClass(ClassID),                                    --外键约束
    CONSTRAINT CK_GoodsInfo_BarCode                    --检查约束
    check (BarCode LIKE '[0-9][0-9][0-9][0-9][0-9][0-9][0-9][0-9][0-9][0-9]
[0-9][0-9]'),
    CONSTRAINT UQ_GoodsInfo_BarCode UNIQUE(BarCode),  --唯一键约束
    DEFAULT 0 FOR Price,                              --默认约束
    DEFAULT 0 FOR StoreNum                            --默认约束
```

(4) 单击 执行(X) 按钮执行，T-SQL 语句命令行执行完成。

🎓 **特别提醒：**

(1) 在对 GoodsClass 表的列 ClassID 创建外键约束时，必须保证该列与参照表(GoodsInfo)表中的列 ClassID 类型及宽度要保持一致，否则不予创建。

(2) 增加约束时，如果表中原有的数据和新增的约束冲突，将导致异常，终止命令执行。如果想忽略对原有数据的约束检查，可在命令中使用 WITH NOCHECK 选项，使新增加的约束只对以后更新或插入的数据起作用。系统默认自动使用 WITH CHECK 选项，即对原有数据进行约束检查。注意，不能将 WITH CHECK 或 WITH NOCHECK 作用于主键约束、唯一性约束、默认值约束。

4.3.7　删除约束

删除约束的 T-SQL 命令语法如下。

```
ALTER TABLE <表名>
DROP  CONSTRAINT <约束名>
```

【任务 2-6】为供应商表(SupplierInfo)添加默认约束、检查约束，删除创建的默认约束、检查约束。供应商表见表 4-15。

表 4-15　供应商表

序号	列名	数据类型	长度	列名含义	说明
1	SupplierID	varchar	20	供应商编号	主键
2	SupplierName	varchar	250	供应商名称	非空

(1) 首先创建一个含有两个列的供应商表。

(2) 添加一个联系地址列(Address)，数据类型为变长字符型，宽度为 250，且要求输入的默认值为"地址不详"，约束名为 DF_ SupplierInfo_ Address。

(3) 添加一个电子信箱列(EMail)，数据类型为变长字符型，宽度 50，且要求输入的电子邮件地址必须包括"@"符号，给出其中的约束名为 CK_ SupplierInfo_EMail。

(4) 添加一个邮政编码列(PostCode)，数据类型为固定长度字符型，宽度 6，且要求输入的邮政编码第 1 位是 1～9 的数字字符，第 2～6 位是 0～9 的数字字符，给出其中的约束名为 CK_ SupplierInfo_PostCode。

(5) 删除刚才添加列 Address、EMail、PostCode 和 3 个约束 DF_ SupplierInfo_ Address、CK_ SupplierInfo_EMail、CK_ SupplierInfo_PostCode。

步骤如下：

(1) 在 SSMS 上单击 📄 新建查询(N) 按钮，出现 SQL Query 标签页。

(2) 在 SQL Query 标签页中输入如下 T-SQL 语句命令行。

```
USE HcitPos
GO
CREATE TABLE SupplierInfo            --(1)创建供应表(SupplierInfo)
(
SupplierID varchar(20) CONSTRAINT PK_SupplierInfo PRIMARY KEY,
SupplierName varchar(250) NOT NULL,
)
GO
ALTER TABLE SupplierInfo
ADD Address varchar(500),            --(2)添加列(Address)
CONSTRAINT DF_SupplierInfo_Address DEFAULT '地址不详' FOR Address,
                         --添加默认约束
EMail varchar(50),                   --(3)添加列(EMail)
CONSTRAINT CK_SupplierInfo_EMail  CHECK(EMail Like '%@%'),
                         --添加检查约束
PostCode char(6),                     --(4)添加列(PostCode)
CONSTRAINT CK_SupplierInfo_PostCode    --添加检查约束
CHECK(PostCode Like '[1-9][0-9][0-9][0-9][0-9][0-9]')
GO
ALTER TABLE SupplierInfo             --(5)删除约束和列
DROP CONSTRAINT DF_SupplierInfo_Address,CK_SupplierInfo_EMail,
CK_SupplierInfo_PostCode,COLUMN Address,EMail,PostCode
```

(3) 单击按钮执行，T-SQL 语句命令行执行完成，结果如图 4.28 所示。

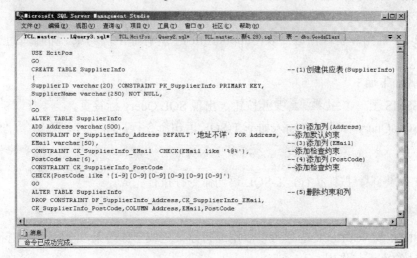

图 4.28　命令方式删除约束

特别提醒：

(1) 不能先删除列后删除列上的约束，如任务中的命令：

```
ALTER TABLE SupplierInfo
DROP CONSTRAINT DF_SupplierInfo_Address,CK_SupplierInfo_EMail,
CK_SupplierInfo_PostCode,COLUMN Address,EMail,PostCode
```

不能书写为：

```
ALTER TABLE SupplierInfo  DROP CONSTRAINT
DF_SupplierInfo_Address,CK_SupplierInfo_EMail,CONSTRAINT
DF_SupplierInfo_Address,CK_SupplierInfo_EMail,
CK_SupplierInfo_PostCode
```

(2) 添加列同时添加列约束不能书写为：

```
ALTER TABLE SupplierInfo
ADD Address varchar(500), ADD CONSTRAINT DF_SupplierInfo_Address DEFAULT '
地址不详' FOR Address
```

或

```
ALTER TABLE SupplierInfo
ADD CONSTRAINT DF_SupplierInfo_Address DEFAULT '地址不详' FOR Address,
ADD Address varchar(500)
```

同时注意要先定义列，后添加约束。

(3) 删除主键约束、唯一性约束则自动删除对应的索引。

4.3.8　启用和暂停约束

启用和暂停约束的 T-SQL 命令语法如下。

```
ALTER TABLE <表名> NOCHECK CONSTRAINT <约束名|ALL>
```

使用说明：

ALL 表示所有约束。

【任务 2-7】启用和暂停供应商表(SupplierInfo)中所有非主键约束、非唯一性约束和默认约束。

操作步骤如下如下。

(1) 在 SSMS 上单击 新建查询(N) 按钮，出现 SQL Query 标签页。

(2) 在 SQL Query 标签页中输入如下 T-SQL 语句命令行。

```
ALTER TABLE SupplierInfo NOCHECK CONSTRAINT ALL
```

(3) 单击 执行(X) 按钮执行，T-SQL 语句命令行执行完成。

特别提醒：

使用 CHECK 或 NOCHECK 选项可以启用或暂停某些或全部约束，但是对于主键约束、唯一性约束和默认约束不起作用。

课堂练习：

使用 T-SQL 的 CREATE TABLE 和 ALTER TABLE 命令建立进货信息表(PurchaseInfo)和进货明细表(PurchaseDetails)，注意使用 CREATE TABLE 命令时不创建任何约束，使用 ALTER TABLE 命令为两表添加所有要求的约束，进货信息表和进货明细表见表 4-9 和表 4-10。

4.4 表中数据操作

【任务 3】使用【表编辑器】和 T-SQL 语句对数据库表的数据进行添加、修改和删除操作。

在本章开始讲述使用【表设计器】和 CREATE TABLE 命令创建表的结构与表的约束。4.3 节着重讲述了对表的结构的修改和约束操作。

本节主要讲述表中的数据的插入、修改、删除操作。

4.4.1 在【表编辑器】中添加、修改和删除数据

【表编辑器】是 SQL Server 管理平台中的一个标签页，标签页的名称与所编辑的表的名称相同。标签页中含有一个列表框控件，列表框列头为表的列名，在【表编辑器】中插入、修改和删除数据相当简单，类似于在 Excel 文件中插入、修改和删除数据操作。

【任务 3-1】在【表编辑器】中对商品信息表(GoodsInfo)中的数据进行插入、修改和删除(假设表中已经插入数据了)。

操作步骤如下。

(1) 在 SQL Server 管理平台窗口的商品信息表(GoodsInfo)节点上单击右键，弹出快捷菜单，如图 4.29 所示。

对象资源管理器
连接(O)
表
系统表
dbo.CheckDetails
dbo.CheckInfo
dbo.GoodsClass
新建表(N)...
修改(Y)
打开表(O)
编写表脚本为(S)
查看依赖关系(V)
全文索引(T)
重命名(M)
删除(D)
刷新(F)
属性(R)

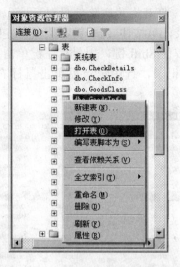

图 4.29 打开 GoodsInfo 快捷菜单

(2) 选择 打开表(O) 选项，在 SQL Server 管理平台的右半部分显示【表-dbo. GoodsInfo】的标签页，在标签页单元格中逐行、逐列输入如图 4.30 所示的数据。

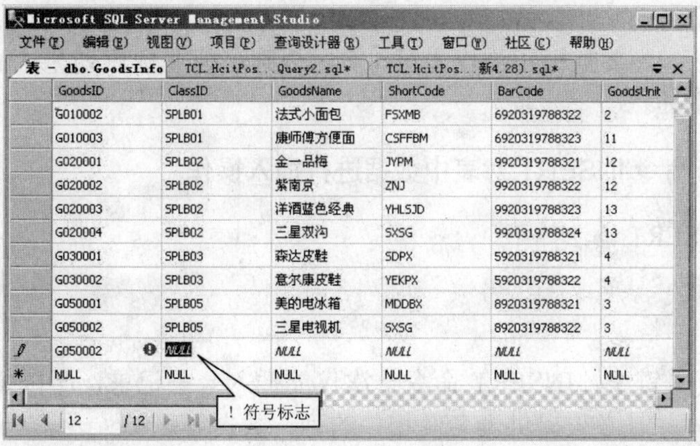

Microsoft SQL Server Management Studio
文件(F) 编辑(E) 视图(V) 项目(P) 查询设计器(R) 工具(T) 窗口(W) 社区(C) 帮助(H)
表 - dbo.GoodsInfo
GoodsID ClassID GoodsName ShortCode BarCode GoodsUnit
G010002 SPLB01 法式小面包 FSXMB 6920319788322 2
G010003 SPLB01 康师傅方便面 CSFFBM 6920319788323 11
G020001 SPLB02 金一品梅 JYPM 9920319788321 12
G020002 SPLB02 紫南京 ZNJ 9920319788322 12
G020003 SPLB02 洋酒蓝色经典 YHLSJD 9920319788323 13
G020004 SPLB02 三星双沟 SXSG 9920319788324 13
G030001 SPLB03 森达皮鞋 SDPX 5920319788321 4
G030002 SPLB03 意尔康皮鞋 YEKPX 5920319788322 4
G050001 SPLB05 美的电冰箱 MDDBX 8920319788321 3
G050002 SPLB05 三星电视机 SXSG 8920319788322 3
G050002 NULL NULL NULL NULL NULL
NULL NULL NULL NULL NULL NULL
12 /12
! 符号标志

图 4.30 向表中插入、修改、删除数据

在单元格中输入数据后可能会出现警告标志❶，提醒此单元格中的数据尚未保存，继续在其他单元格中输入数据或按回车键即可自动保存数据，如果输入的数据类型与定义表时的数据类型不一致，则自动弹出如图 4.31 所示的错误提示对话框。

Microsoft SQL Server Management Studio
单元格的值无效(第 12 行，第 7 列)。
此单元格中更改的值未被识别为有效值。
.Net Framework 数据类型: Int32
错误信息: 输入字符串的格式不正确。
键入适合于此数据类型的值或按 Esc 取消更改。
确定

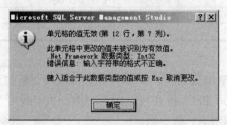

图 4.31 录入数据时错误提示

(3) 在表 GoodsInfo 记录最左边的灰色方块▶上选中所要删除的记录后，在选中的记录的任一位置单击鼠标右键弹出快捷菜单，如图 4.32 所示。

(4) 选择 ✕ 删除(D) 选项，打开提示删除信息对话框，单击 是(Y) 按钮删除所选的一条记录。如果要删除多条记录，可按住 Ctrl 键，用鼠标左键依次单击要删除记录左边的灰色小方块选中多条记录，或者按住 Shift 键，用鼠标左键单击要删除的起始记录和终止记录左边的灰色小方块一次选中多条记录，选中记录后单击鼠标右键，在弹出的快捷菜单中选择 ✕ 删除(D) 选项即可。

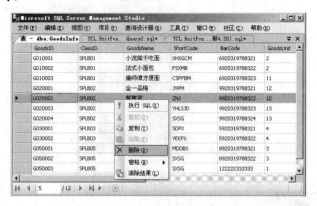

图 4.32 选择要删除的记录

特别提醒：

含有标识列的表，不要把标识列作为第 1 列，否则可能非标识列无法输入汉字信息，这是 SQL Server 的一个 Bug。

4.4.2 使用 T-SQL 命令 INSERT 对表中数据进行插入操作

T-SQL 命令 INSERT 语法如下。

```
INSERT [INTO] <表名或视图名> [<列名列表>]
VALUES(数据列表)
```

使用 VALUES 关键字，INSERT 命令一次仅能插入一条记录，所以每插入一行，都要使用 INSERT 关键字，并且必须提供表名及相关的列、数据等。

1. 插入数据到一行的所有列

【任务 3-2】使用 INSERT 命令向商品类别表(GoodsClass)插入一条记录，见表 4-16。

表 4-16 商品类别表(GoodsClass)

ClassID	ClassName
SPLB07	汽车
SPLB08	房产

操作步骤如下。

(1) 在 SSMS 工具条上单击 新建查询(N) 按钮，打开一个新的 SQL Query 标签页，在【SQL 编辑器】工具条的【可用数据库】的下拉列表框中选择 HcitPos(或可直接使用命令 USE HcitPos)，在文本编辑框中输入如下 INSERT 命令行。

```
INSERT INTO GoodsClass(ClassID,ClassName)
VALUES('SPLB07','汽车')
INSERT INTO GoodsClass(ClassID,ClassName)
VALUES('SPLB08','房产')
```

(2) 单击 执行(X) 按钮执行，T-SQL 语句命令行执行完成，执行的结果如图 4.33 所示。

图 4.33 INSERT 命令的使用 1

特别提醒：

(1) VALUES 子句中的数据列表与列名列表必须对应。

(2) 未列出的列须具有 IDENTITY(标识列)属性、timestamp(时间戳)属性、全局唯一标识符属性、允许空值或赋有默认值。

2. 插入数据到一行的部分列

【任务 3-3】使用 INSERT 命令向商品信息表(GoodsInfo)插入 3 条记录见表 4-17 所示。

表 4-17 GoodsInfo 表中的 3 条记录数据

GoodsID	ClassID	GoodsName	BarCode	GoodsUnit	Price
G050003	SPLB05	长虹空调	8920319788323	3	2300
G050004	SPLB05	长虹电视机	8920319788324	3	5000
G050005	SPLB05	长虹电扇	8920319788325	3	400

操作步骤如下。

(1) 在 SSMS 工具条上单击 新建查询(N) 按钮，打开一个新的 SQL Query 标签页，在【SQL编辑器】工具条的【可用数据库】的下拉列表框中选择 HcitPos(或可直接使用命令 USE HcitPos)，在文本编辑框中输入如下 INSERT 命令行。

```
INSERT INTO GoodsInfo(GoodsID,ClassID,GoodsName, BarCode,GoodsUnit, Price)
VALUES('G050003','SPLB05','长虹空调','8920319788323','3',2300)
INSERT INTO GoodsInfo(GoodsID,ClassID,GoodsName, BarCode,GoodsUnit, Price)
VALUES('G050004','SPLB05','长虹电视机','8920319788324','3',5000)
INSERT INTO GoodsInfo(GoodsID,ClassID,GoodsName, BarCode,GoodsUnit, Price)
VALUES('G050005','SPLB05','长虹电扇','8920319788325','3',400)
```

(2) 单击 执行(X) 按钮执行，T-SQL 语句命令行执行完成，执行的结果如图 4.34 所示。

图 4.34 INSERT 命令的使用 2

特别提醒：

(1) 输入项的顺序和数据类型必须与表中列的顺序和数据类型相对应。当类型不符时，如果按照不正确的顺序指定插入的值，系统将自动出现错误提示信息。

(2) 不能为标识列、时间戳、全局唯一标识符等列插入数据。

(3) 向表中添加数据不能违反数据完整性约束。例如，商品计量单位必须输入的是商品计量单位表(GoodsUnit)表中的计量单位数据；条形码输入的数据必须是唯一的。

3. 插入含有默认值和 NULL 值数据

【任务 3-4】向供应商表(SupplierInfo)中插入含有默认值和 NULL 值数据记录，见表 4-18。

表 4-18　SupplierInfo 表中的 3 条记录数据

SupplierID	SupplierName	Address	Postcode	E-mail	HomePage
GYS0008	淮安五星电器	DEFAULT	223001	hawx@163.com	http://www.hawx.com
GYS0009	淮安三星电器	NULL	223002	hasx@126.com	http://www.hasx.net
GYS0010	淮安格力专卖店	承德南路 23 号	223003	hagl@163.com	http://www.hagl.com

操作步骤如下。

(1) 在 SSMS 上单击 新建查询(N) 按钮，出现 SQL Query 标签页。

(2) 在 SQL Query 标签页中输入如下 T-SQL 语句命令行。

```
INSERT INTO supplierInfo(SupplierID,SupplierName,Address,PostCode,
EMail,HomePage)
VALUES('GYS0008','淮安五星电器',DEFAULT,'223001','hawx@163.com',
'http://www.hawx.com')
INSERT INTO SupplierInfo(SupplierID,SupplierName,Address,PostCode,
EMail,HomePage)
VALUES('GYS0009','淮安三星电器',NULL,'223002','hasx@126.com',
'http://www.hasx.net')
INSERT INTO SupplierInfo(SupplierID,SupplierName,Address,PostCode,
EMail,HomePage)
VALUES('GYS0010','淮安格力专卖店','承德南路23号','223003','hagl@163.com',
'http://www.hagl.com')
```

(3) 单击 执行(X) 按钮执行，T-SQL 语句命令行执行完成，结果如图 4.35 所示。

图 4.35　INSERT 命令的使用 3

4.4.3　使用 T-SQL 命令 UPDATE 对表中数据进行修改操作

T-SQL 命令 UPDATE 语法如下。

```
UPDATE  <表名或视图名>
SET <更新的列名>=<新的表达式值>[,… n]
[WHERE <逻辑表达式>]
```

【任务 3-5】对供应商表(SupplierInfo)中的记录进行修改。

(1) 将供应商名称(SupplierName)为"淮安三星电器"的记录信息修改为：SupplierName(供应商名称)改为"楚州三星电器"，Address(地址)改为"西长街 3 号"。

(2) 将供应商名称(SupplierName)为"淮安格力专卖店"的记录信息修改为：SupplierName(供应商名称)改为"淮安格力电器"，Address(地址)改为默认值，PostCode(邮政编码)改为空值。

操作步骤如下。

(1) 在 SSMS 上单击 📄 新建查询(N)按钮，出现 SQL Query 标签页。

(2) 在 SQL Query 标签页中输入如下 T-SQL 语句命令行。

```
UPDATE SupplierInfo
SET SupplierName='楚州三星电器',Address='西长街 3 号'
WHERE SupplierName='淮安三星电器'
UPDATE SupplierInfo
SET SupplierName='淮安格力电器',Address=DEFAULT,PostCode=NULL
WHERE SupplierName='淮安格力专卖店'
```

(3) 单击 ▶ 执行(X)按钮执行，T-SQL 语句命令行执行完成，结果如图 4.36 所示。

特别提醒：

(1) 当省略 WHERE 子句时，表示对所有满足的列都进行修改，否则只对满足逻辑表达式的列进行修改。

(2) 修改的列值由表达式指定，对于具有默认值的列可使用 DEFAULT 修改为默认值。

(3) 对于允许为空的列可使用 NULL 修改为空值。

(4) 表达式可以是一个常量、表达式或变量(必须先赋值)。

图 4.36　UPDATE 命令的使用

4.4.4　使用 T-SQL 命令 DELETE 对表中记录进行删除操作

T-SQL 命令 DELETE 语法如下。

```
DELETE [FROM] <表名或视图名>
[WHERE <逻辑表达式>]
```

与 INSERT 命令一样，DELETE 命令也可以操作单行和多行数据，并可以删除基于其他表中的数据行。

如果 DELETE 命令中不加 WHERE 子句限制，则表或视图中的所有数据都将被删除。

【任务 3-6】删除任务 3-3、任务 3-4 中插入的数据。

操作步骤如下。

(1) 在 SSMS 上单击 🔲 新建查询(N) 按钮，出现 SQL Query 标签页。

(2) 在 SQL Query 标签页中输入如下 T-SQL 语句命令行。

```
DELETE FROM  GoodsInfo
WHERE GoodsName LIKE '长虹%'
DELETE FROM SupplierInfo
WHERE SupplierName IN('淮安五星电器','楚州三星电器','淮安格力电器')
```

(3) 单击 ❗ 执行(X) 按钮执行，T-SQL 语句命令行执行完成，结果如图 4.37 所示。

🧑‍🎓 特别提醒：

(1) 语句"DELETE FROM GoodsInfo WHERE GoodsName LIKE '长虹%'"可使用语句"DELETE FROM GoodsInfo WHERE GoodsName='长虹空调' OR GoodsName='长虹电扇' OR GoodsName='长虹电视机'"代替，本任务删除记录时使用通配符"%"。

(2) 如果删除主从表中的数据，必须先删除从表中的记录，后删除主表中的记录。

(3) 删除表中所有数据(如果表中含有标识，初始化标识列)，使用如下 T-SQL 语句。

```
TRUNCATE TABLE <表名>
```

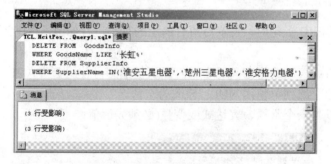

图 4.37 DELETE 命令的使用

课堂练习：

对进货信息表(PurchaseInfo)和进货明细表(PurchaseDetails)进行数据的插入、修改、删除操作。

(1) 向进货信息表中插入一条记录，见表 4-19。

表 4-19 向进货信息表(PurchaseInfo)插入一条记录

PurchaseID	PurchaseDate	SupplierID	UserID
P0004	DEFAULT	GYS0007	TEST01

(2) 向进货明细表中插入两条记录，见表 4-20。

表 4-20 向进货明细表(PurchaseDetails)插入两条记录

PurchaseID	GoodsID	UnitPrice	PurchaseCount
P0004	G050001	2 345.0	10
P0004	G050002	1 220.0	10

注：详细列名见第 2 章进货信息表(PurchaseInfo)和进货明细表(PurchaseDetails)。

(3) 修改进货信息表的进货单为"P0004"的供应商为"GYS0002"，该进货单的进货日期修改为"2009-7-31"；修改进货明细表中进货单为"P0004"，商品编号为"G050001"进货数量为 15。

(4) 手工统计进货明细表进货单号为"P0004"的进货金额，修改进货信息表中的"P0004"进货金额。

(5) 删除操作(1)、(2)插入的记录。

本 章 小 结

本章第一部分(任务 1)详细讲解了对表的结构的创建操作，以期使读者对表的结构创建操作有所理解与掌握。

(1) 在【表设计器】中创建表、修改表的结构，创建主键，在【外键关系】对话框中创建外键以及在【CHECK 约束】中创建检查约束。

(2) 使用 SSMS 删除表。

(3) 使用 CREATE TABLE <表名>、DROP TABLE <表名>语句创建表的结构、删除表，创建表中列的主键约束、检查约束、唯一性约束、外键约束和默认约束。

希望读者通过对以上重点内容的学习，能够理解与掌握创建数据库表及表中约束知识。通过各任务掌握每个知识点，灵活运用各种方法和 T-SQL 语法规则。

本章第二部分(任务 2)详细讲解了对表的结构的修改和约束的操作，以期使读者对表的结构和约束的操作有更深入的理解与掌握。

把对表的数据的操作安排在这一章第三部分(任务 3)，目的是使读者不要混淆对表的结构的修改和对表中数据的操作。

本章给出的大量任务都是上机经过调试的，一定能给读者学习带来不小的帮助。

习 题

一、选择题

1. 创建银行的贷款情况表时，"还款日期"默认为当天，且必须晚于"借款日期"，应采用(   )约束。

    A. 检查约束   B. 主键约束

    C. 外键约束   D. 默认约束. 检查约束

2. 某个字段希望存放电话号码，该字段应选用(   )数据类型。

A. char(10)   B. varchar(13)

C. text   D. int

3. 在 SQL Server 中，删除数据库表使用(　　)语句。

    A. DELETE   B. DROP   C. CREATE   D. USE

4. 在 SQL Server 中，创建数据库表使用(　　)语句。

    A. DELETE   B. DROP   C. CREATE   D. USE

5. 表 A 和表 B 建立了主外键关系，A 表为主表，B 表为子表，以下说法中正确的是(　　)。

    A. B 表中存在 A 表的外键   B. B 表中存在外键

    C. A 表中存在外键   D. A 表存在 B 表中的外键

6. 在某一学生成绩表 tblScore 中的列 Score 用来存放某学生学习某课程的考试成绩(0～100 分，没有小数)，用下面的哪种类型最节省空间？(　　)

    A. int   B. smallint   C. decimal(3,0)   D. tinyint

7. 在 SQL Server 2005 的【表编辑器】中编辑数据表记录时，下列叙述错误的是(　　)。

    A. 不允许修改标识列数据

    B. 不允许修改计算列数据

    C. 不允许修改二进制类型(包括 binary、varbinary 和 image 类型)和 timestamp 类型的列的数据

    D. 任何时候都可以按 Esc 键取消对数据表的修改

8. 可使用下列操作中的(　　)为列输入 NULL 值。

    A. 输入 null   B. 输入 NULL

    C. 将列清空   D. 按 Ctrl+O 键

9. 下列关于 SQL Query 标签页窗口的使用错误的是(　　)。

    A. 可以在执行 INSERT 命令添加记录

    B. 不能直接打开数据表为其插入、修改或删除记录

    C. 可以通过执行 UPDATE 命令修改记录

    D. 可以通过执行 DELETE 命令删除记录

10. 下列关于插入 INSERT 命令使用正确的是(　　)。

    A. 可以在 INSERT 命令中指定计算列的值

    B. 可以使用 INSERT 命令插入一个空记录

    C. 如果没有为列指定数据，则列值为空

    D. 如果列设置了默认值，则可以不为该列提供数据

11. 下列 UPDATE 命令错误的是(　　)。

    A. 可以使用 DEFAULT 关键字将列设置为默认值

    B. 可以使用 NULL 关键字将列设置为空值

    C. 可以使用 UPDATE 命令同时修改多个记录

    D. 如果 UPDATE 命令中没有指定搜索条件，则默认只能修改第一条记录

12. 在表 A 中有一列为 B，执行删除语句：DELETE FROM A WHERE B LIKE '_[ae]%'，下面包含 B 列的(　　)值的数据行可能被删除。

    A. Why   B.Carson   C. Annet   D. John

13. 订单表 Orders 的列 Orderid 的类型是小整型(smallint)，根据业务的发展需要将其改为

整型(integer)，应该使用下面的哪条语句？(   )

    A. ALTER TABLE Orders ALTER COLUMN Orderid integer

    B. ALTER COLUMN Orderid integer FROM Orders

    C. ALTER TABLE Orders (Orderid integer)

    D. ALTER COLUMN Orders.Orderid integer

14. 假如 A 表中包括了主键列 B，则执行更新命令：UPDATE A SET B=200 WHERE B=201，执行的结果可能是(   )。

    A. 更新了多行记录　　　　　　　　　B. 可能没有更新

    C. T-SQL 语法错误，不能执行　　　　D. 错误，主键列不允许更新

15. 假设 A 表中有主键 AP 列，B 表中有外键 BF 列，BF 引用 AP 列来实施引用完整性约束，此时如果使用 T-SQL 语句：UPDATE A SET AP='ABC' WHERE AP='EDD' 来更新 A 表的 AP 列，可能运行结果是(   )。

    A. 肯定会产生更新失败

    B. 可能会更新 A 表中的两行数据

    C. 可能会更新 B 表中的一行数据

    D. 可能会更新 A 表中的一行数据

16. 下列执行数据的删除语句在运行时不会产生错误信息的选项是(   )。

    A. DELETE * FROM A WHERE B='6'　　　B. DELETE FROM A WHERE B='6'

    C. DELETE A WHERE B='6'　　　　　　　D. DELETE A set B='6'

17. 假如表 ABC 中的 A 列的默认值为"EMPTY"，同时还有 B 列和 C 列，则执行 T-SQL 语句：INSERT ABC (B,C) VALUES(23,'EMPTY')，下列说法中正确的是(   )。

    A. A 列的值为"23"　　　　　　　　　B. B 列的值为"EMPTY"

    C. C 列的值为"EMPTY"　　　　　　　D. A 列的值为空

18. 假设 ABC 表中 A 列为主键，并且为自动增长的标识列，同时还有 B 列和 C 列，所有列的数据类型都是整数，目前还没有数据，则执行插入数据的 T-SQL 语句：INSERT ABC(A,B,C) VALUES(1,2,3)，结果为(   )。

    A. 插入数据成功，A 列的数据为 1　　　B. 插入数据成功，A 列的数据为 2

    C. 插入数据成功，B 列的数据为 3　　　D. 插入数据失败

19. 假设表 T_Test 中有 A、B 两列，则对以下 T-SQL 语句说法正确的是(   )。

```
DELETE A FROM T_Test
```

    A. 这是一条错误的 SQL 语句

    B. 这是删除表 T_Test 的 A 列字段和相应的数值

    C. 这是删除表 T_Test 的 A 列的所有值

    D. 这是删除表中有 A 的所有数据行

20. 表 A 中的列 B 是标志列，属于自动增长数据类型，标识种子是 2，标识递增量为 3。首先插入 3 行数据，然后再删除一行数据，再向表中增加数据行时，标识值是(   )。

    A. 5　　　　　　　　B. 8　　　　　　　　C. 11　　　　　　　　D. 2

21. 假设表 A 中列 B 的数据类型是 char 类型，列 C 的数据类型是 datetime 类型，列 D 的数据类型是 int 类型，则对以下 SQL 语句说法错误的是(   )。

```
INSERT INTO A(B,C,D) VALUES("张三",#2002-2-10#,12.0)
```

A. "张三"应该是'张三'　　　　　　B. #2002-2-10#应该是'#2002-2-10#'

C. #2002-2-10#应该是 2002-2-10　　D. #2002-2-10#应该是'2002-2-10'

二、课外拓展

1. 创建销售信息表(SalesInfo)和销售明细表(SalesDetails)，见表 4-21、表 4-22。

表 4-21　SalesInfo(销售信息表)

序号	列名	数据类型	长度	列名含义	说明
1	SalesID	varchar	50	销售单号	主键
2	SalesType	varchar	2	销售类型	默认值'1'
3	SalesMoney	money		销售金额	默认值 0
4	UserID	varchar	20	操作员	
5	SalesTime	datetime		销售时间	默认值 GETDATE()

表 4-22　SalesDetails(销售明细表)

序号	列名	数据类型	长度	列名含义	说明	
1	ID	int		编号	标识列	
2	SalesID	varchar	50	销售单号	外键 SalesInfo(SalesID)	主键
3	GoodsID	varchar	50	商品编号		
4	SalesCount	int		数量	默认值 0	
5	UnitPrice	money		单价	默认值 0	

2. 对销售信息表(SalesInfo)和销售明细表(SalesDetails)进行数据的插入、修改、删除操作。

(1) 向销售信息表中插入一条记录，见表 4-23。

表 4-23　向销售信息表(SalesInfo)插入一条记录

SalesID	SalesType	UserID	SalesTime
S100005	2	TEST01	DEFAULT

(2) 向销售明细表中插入三条记录，见表 4-24。

表 4-24　向销售明细表(SalesDetails)插入三条记录

SalesID	GoodsID	UnitPrice	SalesCount
S100005	G050001	2 345.0	1
S100005	G050002	1 220.0	1
S100005	G030002	180.0	2

注：详细列名见第 2 章销售信息表(SalesInfo)和销售明细表(SalesDetails)。

(3) 修改销售信息表的销售单为"S100005"的销售类型为默认值，销售单的销售日期修改为"2009-8-1"；修改销售明细表中销售单为"S100005"，商品编号为"G050002"的销售数量为 2。

(4) 手工统计销售明细表销售单号为"S100005"的销售金额，修改销售信息表中的"S100005"销售金额。

(5) 删除操作(1)、(2)插入的记录。

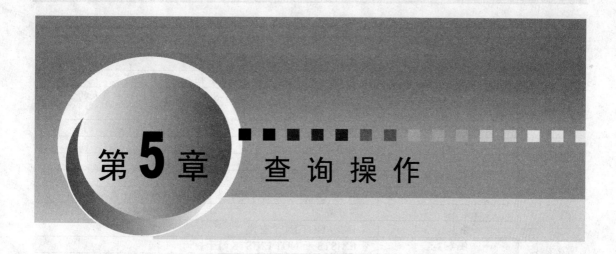

第5章 查询操作

 本章目标

- 掌握简单查询语句。
- 掌握连接查询语句。
- 掌握子查询语句。
- 理解联合查询语句。

 任务描述

本章主要任务描述见表 5-1。

表 5-1　本章任务描述

任务编号	子任务	任务描述
任务 1		在 SQL Server 2005 中使用界面方式和 T-SQL 语句对数据库中单表的信息进行查询操作
	任务 1-1	查询所有列
	任务 1-2	查询指定列
	任务 1-3	查询经过计算的值
	任务 1-4	消除取值重复的行
	任务 1-5	使用 TOP 选项返回指定数量的记录
	任务 1-6	比较大小
	任务 1-7	确定范围
	任务 1-8	确定集合
	任务 1-9	字符串匹配
	任务 1-10	空值的查询
	任务 1-11	多重条件查询
	任务 1-12	对查询结果排序
	任务 1-13	使用函数查询
	任务 1-14	使用聚合函数查询
	任务 1-15	分组查询

续表

任务编号	子任务	任务描述
	任务 1-16	使用 INTO 子句定义新表
	任务 1-17	使用 INSERT INTO 的 SELECT 插入信息到已有表
任务 2		在 SQL Server 2005 中使用 T-SQL 语句对数据库中多表的信息进行连接查询操作
	任务 2-1、2-2、2-3	内连接查询
	任务 2-4	自连接查询
	任务 2-5	外连接查询
	任务 2-6	交叉连接查询
任务 3		使用 T-SQL 语句对数据库中多表的信息进行子查询操作
	任务 3-1、3-2	简单子查询
	任务 3-3、3-4	带 IN 和 NOT IN 子查询
	任务 3-5	带 EXISTS 和 NOT EXISTS 的子查询
	任务 3-6	带有 ANY 或 ALL 谓词的子查询
	任务 3-7	多重嵌套子查询
	任务 3-8	相关子查询
	任务 3-9	联合查询

5.1　简　单　查　询

【任务 1】 在 SQL Server 2005 中使用界面方式和 T-SQL 语句对数据库中单表的信息进行查询操作。

前几章已经介绍了 SQL Server 2005 关系数据库的创建与删除，数据库表的创建，表的结构的修改，表的约束的添加、修改、删除，表中数据的添加、修改和删除，基本完成了对 SQL Server 2005 关系数据库的"创、增、删、改、查"操作中的 4 个操作，本章将讲述对数据库表的"查"的操作。

对程序员来说，需要对数据库已有的数据进行查询以获得有用数据。在把数据库作为后台数据仓库，高级语言用于前台编程管理的后台数据库中，实现对数据库表的查询操作尤为重要。

建立数据库表的目的是为了实现数据查询，可以说数据查询是数据库的核心操作。数据库技术的发展与数据查询速度的提高密切相关，数据库技术的发展是以数据查询的速度提高为标志的。应该说数据库技术就是提高数据查询速度的技术。而且，数据查询速度是数据库发展的目标，只有不断地提高数据查询的速度，数据库技术的应用才能更加广泛。今天出现的"数据挖掘"技术更是数据查询技术的延续。因此，学习数据库技术，必须掌握正确的数据查询方法。

在数据库发展过程中，数据查询曾经是一件非常困难的事情。直到使用 SQL 语言后，数据查询才变得相当简便。

SQL Server 中，数据查询就是要用 SELECT 语句实现对数据库表中数据的查询操作。因此 SELECT 语句是最常用的。下面将详细介绍 SELECT 语句的使用方法。

在讲解 SELECT 语句之前，希望读者能够理解查询机制和查询结果集。查询是针对表中已存在的数据而言的，可以简单地理解为"筛选"，其过程如图 5.1 所示。

"筛选"的结果集放在计算机内存中的一个虚拟表中，查询是产生这个虚拟表并把它发送给产生查询结果的程序，传送给用户并显示出来的过程。

商品信息表

	商品编号	商品类别	商品名称	条形码	计量单位编号	单价	库存数量
1	G010001	SPLB01	小浣熊干吃面	6920319788321	2	1.50	34
2	G010002	SPLB01	法式小面包	6920319788322	2	10.00	3
3	G010003	SPLB01	康师傅方便面	6920319788323	11	3.50	10
4	G020001	SPLB02	金一品梅	9920319788321	12	145.00	3
5	G020002	SPLB02	紫南京	9920319788322	12	280.00	4
6	G020003	SPLB02	洋酒蓝色经典	9920319788323	13	210.00	3
7	G020004	SPLB02	三星双沟	9920319788324	13	220.00	2
8	G030001	SPLB03	森达皮鞋	5920319788321	4	450.00	14
9	G030002	SPLB03	意尔康皮鞋	5920319788322	4	180.00	10
10	G050001	SPLB05	美的电冰箱	8920319788321	3	2345.00	0
11	G050002	SPLB05	三星电视机	8920319788322	3	1220.00	3

	商品编号	商品类别	商品名称	条形码	计量单位编号	单价	库存数量
1	G010001	SPLB01	小浣熊干吃面	6920319788321	2	1.50	34
2	G020001	SPLB02	金一品梅	9920319788321	12	145.00	3
3	G050001	SPLB05	美的电冰箱	8920319788321	3	2345.00	0

图 5.1　通过查询得到的查询结果集

5.1.1　使用界面方式【查询设计器】查询

在 SSMS 中选中一个数据库表(如 GoodsInfo)，右击该表，弹出快捷菜单后选择 打开表(O) 选项，在打开【查询设计器】标签页的同时，工具栏增加了【查询设计器】工具条，其中包括与查询有关的 4 个按钮：【显示关系图窗格】按钮 、【显示条件窗格】按钮 、【显示 SQL 窗格】按钮 、【显示结果窗格】按钮 。单击这些按钮将打开对应的窗格。

(1)【关系图】窗格直观反映了表的结构以及表和表之间的关系。

(2) 在【条件】窗格中设置查询条件。

(3) 在【SQL 窗格】显示对应的 T-SQL 语句，用户可以在 SQL 窗格中输入查询语句，实现对数据库的数据查询。

(4) 在【结果】窗格中显示查询结果。

如果【关系图】窗格中有多个关联表，则还可以实现多表的连接查询。要想在一个窗口中显示 4 个窗格，可按住 Ctrl 键并分别单击上面 4 个按钮。对表 GoodsInfo 实施查询如图 5.2 所示。不仅如此，【查询设计器】工具条中还提供了【添加分组依据】按钮 ，用来实现分组汇总查询。【查询设计器】操作须慢慢操作理解。

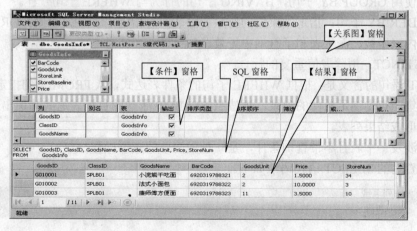

图 5.2　查询设计器

虽然 SSMS 提供了这些图形化的查询工具，但是手工编写 SELECT 语句仍然是最常用的查询方式，而且是数据库开发人员必须掌握的基本技能，本章中的查询语句都是在 SQL Query 标签页中执行的，执行前将【SQL 编辑器】工具条上的【可用数据库】设置为 HictPos 或在 SQL Query 标签页输入命令行：USE HcitPos，打开 HcitPos 数据库。

5.1.2 SELECT 语句

完整的 SELECT 语句非常复杂，但是大多数 SELECT 语句都需要以下 4 个部分来描述返回什么样的结果集。

(1) 要查询哪些表以及表之间的逻辑关系。

(2) 结果集中包括哪些列，即要从表中取哪些列的数据。

(3) 以何种条件从表中取数据，即表中的行被包含在结果集中的条件。

(4) 结果集的行的排序顺序。

简单的 SELECT 语句语法结构如下。

```
SELECT [ALL | DISTINCT] <列名或目标表达式>[,… <列名或目标表达式>]
[INTO <新表名>]
FROM <表或视图>[,… n]
[WHERE<条件表达式>]
[GROUP BY <列名1>[HAVING <条件表达式>]]
[ORDER BY<列名2>[ASC|DESC]]
```

其子句可归纳如下。

(1) SELECT 子句：指定查询返回的列。

(2) INTO 子句：创建新表将查询结果行插入到新表中。

(3) FROM 子句：指定从其中查询行的表、视图或结果集。

(4) WHERE 子句：指定用于限制返回的行的搜索条件。

(5) GROUP BY 子句：指定用来输出行的组，如果 SELECT 子句包含了聚合函数，则计算机每组的汇总值。指定 GROUP BY 时，选择列表中的任一非聚合表达式内的所有列都应包含在 GROUP BY 列表中，或者 GROUP BY 表达式必须与选择列表达式完全匹配。

(6) HAVING 子句：指定组或聚合的搜索条件。HAVING 通常与 GROUP BY 子句一起使用。如果不使用 GROUP BY 子句，HAVING 子句的行为与 WHERE 子句一样。

(7) ORDER BY 子句：指定结果集的排序。除非同时指定了 TOP，否则，ORDER BY 子句在视图、内嵌函数、派生表和子查询中无效。

(8) DISTINCT：消除取值重复的行。

SELECT 语句的含义是：根据 WHERE 子句的条件表达式，从 FROM 子句指定的基本表、视图或结果集中查询满足条件的记录，再按照 SELECT 子句的目标表达式筛选出记录中相应的属性值，形成结果列表。

查询仅涉及一个表且不带查询条件，是一种最简单的查询操作。

最简单查询的 SELECT 语句语法如下。

```
SELECT <列名或目标表达式>[, ... n]
FROM <表或视图>
```

1. 查询所有列

【任务 1-1】从 GoodsInfo 表中查询所有商品的详细记录。

步骤如下。

(1) 在 SSMS 上单击 新建查询(N) 按钮，出现 SQL Query 标签页。

(2) 在 SQL Query 标签页中输入如下命令行。

```
USE HcitPos
SELECT  *
FROM GoodsInfo
```

或

```
USE HcitPos
SELECT GoodsID,ClassID,GoodsName,ShortCode,BarCode,GoodsUnit,StoreLimit,
StoreBaseline,Price,StopUse,StoreNum,LastPurchasePrice
FROM GoodsInfo
```

(3)选中所需要的命令行(如果选择的是全部命令行，则不需要做此操作)，单击 ✔ 按钮分析命令行是否有错误，如果没有错误，单击 执行(X) 按钮执行查询。

查询结果如图 5.3 所示。

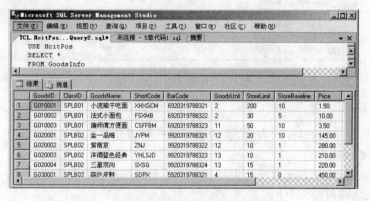

图 5.3　任务 1-1 查询结果

特别提醒：

(1) SELECT 后面必须有空格，列名中列之间必须用 "," 分开。

(2) "*" 为通配符。使用通配符可以减少列名输入工作量。

(3) FROM 子句中的 "表或视图" 指定数据来源于表或视图，实际上还可以是查询结果集。

2. 查询指定列

【任务 1-2】查询表 GoodsInfo 中所有商品的商品编号和名称。

操作步骤如下。

(1) 在 SSMS 上单击 新建查询(N) 按钮，出现 SQL Query 标签页。

(2) 在 SQL Query 标签页中输入如下命令行。

```
SELECT GoodsID,GoodsName
FROM GoodsInfo
```

(3) 选中所需要的命令行(如果选择的是全部命令行，则不需要做此操作)，单击 ✓ 按钮分析命令行是否有错误，如果没有错误，单击 ! **执行 (X)** 按钮执行查询。

查询结果如图 5.4 所示。

特别提醒：

(1) 输入法是在英文输入模式下完成的，不区分大小写，但标点符号必须是英文半角。

(2) 在 SELECT 后的列名顺序决定了显示结果中的列名顺序。

(3) 执行查询也可从 SSMS 的【查询】菜单中单击 ! **执行 (X)** 命令。

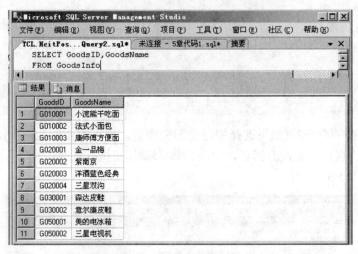

图 5.4　任务 1-2 查询结果

3. 查询经过计算的值

即 SELECT 子句的<目标列表达式>为表达式：可以是算术表达式、字符串常量、函数、列别名(不能单独存在)。

用户可以通过指定别名来改变查询结果的列标题，这在含有算术表达式、常量、函数名的列分隔目标列表达式时非常有用。

【任务 1-3】查询表 GoodsInfo 中所有商品的商品编号、商品名称和库存金额，并用列别名给出列标题。

操作步骤如下。

(1) 在 SSMS 上单击 **新建查询 (N)** 按钮，出现 SQL Query 标签页。

(2) 在 SQL Query 标签页中输入如下命令行。

```
SELECT GoodsID 商品编号,GoodsName 商品名称,Price*StoreNum 库存金额
FROM GoodsInfo
```

(3) 选中所需要的命令行(如果选择的是全部命令行，则不需要做此操作)，单击 ✓ 按钮分析命令行是否有错误，如果没有错误，单击 ! **执行 (X)** 按钮执行查询。

查询结果如图 5.5 所示。

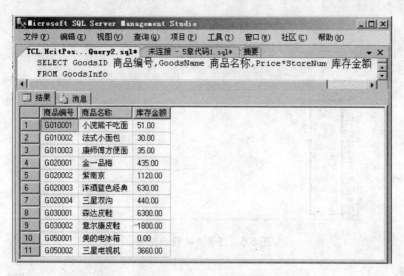

图 5.5　任务 1-3 查询结果

特别提醒：

(1) 列名可以使用别名，必须是字符串，否则要加单引号或双引号，格式有 6 种。

① GoodsName　姓名。

② 姓名＝GoodsName。

③ GoodsName as　姓名。

④ GoodsName as '姓名'。

⑤ GoodsName　'姓名'。

⑥ GoodsName　"姓名"。

(2) 列名可以由常量、变量、表达式、函数、NULL 等组成。

4. 选择表中的若干行

选择表中的若干元组是通过 DISTINCT 项或 WHERE 子句等确定的。

鉴于每个任务中讲解的步骤太多，较繁琐，以下的任务只给出查询命令行和执行结果。

带 WHERE 子句的简单查询的 SELECT 语句语法如下。

```
SELECT  [DISTINCT] <列名或目标表达式>[,…n]
FROM <表或视图>
[WHERE <条件表达式>]
```

1) 消除取值重复的行

在 SELECT 子句中使用 DISTINCT 选项。

【任务 1-4】 从进货明细表(PurchaseDetails)中查询进货的商品编号。

查询命令行如下。

```
SELECT DISTINCT GoodsID
FROM PurchaseDetails
```

查询结果如图 5.6 图所示。

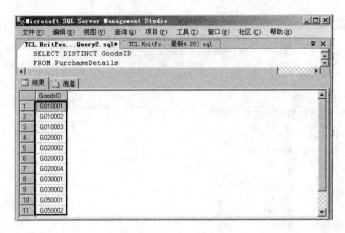

图 5.6　任务 1-4 查询结果

 特别提醒：

(1) DISTINCT 短语的作用范围是所有目标列。

(2) 没有使用 DISTINCT 选项的结果如图 5.7 所示。

(3) 查询进货明细表中商品编号(不同批次可能存在相同的商品编号，相同取其一)，错误的写法是：

```
SELECT GoodsID,DISTINCT UnitPrice FROM PurchaseDetails
```

正确的写法是：

```
SELECT DISTINCT GoodsID, UnitPrice FROM PurchaseDetails
```

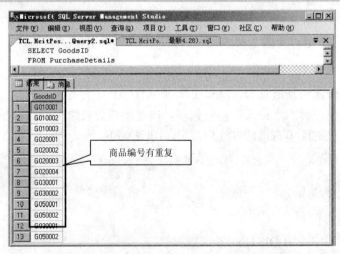

图 5.7　任务 1-4 没有 DISTINCT 选项的查询结果

2) 使用 TOP 选项返回指定数量的记录

在 SELECT 子句中使用 TOP n 或 TOP n PERCENT 选项。

【任务 1-5】查询商品信息表(GoodsInfo)中前 3 条记录。

查询命令行如下。

```
SELECT TOP 3  *  FROM GoodsInfo
```

查询结果如图 5.8 所示。

图 5.8　任务 1-5 的查询结果

特别提醒:

查询表中所有记录的 30%的记录。查询命令行为:

```
SELECT TOP 30 PERCENT * FROM GoodsInfo
```

显示有 4 条记录,该表中有 11 条记录,30%是 4 条记录,如图 5.9 所示。

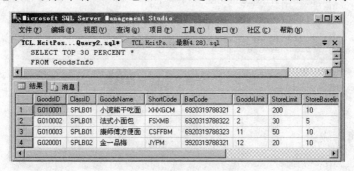

图 5.9　TOP 30 %的记录

3) 比较大小(简单条件)

【任务 1-6】查询商品信息表(GoodsInfo)价格小于 200 元的商品编号、商品名称和商品价格。
查询命令行为:

```
SELECT GoodsID 商品编号,GoodsName 商品名称,Price 价格
FROM GoodsInfo
WHERE Price<200
```

查询结果如图 5.10 所示。

图 5.10　任务 1-6 的查询结果

4) 确定范围(简单条件)

使用谓词 BETWEEN … AND … 或 NOT BETWEEN … AND …。

【任务 1-7】查询商品信息表(GoodsInfo)价格在 200～3 000 元之间的商品编号、商品名称和商品价格。

查询命令行为：

```
SELECT GoodsID 商品编号,GoodsName 商品名称,Price 价格
FROM GoodsInfo
WHERE Price BETWEEN 200 AND 3000
```

查询结果如图 5.11 所示。

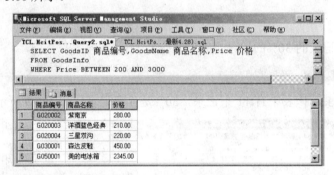

图 5.11 任务 1-7 的查询结果

特别提醒：

条件表达式可写成：

```
Price>=200 AND Price <=3000
```

5) 确定集合(简单条件)

使用谓词 IN <值列表>，NOT IN <值列表>。

【任务 1-8】在商品信息表(GoodsInfo)中查询商品类别号是 "SPLB01"、"SPLB03"、"SPLB05" 的商品编号、商品类别号、商品名称和商品价格。

查询命令行为：

```
SELECT GoodsID 商品编号,ClassID 商品类别号,GoodsName 商品名称,Price 价格
FROM GoodsInfo
WHERE ClassID IN('SPLB01','SPLB03','SPLB05')
```

查询结果如图 5.12 所示。

特别提醒：

(1) <值列表>为用逗号分隔的一组取值。

(2) IN 谓语一般不能把 IN 写成 "="，但当集合中只有一个元素时还是可以的。

6) 字符串匹配(简单条件)

使用谓语：LIKE '匹配字符串' 或 NOT LIKE '匹配字符串'.

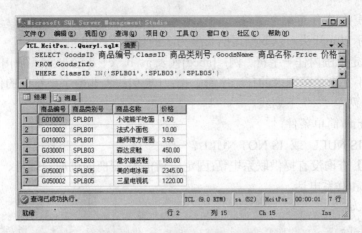

图 5.12 任务 1-8 的查询结果

【任务 1-9】在商品信息表(GoodsInfo)中:

(1) 查询所有商品名称中含有"面"的商品编号、商品名称和价格。

(2) 查询所有商品名称含有"三星"且全名为 4 个汉字的商品编号、商品名称和价格。

查询命令行为:

```
SELECT GoodsID 商品编号,GoodsName 商品名称,Price 价格--(1)
FROM GoodsInfo
WHERE GoodsName LIKE '%面%'
SELECT GoodsID 商品编号,GoodsName 商品名称,Price 价格--(2)
FROM GoodsInfo
WHERE GoodsName LIKE '三星__'
```

查询结果如图 5.13 所示。

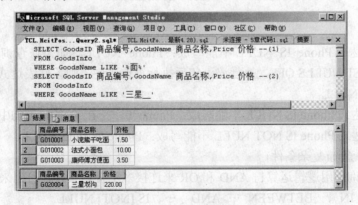

图 5.13 任务 1-9 的查询结果

特别提醒:

(1) 匹配模板:固定字符串或含通配符的字符串,当匹配模板为固定字符串时,可以用 = 运算符取代 LIKE 谓词, 用 != 或 <> 运算符取代 NOT LIKE 谓词。

(2) 通配符有%、_、[]、[^]4 个。

① %(百分号)代表任意长度(长度可以为 0)的字符串。

例:a%b 表示以 a 开头,以 b 结尾的任意长度的字符串。

② _ (下划线)代表任意单个字符。

例：a_b 表示以 a 开头，以 b 结尾的长度为 3 的任意字符串。

③ []代表指定范围内任一字符。例：[abcd]代表 a、b、c、d 这 4 个字符中的任意一个字符。

④ [^]代表不在指定范围内的任一字符。例：[^0-9]代表非数字字符中的任意一个字符。

(3) "__" 为两个 "_" 下划线。

7) 空值的查询(简单条件)

使用谓词：IS NULL 或 IS NOT NULL。

【任务 1-10】查询没有提供联系电话(固定电话)的供应商的供应商编号、供应商名称、联系人、联系地址和联系电话。

查询命令行为：

```
SELECT SupplierID 供应商编号,SupplierName 供应商名称,Linkman 联系人,
Address 联系地址,Phone 联系电话
FROM SupplierInfo
WHERE Phone IS NULL
```

查询结果如图 5.14 所示。

图 5.14 任务 1-10 的查询结果

特别提醒：

(1) 条件表达式 Phone IS NULL 不能写成：Phone=NULL。如果在查询语句前增加如下语句： SET ANSI_NULLS OFF，执行该语句后执行查询语句，则条件表达式 Phone IS NULL 能写成：Phone=NULL。

(2) 条件表达式 Phone IS NULL 不能写成：Phone=0，空在 T-SQL 语句中不是 0。

(3) 条件表达式 Phone IS NOT NULL 不能写成：Phone NOT IS NULL。

8) 多重条件查询(复杂条件)

多重条件查询是用逻辑运算符 AND 和 OR 来连接多个查询条件，可用来实现多种其他谓词。如： [NOT] IN 、 BETWEEN … AND …、IS [NOT] NULL。

【任务 1-11】(1)在商品信息表(GoodsInfo)中，查询商品类别是 "SPLB02"、商品价格在 220 元以下的商品编号、商品类别、商品名称和商品价格。

(2) 查询商品库存数据在 10～25 台之间的 "家用电器" 的商品编号、商品类别、商品名称和商品价格。

查询命令行为：

```
SELECT GoodsID 商品编号,ClassID 商品类别,GoodsName 商品名称,Price 价格
FROM GoodsInfo
WHERE ClassID='SPLB02' AND Price<220
```

```
SELECT GoodsID 商品编号,ClassID 商品类别,GoodsName 商品名称,StoreNum 库存数
FROM GoodsInfo
WHERE ClassID='SPLB05' AND StoreNum>=10 AND StoreNum<=25
```

查询结果如图 5.15 所示。

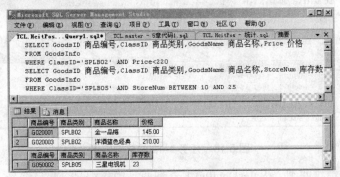

图 5.15　任务 1-11 的查询结果

🏵 **特别提醒：**

(1) 条件表达式的表示要能表达查询意图，不能不合逻辑，特别注意逻辑运算符的优先级。

(2) 多重组合查询表达形式多种多样，不可千篇一律。

表达式：StoreNum>=10 AND StoreNum<=25，可以写成：StoreNum BETWEEN 10 AND 25，但不能写成：StoreNum BETWEEN 25 AND 10，这无法得到正确的查询结果。

5.1.3　对查询结果排序

对查询结果排序的 SELECT 语句语法如下。

```
SELECT  [DISTINCT] <列名或目标表达式>[, ... n]
FROM <表或视图>
[WHERE <条件表达式>]
[ORDER BY <列名>[ASC|DESC] [,... n]]
```

【任务 1-12】在商品销售明细表(SalesDetails)查询销售前 5 名的商品销售编号、商品编号、价格、销售数量，查询结果按商品销售数量降序排序。

查询命令行为：

```
SELECT TOP 5 ID 编号,GoodsID 商品编号,UnitPrice 价格,
SalesCount 销售数量
FROM SalesDetails
ORDER BY SalesCount DESC
```

查询结果如图 5.16 所示。

🏵 **特别提醒：**

(1) ORDER BY 可以使用列名或列号。如 ORDER BY SalesCount 可以写成：ORDER BY 4(查询结果列中第 4 列)。

(2) ORDER BY 也可以使用别名。

(3) 使用 ORDER BY 子句时可以按一个或多个属性列排序，升序为 ASC，降序为 DESC；

默认值为升序。当排序列含空值时，ASC 为排序列为空值的记录最前显示，DESC 为排序列为空值的元组最后显示。

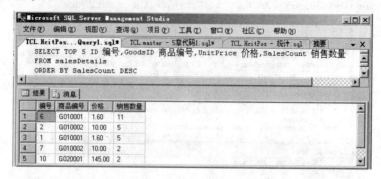

图 5.16　任务 1-12 的查询结果

例如：在商品销售明细表(SalesDetails)中查询商品销售编号、商品编号、价格、销售数量，查询结果按商品编号升序后按商品销售数量降序排序，此例留作读者自己练习。

5.1.4　使用函数查询

T-SQL 中常用函数在第 7 章作比较详细的介绍，这里不再赘述。

【任务 1-13】在商品销售信息表(SalesInfo)中，查询销售日期在 2009 年 2 月销售商品的销售单号、销售金额、销售日期，要求：

(1) 销售日期采用"2009 年 2 月 12 日"格式。

(2) 销售金额按九五折计、精确度为 0.1。

查询命令行为：

```
SELECT  SalesID 销售单号,ROUND(SalesMoney*0.95,1) 金额,
CONVERT(char(4),YEAR(SalesTime))+' 年 '+CONVERT(char(2),MONTH(SalesTime))+'
月'+CONVERT(char(2),DAY(SalesTime))+'日' 销售日期
    FROM salesInfo
    WHERE YEAR(SalesTime)=2009 AND MONTH(SalesTime)=2
```

查询结果如图 5.17 所示。

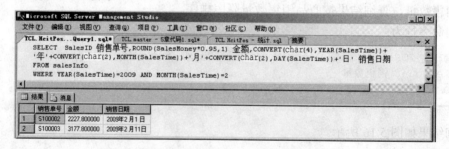

图 5.17　任务 1-13 的查询结果

特别提醒：

(1) 函数在数据库查询中使用较多的是日期和时间函数，读者要多练习。

(2) ROUND(x,m[,n])为舍入函数，其中 x 为算术表达式，m 为精确的小数位数，n 为截断位数。

(3) CONVERT(数据类型,表达式[，时间样式])为系统转换函数，详见后续章节。

5.1.5 使用聚合函数查询

【任务 1-14】使用常用的聚合函数统计。

(1) 在进货信息表(PurchaseInfo)中，统计进货单数。

(2) 在进货信息表(PurchaseInfo)中，统计进货单中进货最高金额、平均金额、最低金额。

(3) 在进货明细表(PurchaseDetails)中，统计商品编号为"G050002"的进货数量、进货总金额。

(4) 在进货明细表(PurchaseDetails)中，统计进货商品种数。

查询命令行为：

```
SELECT COUNT(*) 进货单数                                               --(1)
FROM PurchaseInfo
SELECT  MAX(PurchaseMoney)  最 高 金 额 ,AVG(PurchaseMoney)  平 均 金 额 ,
MIN(PurchaseMoney) 最低金额                                            --(2)
FROM PurchaseInfo
SELECT SUM(PurchaseCount) 数量,SUM(UnitPrice*PurchaseCount) 总金额 --(3)
FROM PurchaseDetails
WHERE GoodsID='G050002'
SELECT COUNT(DISTINCT GoodsID)      商品种数                           --(4)
FROM PurchaseDetails
```

结果如图 5.18 所示。

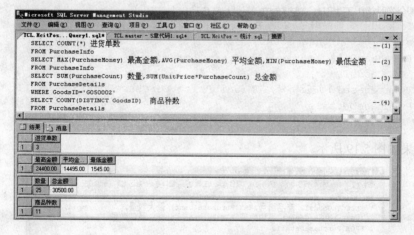

图 5.18 任务 1-14 的查询结果

特别提醒：

(1) 程序片断：

```
SELECT SUM(PurchaseCount) 数量, SUM(UnitPrice* PurchaseCount) 总金额
```

不能书写成：

```
SELECT GoodsID 商品编号,SUM(PurchaseCount) 数量, SUM (UnitPrice*PurchaseCount)
总金额
```

这时必须对商品编号进行分组才行，要使用 GROUP BY 子句。

(2) 如果使用 DISTINCT 选项，则表示在计算时要取消指定列中的重复值。例如，统计进货商品的种数使用 DISTINCT，以避免重复计算商品编号。

(3) 聚合函数使用"无列名"的列标题，可以使用别名。

5.1.6　分组查询

分组查询 SELECT 语句语法如下。

```
SELECT [DISTINCT] <列名或目标表达式>[, ... n]
FROM <表或视图>
[WHERE <条件表达式>]
[GROUP BY <列名1>[HAVING <条件表达式>]]
```

【任务 1-15】使用分组统计。

(1) 在进货明细表(PurchaseDetails)中，统计每种商品的最大数量、平均数量和最低数量，并要求最大数量不等于最低数量。

(2) 在进货明细表(PurchaseDetails)中，统计每种商品的进货数量、进货总金额。

(3) 在进货明细表(PurchaseDetails)中，统计每个进货单的进货总金额。

查询命令行为：

```
SELECT GoodsID 商品编号,MAX(PurchaseCount) 最大数量,          --(1)
AVG(PurchaseCount) 平均数量,MIN(PurchaseCount) 最低数量
FROM PurchaseDetails
GROUP BY GoodsID
HAVING MAX(PurchaseCount)<>MIN(PurchaseCount)                 --(2)
SELECT GoodsID 商品编号,SUM(PurchaseCount) 数量,
SUM(UnitPrice*PurchaseCount) 总金额
FROM PurchaseDetails
GROUP BY GoodsID
SELECT PurchaseID 进货单号,SUM(UnitPrice*PurchaseCount)        --(3)
FROM PurchaseDetails
GROUP BY PurchaseID
```

执行结果如图 5.19 所示。

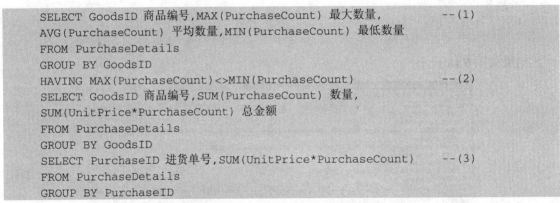

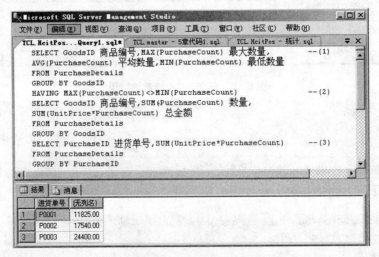

图 5.19　任务 1-15 的查询结果

特别提醒：

(1) 使用 GROUP BY 子句分组时，要细化聚合函数的作用对象，如果未对查询结果分组，聚合函数将作用于整个查询结果；如果对查询结果分组后，聚合函数将分别作用于每个组。

(2) GROUP BY 子句的作用对象是查询的中间结果表，分组方法：按指定的一列或多列值分组，值相等的为一组，使用 GROUP BY 子句后，SELECT 子句的列名列表中只能出现分组属性和聚合函数。

(3) GROUP BY 子句收集满足 WHERE 子句的搜索行，并将那些行进行分组。

(4) WHERE 子句作用于整个记录，HAVING 子句作用于分组，排除不符合其条件的组。即要分清是使用 WHERE 子句的条件表达式还是 HAVING 子句的条件表达式。HAVING 子句在 GROUP BY 子句后，不能提前。

5.1.7　使用 INTO 子句定义新表

使用 INTO 子句定义新表的 SELECT 语句语法如下。

```
SELECT [ALL | DISTINCT] <列名或目标表达式>[,…<列名或目标表达式>]
[INTO <新表名>]
FROM <表或视图>[,… n]
```

【任务 1-16】在商品信息表(GoodsInfo)中把商品价格在 1 000 元以上的商品的编号(GoodsID)、名称(GoodsName)、价格(Price)和库存数量(StoreNum)信息插入到新表 HighGoodsInfo 中，并观察新表内容。

查询命令行为：

```
SELECT GoodsID 编号,GoodsName 名称,Price 价格,StoreNum 库存数量
INTO HighGoodsInfo
FROM GoodsInfo
WHERE Price>1000                    --生成新表
SELECT * FROM HighGoodsInfo         --查询新表
```

执行结果如图 5.20 所示。

图 5.20　任务 1-16 的查询结果

特别提醒：

(1) 使用 INTO 子句不可预先创建新表。

(2) 使用 INTO 子句时可以带 ORDER BY 子句、GROUP BY 子句。

5.1.8 使用 INSERT INTO 的 SELECT 插入信息到已有表

使用 INSERT INTO 的 SELECT 插入信息到已有表语句语法如下：

```
INSERT [INTO] <表名>(<列名或目标表达式>[,… <列名或目标表达式>])
SELECT [ALL | DISTINCT] <列名或目标表达式>[,… <列名或目标表达式>]
FROM <表或视图>[,… n]
```

【任务 1-17】在商品信息表(GoodsInfo)中把商品价格在 10 元以下的低廉商品的编号 (GoodsID)、名称(GoodsName)、价格(Price)和库存数量(StoreNum)信息插入到任务 1-16 创建的 表 HighGoodsInfo 中，并观察其该表内容。

查询命令行为：

```
INSERT INTO HighGoodsInfo(编号,名称,价格,库存数量)
SELECT GoodsID,GoodsName,Price,StoreNum
FROM GoodsInfo
WHERE Price<10
SELECT * FROM HighGoodsInfo
```

执行结果如图 5.21 所示。

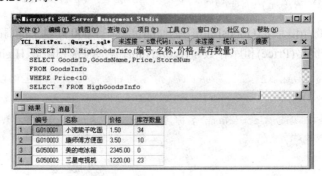

图 5.21 任务 1-17 的执行结果

特别提醒：

(1) 使用 INSERT INTO 的 SELECT 插入信息到数据库表中的表必须存在。

(2) 注意 HighGoodsInfo 表的列名在任务 1-16 中已经使用了中文别名，即如下程序片断：

```
INSERT INTO HighGoodsInfo(编号,名称,价格,库存数量)
```

不能书写成：

```
INSERT INTO HighGoodsInfo(GoodsID,GoodsName,Price,StoreNum)
```

课堂练习：

(1) 查询供应商表(SupplierInfo)的所有供应商信息。

(2) 查询商品信息表(GoodsInfo)中所有商品的编号和名称。

(3) 查询商品名称中含有"电"字样的商品信息。

(4) 查询进货明细表(PurchaseDetails)商品的编号、进货价格(不允许出现重复)。

(5) 查询商品价格在 15~200 元之间的商品信息。

(6) 查询进货明细表(PurchaseDetails)商品的编号、进货数量、进货价格，查询结果按进货数量降序排列。

(7) 计算商品类别为"SPLB02"的商品的平均价格，要求以中文别名输出。

(8) 计算每个商品类别号的商品的类别号和平均价格。

(9) 查询商品类别号为"SPLB02"的商品的最高价格、最低价格和平均价格。

(10) 查询进货明细表(PurchaseDetails)中进货批数在 1 次以上的商品的商品编号、进货价格(用 AVG()表示)。

5.2 连 接 查 询

【任务 2】在 SQL Server 2005 中使用 T-SQL 语句对数据库中多表的信息进行连接查询操作。

数据库表之间的联系是通过表字段(或列)值来体现的。这种字段称为连接字段。连接操作的目的就是通过加在连接字段的条件将多个表连接起来，以便从多个表中查询数据。前面的查询都是针对一个表进行的，当查询同时涉及两个以上的表时，称为连接查询。

连接条件的一般格式为：

```
[<表名 1>.]<列名 1>   <比较运算符>   [<表名 2>.]<列名 2>
```

其中，比较运算符主要有=、>、<、>=、<=、!=，当比较运算符为"="时，称为等值连接，其他情况都称为非等值连接；"列名 1"和"列名 2"可以相同也可以不同。

5.2.1 内连接查询

内连接查询也称为自然连接查询，它就是等值连接查询。它是组合两个(或两个以上)表的最常用方法。内连接查询将两个表中的列进行比较，将两个表中满足连接条件的行组合起来，作为结果。

内连接查询的语法格式如下。

```
(1)SELECT  <选择列表>
      FROM  <表 1>[INNER] JOIN <表 2>
      ON  <表 1>.<列名 1>= <表 2>.<列名 2>
(2)SELECT  <选择列表>
      FROM  <表 1>, <表 2>
      WHERE  <表 1>.<列名 1>= <表 2>.<列名 2>
```

【任务 2-1】在商品计量单位表(GoodsUnit)和商品信息表(GoodsInfo)中查询商品信息，包括商品的编号、名称、计量单位名称、单价和库存数量。

查询命令行为：

```
SELECT GoodsID,GoodsName,UnitName,Price,StoreNum
FROM GoodsUnit,GoodsInfo
WHERE GoodsUnit.UnitID=GoodsInfo.GoodsUnit
或
SELECT GoodsID,GoodsName,UnitName,Price,StoreNum
FROM GoodsUnit INNER JOIN GoodsInfo
ON GoodsUnit.UnitID=GoodsInfo.GoodsUnit
```

执行结果如图 5.22 所示。

图 5.22　任务 2-1 的查询结果

特别提醒：

(1) 任务中连接条件的列名不同，分别为 UnitID 和 GoodsUnit，查询结果列名列表中若显示连接条件的列则直接用其列名。如果连接查询结果列名列表中有两表的公共属性列(连接条件的列名相同)，一定要在列名前面加上表名前缀。

(2) 第一种方法是在 WHERE 子句中设置连接条件，第二种方法是在 FROM 子句中用 ON来设置连接条件。

【任务 2-2】在商品计量单位表(GoodsUnit)、商品类别表(GoodsClass)和商品信息表(GoodsInfo)中查询商品信息，包括商品的编号、类别、名称、计量单位名称、单价和库存数量。

查询命令行为：

```
SELECT GoodsID,GoodsName,UnitName,Price,StoreNum,ClassName
FROM GoodsUnit,GoodsClass,GoodsInfo
WHERE GoodsUnit.UnitID=GoodsInfo.GoodsUnit
AND GoodsClass.ClassID=GoodsInfo.ClassID
```

或

```
SELECT GoodsID,GoodsName,UnitName,Price,StoreNum,ClassName
FROM GoodsUnit INNER JOIN GoodsInfo
ON GoodsUnit.UnitID=GoodsInfo.GoodsUnit
INNER JOIN GoodsClass
ON GoodsClass.ClassID=GoodsInfo.ClassID
```

执行结果如图 5.23 所示。

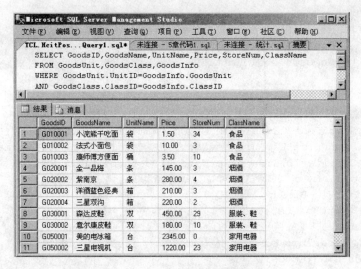

图 5.23 任务 2-2 的查询结果

特别提醒:

(1) 当查询涉及的表太多且表名较长的时候可以采用表的别名,如任务中 GoodsUnit 表取别名 G1,GoodsClass 表取别名 G2, GoodsInfo 表取别名 G3。所以任务中语句可以写为:

```
SELECT GoodsID,GoodsName,UnitName,Price,StoreNum,ClassName
FROM GoodsUnit G1,GoodsClass G2,GoodsInfo G3
WHERE G1.UnitID=G3.GoodsUnit
AND G2.ClassID=G3.ClassID
```

(2) 注意采用 ON 来设置连接条件时不能书写成:

```
SELECT GoodsID,GoodsName,UnitName,Price,StoreNum,ClassName
FROM GoodsUnit INNER JOIN GoodsInfo
INNER JOIN GoodsClass
ON GoodsUnit.UnitID=GoodsInfo.GoodsUnit    AND
GoodsClass.ClassID=GoodsInfo.ClassID
```

即 ON 只能设置两个表之间的连接条件,不能同时设置两个以上表之间的连接条件。

【任务 2-3】在供应商表(SupplierInfo)、进货信息表(PurchaseInfo)、进货明细表(PurchaseDetails)、商品计量单位表(GoodsUnit)、商品类别表(GoodsClass)、商品信息表(GoodsInfo)中查询商品信息,包括进货单号、商品编号、商品类别号、商品类别名、商品名称、商品拼音简码、条形码、计量单位名称、进货数量、单价、进货金额(TotalMoney)、进货日期、供应商编号、供应商名称、进货人和进货类型(1 表示"正常",2 表示"退货")。

查询命令行为:

```
SELECT  P2.PurchaseID,G3.GoodsID,G3.ClassID,G2.ClassName, G3.GoodsName,
        G3.ShortCode,G3.BarCode,G1.UnitName, P2.PurchaseCount,P2.UnitPrice,
        P2.UnitPrice*P2.PurchaseCount AS TotalMoney,P1.PurchaseDate,
        P1.SupplierID,S.SupplierName,P1.UserID,PurchaseType
FROM    SupplierInfo S,PurchaseInfo P1,PurchaseDetails P2,GoodsInfo G3,
        GoodsClass G2,GoodsUnit G1
WHERE S.SupplierID=P1.SupplierID
```

```
      AND P1.PurchaseID=P2.PurchaseID
      AND P2.GoodsID=G3.GoodsID
      AND G3.ClassID=G2.ClassID
      AND G3.GoodsUnit=G1.UnitID
```

或

```
SELECT  P2.PurchaseID,G3.GoodsID,G3.ClassID,G2.ClassName,G3.GoodsName,
        G3.ShortCode,G3.BarCode,G1.UnitName,P2.PurchaseCount,P2.UnitPrice,
        P2.UnitPrice*P2.PurchaseCount AS TotalMoney, P1.PurchaseDate,
        P1.SupplierID,S.SupplierName,P1.UserID,PurchaseType
FROM    SupplierInfo S INNER JOIN PurchaseInfo P1
ON S.SupplierID  P1.SupplierID
INNER JOIN PurchaseDetails P2
ON P1.PurchaseID=P2.PurchaseID
INNER JOIN GoodsInfo G3
ON P2.GoodsID=G3.GoodsID
INNER JOIN GoodsClass G2
ON G3.ClassID=G2.ClassID
INNER JOIN GoodsUnit G1
ON G3.GoodsUnit=G1.UnitID
```

执行结果如图 5.24 所示。

特别提醒:

(1) 此连接查询涉及 6 个数据库表,分别是供应商表(SupplierInfo)、进货信息表(PurchaseInfo)、进货明细表(PurchaseDetails)、商品计量单位表(GoodsUnit)、商品类别表(GoodsClass)、商品信息表(GoodsInfo),要特别注意其连接列。

(2) 与任务 2-3 相似的有销售信息和库存信息多表连接查询,分别作为课堂练习和课外拓展,读者可自我练习。

(3) 本任务多表连接中的表名前缀都采用了别名,读者需加以注意。

(4) 本任务中列名前都采用表名前缀,实际上大多数列名前面是不需要加表名前缀的。因此,本任务代码也可书写成:

```
SELECT  P2.PurchaseID,G3.GoodsID,G3.ClassID,ClassName,GoodsName,
        G3.ShortCode,BarCode,UnitName,PurchaseCount,UnitPrice,
        UnitPrice*PurchaseCount AS TotalMoney,PurchaseDate,
        P1.SupplierID,SupplierName,UserID,PurchaseType
FROM    SupplierInfo S INNER JOIN PurchaseInfo P1
ON S.SupplierID=P1.SupplierID
INNER JOIN PurchaseDetails P2
ON P1.PurchaseID=P2.PurchaseID
INNER JOIN GoodsInfo G3
ON P2.GoodsID=G3.GoodsID
INNER JOIN GoodsClass G2
ON G3.ClassID=G2.ClassID
INNER JOIN GoodsUnit G1
ON G3.GoodsUnit=G1.UnitID
```

(5) 本任务在实际进销存系统中是一个最复杂的查询,其作为一个视图存放于数据库中,这在第 6 章中再讲解。

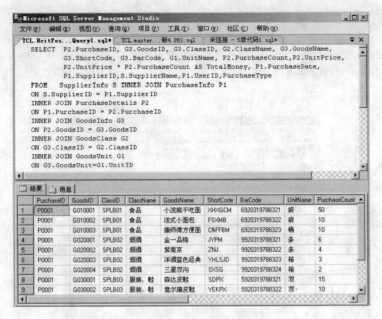

图 5.24　任务 2-3 的查询结果

课堂练习：

(1) 在商品信息表(GoodsInfo)、商品类别表(GoodsClass)中查询商品价格在 1 000 元以上的商品信息，包括商品编号、商品类别名、商品价格、库存数量。

(2) 在商品信息表(GoodsInfo)、商品类别表(GoodsClass)和商品计量单位表(GoodsUnit)中查询商品信息，包括商品编号、商品类别名、商品名称、计量单位、价格、金额。

(3) 在销售信息表(SalesInfo)、销售明细表(SalesDetails)、商品计量单位表(GoodsUnit)、商品类别表(GoodsClass)、商品信息表(GoodsInfo)和销售类型表(SalesType)中查询商品信息，包括销售单号、商品编号、商品类别号、商品类别名、商品名称、商品拼音简码、条形码、计量单位名称、销售数量、单价、销售金额(TotalMoney)、销售日期、销售人和销售类别名(分"零售"、"团购"、"批发")。

5.2.2　自连接查询

自连接就是使用内连接或外连接把一个表中的行同该表中的另一行连接起来，它主要用来查询比较相同的信息。为了连接同一个表，必须为该表在 FROM 子句中指定两个别名，这样才能在逻辑上把该表作为两个不同的表使用，也即为表建立一个副本。

【任务 2-4】(1)在商品信息表(GoodsInfo)中，查询与商品类别"SPLB03"为同一类别的商品编号、商品名称、单价。

(2) 在进货明细表(PurchaseDetails)中，查询与商品编号"G050001"同一批次进货的商品编号、进货单号、进货价格。

查询命令行为：

```
SELECT G1.GoodsID,G1.GoodsName,G1.Price                --(1)
FROM GoodsInfo G1 INNER JOIN GoodsInfo G2
ON G1.ClassID=G2.ClassID
WHERE G2.ClassID='SPLB03'
```

```
AND G1.GoodsID<>G2.GoodsID
SELECT P1.GoodsID,P1.PurchaseID,P1.UnitPrice          --(2)
FROM PurchaseDetails P1 INNER JOIN PurchaseDetails P2
ON P1.PurchaseID=P2.PurchaseID
WHERE P2.GoodsID='G050001'
```

执行结果如图 5.25 所示。

图 5.25　任务 2-4 的查询结果

 特别提醒：

(1) WHERE 子句中的"G1.GoodsID<>G2.GoodsID"，主要是为了避免交叉连接而出现重复的行。

(2) 本任务(1)可以不采用自连接，它实际上是一个单表查询，其 T-SQL 语句如下。

```
SELECT GoodsID,GoodsName,Price
FROM GoodsInfo
WHERE ClassID='SPLB03'
```

(3) WHERE 子句用来设置连接条件和查询条件，其语法格式为：WHERE <查询条件或连接条件>；FROM 子句用 ON 来设置连接条件，再用 WHERE 子句来设置查询条件，其语法格式为：ON <连接条件> WHERE <查询条件>。

本任务的用 ON <连接条件> WHERE <查询条件>的 T-SQL 语句如下。

```
SELECT G1.GoodsID,G1.GoodsName,G1.Price           --(1)
FROM GoodsInfo G1,GoodsInfo G2
WHERE G1.ClassID=G2.ClassID
AND G2.ClassID='SPLB03'
AND G1.GoodsID<>G2.GoodsID
SELECT P1.GoodsID,P1.PurchaseID,P1.UnitPrice       --(2)
FROM PurchaseDetails P1,PurchaseDetails P2
WHERE P1.PurchaseID=P2.PurchaseID
AND P2.GoodsID='G050001'
```

5.2.3　外连接查询

在内连接中，只有在两表中同时匹配的行才能在结果集中选出，而在外连接中可以只限制一个表，而不限制另一个表，其所有的行都出现在结果集中。

外连接分为左外连接、右外连接和全外连接。左外连接是对连接条件中左边的表不加限制；右外连接是对右边的表不加限制；全外连接是对两个表都不加限制，所有两个表中的行全都出现在结果集中。

外连接查询的语法如下。

```
SELECT  <选择列表>
FROM <表名 1> <[LEFT|RIGHT|FULL][OUTER]> JOIN <表名 2>
ON  <表名 1>.<列名 1>= <表名 2>.<列名 2>
```

【任务 2-5】在商品信息表(GoodsInfo)和销售明细表(SalesDetails)中,查询商品信息,要求显示商品编号、商品名称、销售数量、销售价格,如果某商品没有销售记录,则在商品销售明细表中没有该商品的销售信息,商品销售数量和价格用空值填充(用左外连接)。

查询命令行为:

```
SELECT G.GoodsID,GoodsName,SalesCount,UnitPrice
FROM GoodsInfo G LEFT JOIN SalesDetails S
ON G.GoodsID=S.GoodsID
```

执行结果如图 5.26 所示(仅显示部分记录)。

特别提醒:

任务中只给出了左外连接的例子,因为两表是主从表,在插入记录时不可能出现右表有记录而左表没有对应记录的情况。

图 5.26　任务 2-5 的查询结果

5.2.4　交叉连接查询

交叉连接又称笛卡儿连接,它是将第一个表中的每条记录依次与第二个表中的每一条记录连接成一条记录。即如果 A、B 表中分别有 3 条记录和 4 条记录,则连接后可得 12 条记录。图 5.27 说明了交叉连接基本原理。

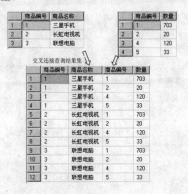

图 5.27　交叉连接

交叉连接查询的语法如下。

```
SELECT <选择列表>
FROM <表名 1> CROSS JOIN <表名 2>
```

【任务 2-6】左连接、右连接、全连接和交叉连接操作。

(1) 建立两个表：商品表和数量表。

(2) 输入商品表和数量表记录。

(3) 对商品表和数量表实施内连接查询、左外连接查询、右外连接查询、全外连接查询。

(4) 对商品表和数量表实施交叉连接查询。

任务中所有 T-SQL 命令行如下。

```
USE HcitPos
GO
CREATE TABLE 商品表                          --建立商品表
(商品编号 int PRIMARY KEY,
 商品名称 varchar(20) NOT NULL)
GO
INSERT 商品表  VALUES(1,'三星手机')          --在商品表中插入数据
INSERT 商品表  VALUES(2,'长虹电视机')
INSERT 商品表  VALUES(3,'联想电脑')
GO
CREATE TABLE 数量表                          --建立数量表
(商品编号 int PRIMARY KEY,
 数量 bigint NOT NULL)
GO
INSERT 数量表 VALUES(1,703)                  --在数量表中插入数据
INSERT 数量表 VALUES(2,20)
INSERT 数量表 VALUES(4,120)
INSERT 数量表 VALUES(5,33)
GO
SELECT A.商品编号,商品名称,B.商品编号,数量    --内连接查询
FROM 商品表 A,数量表 B
WHERE A.商品编号=B.商品编号
GO
SELECT A.商品编号,商品名称,B.商品编号,数量    --左外连接查询
FROM 商品表 A LEFT JOIN 数量表 B
ON A.商品编号=B.商品编号
GO
SELECT A.商品编号,商品名称,B.商品编号,数量    --右外连接查询
FROM 商品表 A RIGHT JOIN 数量表 B
ON A.商品编号=B.商品编号
SELECT A.商品编号,商品名称,B.商品编号,数量    --全外连接查询
FROM 商品表 A FULL JOIN 数量表 B
ON A.商品编号=B.商品编号
GO
SELECT A.商品编号,商品名称,B.商品编号,数量    --交叉连接查询
FROM 商品表 A CROSS JOIN  数量表 B
```

执行的结果如图 5.28 所示。

特别提醒：

(1) 交叉连接查询结果如图 5.27 所示。

(2) 注意交叉连接语法中不能带连接条件：ON　 <表名 1>.<列名 1>= <表名 2>.<列名 2>。

(3) 本任务读者可上机练习体会。

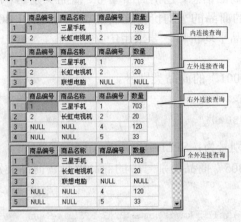

图 5.28　外连接查询

5.3　子　查　询

【任务3】 在 SQL Server 2005 中使用 T-SQL 语句对数据库中多表的信息进行子查询操作。

子查询是指嵌套在其他 T-SQL 语句中的 SELECT 语句，如嵌套在 SELECT、INSERT、UPDATE、DELETE 语句或其他子查询中。任何允许使用表达式的地方都可以使用子查询。子查询也称为内部查询，而包含子查询的 SELECT 语句也称为外部查询或主查询。通常子查询为主查询选取条件或数据源。

使用子查询的注意包括如下几个。

(1) 嵌套查询的求解方法是由里到外处理的，子查询的结果用于其外部查询的查询条件，子查询得到的结果不显示出来，只显示主查询的结果。

(2) 只有指定 TOP，才可以指定 ORDER BY。

(3) ORDER BY 子句不能在子查询中使用，只能对最终的结果进行排序。

(4) 使用 GROUP BY 子句的子查询不能使用 DISTINCT 关键字。

(5) 外部查询的 WHERE 子句中的某列名必须与子查询选择列表中该列的数据类型兼容。

(6) 在比较运算中使用的子查询的选择列表只能包括一个表达式或列名称。

(7) 子查询的返回结果可分为 3 种：单一值、单列多行数据、多列多行数据。

(8) 子查询中的选择列不能为 text(ntext)、image 等数据类型。

5.3.1　简单子查询

简单子查询的结果集中只有单一返回值(一条记录或空记录)，即子查询只能跟随在=、! =、<、<=、>、>=之后，不允许子查询返回多条记录。

【任务 3-1】

(1) 在商品信息表(GoodsInfo)中查询与商品编号为"G050001"的商品是同一商品类别的商品信息，包括商品编号、商品类别号、商品名称、价格、库存数量。

(2) 在商品信息表(GoodsInfo)和商品类别表(GoodsClass)中查询与商品编号为"G050001"的商品是同一商品类别的商品信息，包括商品编号、商品类别名、商品名称、价格、库存数量。

(3) 查询商品类别中的商品的平均价格比商品类别为"SPLB03"的平均价格低的商品信息，包括商品类别号、商品平均价格，要求用中文别名。

(1) 题查询命令行为：

第一步：确定"G050001"的商品类别号。

```
SELECT ClassID FROM GoodsInfo G3
WHERE GoodsID='G050001'
```

显示该商品的商品类别号为：SPLB05。

第二步：查询"SPLB05"商品类别号中的商品编号、商品类别号、商品名称、价格、库存数量。

```
SELECT GoodsID,ClassID,GoodsName,Price,StoreNum
FROM GoodsInfo G1
WHERE ClassID='SPLB05'
```

将第一步查询嵌入到第二步查询的条件中：

```
SELECT GoodsID,ClassID,GoodsName,Price,StoreNum
FROM GoodsInfo G1
WHERE ClassID=(SELECT ClassID FROM GoodsInfo G2
                    WHERE GoodsID='G050001')
```

执行的查询结果如图 5.29 所示。

(2) 题的查询命令行为：

```
SELECT GoodsID,ClassName,GoodsName,Price,StoreNum
FROM GoodsInfo G1 JOIN GoodsClass G2
ON G1.ClassID=G2.ClassID
WHERE G1.ClassID=(SELECT ClassID FROM GoodsInfo G3
                    WHERE GoodsID='G050001')
```

执行的查询结果如图 5.30 所示。

图 5.29　任务 3-1(1)嵌套子查询

图 5.30 任务 3-1(2)嵌套子查询

(3) 题的查询命令行为:

```
SELECT ClassID 商品类别号,AVG(Price) 平均价格
FROM GoodsInfo G1
GROUP BY ClassID
HAVING AVG(Price)<(SELECT AVG(Price) FROM GoodsInfo WHERE ClassID='SPLB03')
```

执行的查询结果如图 5.31 所示。

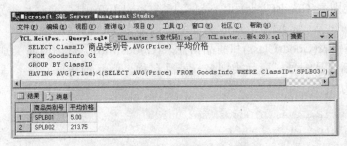

图 5.31 任务 3-1(3)嵌套子查询

特别提醒:

(1) 用自连接查询也可实现(1)的查询,其命令行为:

```
SELECT G1.GoodsID,G1.ClassID,G1.GoodsName,G1.Price,G1.StoreNum
FROM GoodsInfo G1,GoodsInfo G2
WHERE G1.ClassID=G2.ClassID AND G2.GoodsID='G050001'
```

或

```
SELECT G1.GoodsID,G1.ClassID,G1.GoodsName,G1.Price,G1.StoreNum
FROM GoodsInfo G1 INNER JOIN GoodsInfo G2
ON G1.ClassID=G2.ClassID
WHERE G2.GoodsID='G050001'
```

(2) 本任务中(2)如果用连接查询替换,则其查询命令行为:

```
SELECT GoodsID,ClassName,GoodsName,Price,StoreNum
FROM GoodsInfo G1 ,GoodsClass G2
WHERE  G1.ClassID=G2.ClassID
AND GoodsID='G050001'
```

其执行结果如图 5.32 所示,非题意要求结果。

如果用自连接查询,则可实现本任务(2)的查询要求,其命令行为:

```
SELECT G1.GoodsID,ClassName,G1.GoodsName,G1.Price,G1.StoreNum
```

```
FROM GoodsInfo G1 ,GoodsClass G2,GoodsInfo G3
WHERE  G1.ClassID=G2.ClassID AND G1.ClassID=G3.ClassID
AND G3.GoodsID='G050001'
```

图 5.32　任务 3-1(2)连接子查询结果

(3) 简单子查询的子查询跟在=、！=、<、<=、>、>=之后，子查询的结果集仅有一条记录或为空记录。

【任务 3-2】嵌套子查询与多表连接操作。

(1) 在商品类别表(GoodsClass)和商品信息表(GoodsInfo)中查询商品类别名均为"家用电器"的商品信息，包括商品编号、商品类别号、商品名称、商品价格。

(2) 在商品类别表(GoodsClass)和商品信息表(GoodsInfo)中查询商品类别名为"家用电器"的商品信息，包括商品编号、商品类别名、商品名称、商品价格。

查询命令行为：

```
SELECT GoodsID,ClassID,GoodsName,Price          --(1)
FROM GoodsInfo
WHERE  ClassID=(SELECT ClassID FROM GoodsClass
WHERE ClassName='家用电器')
SELECT GoodsID,ClassName,GoodsName,Price         --(2)
FROM GoodsInfo G1 JOIN GoodsClass G2
ON G1.ClassID=G2.ClassID
WHERE ClassName='家用电器'
```

执行结果如图 5.33 所示。

特别提醒：

(1) 本任务(1)可以用连接查询替换，其查询命令行为：

```
SELECT G1.GoodsID,G1.ClassID,GoodsName,Price
FROM GoodsInfo G1 JOIN  GoodsClass G2
ON G1.ClassID=G2.ClassID
WHERE ClassName='家用电器'
```

或

```
SELECT G1.GoodsID,G1.ClassID,GoodsName,Price
FROM GoodsInfo G1,GoodsClass G2
WHERE G1.ClassID=G2.ClassID AND ClassName='家用电器'
```

从中可以看出，嵌套查询可以用连接查询替换。

图 5.33   任务 3-2 查询结果

(2) 本任务(2)也可以用嵌套查询替换，其查询命令行为：

```
SELECT G1.GoodsID,G2.ClassName,GoodsName,Price
FROM GoodsInfo G1,GoodsClass G2
WHERE G1.ClassID=G2.ClassID
AND G1.ClassID=(SELECT ClassID FROM GoodsClass G3
                  WHERE ClassName='家用电器')
```

或

```
SELECT G1.GoodsID,G2.ClassName,GoodsName,Price
FROM GoodsInfo G1 JOIN GoodsClass G2
ON G1.ClassID=G2.ClassID
WHERE G1.ClassID=(SELECT ClassID FROM GoodsClass G3
                  WHERE ClassName='家用电器')
```

从中可以看出，连接查询可以用嵌套查询替换，但其增加了命令行的复杂性，用嵌套查询不一定能很好地替换连接查询，反而不如连接查询好。这是因为嵌套查询只显示主查询表中的字段内容，不能显示子查询表中的字段内容。

(3) 子查询比较灵活、方便、形式多样，适合作为查询的筛选条件。连接查询更适合查看多表的数据。

5.3.2   带 IN 和 NOT IN 的子查询

带 IN 和 NOT IN 的子查询要求子查询的结果集是单列的多行记录，即当子查询结果集是多条记录时，就将"="改为"IN"就可以了。特殊情况下，当子查询的结果集只有一个返回值时，就把"IN"再改为"="，或不改也可以。

【任务 3-3】在商品信息表(GoodsInfo)中查询商品类别为"SPLB01"、"SPLB03"、"SPLB05"的商品的编号、类别号、名称和价格，列标题要求用中文别名。

查询命令行为：

```
SELECT GoodsID 编号,ClassID 类别号,GoodsName 名称,Price 价格
FROM GoodsInfo
WHERE ClassID IN('SPLB01','SPLB03','SPLB05')
```

执行结果如图 5.34 所示。

特别提醒:

条件表达式:

```
ClassID IN('SPLB01','SPLB03','SPLB05')
```

可书写为:

```
ClassID='SPLB01' OR ClassID='SPLB03' OR ClassID='SPLB05'
```

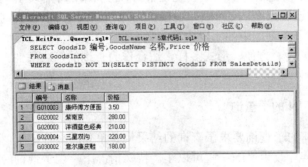

图 5.34　任务 3-3 嵌套子查询

【任务 3-4】在商品信息表(GoodsInfo)和销售明细表(SalesDetails)中查询一件都没有销售的商品的编号、名称、价格,列标题要求用中文别名。

查询命令行为:

```
SELECT GoodsID 编号,GoodsName 名称,Price 价格
FROM GoodsInfo
WHERE GoodsID NOT IN(SELECT DISTINCT GoodsID FROM SalesDetails)
```

执行的结果如图 5.35 所示。

图 5.35　任务 3-4 嵌套子查询

特别提醒:

使用 DISTINCT 的目的是避免出现重复的记录行。

5.3.3　带 EXISTS 和 NOT EXISTS 的子查询

带 EXISTS 和 NOT EXISTS 的子查询不返回任何实际数据,它只产生逻辑真值"True"或逻辑假值"False"。这种子查询的返回结果属于多列多行情况。若内层查询结果为非空,则返回真值,若内层查询结果为空,则返回假值。

【任务 3-5】在商品信息表(GoodsInfo)和销售明细表(SalesDetails)中查询一件都没有销售的商品的编号、名称、价格。

查询命令行为:

```
SELECT GoodsID 编号,GoodsName 名称,Price 价格
FROM GoodsInfo G
WHERE NOT EXISTS(SELECT * FROM SalesDetails S WHERE S.GoodsID=G.GoodsID)
```

执行结果如图 5.36 所示。

特别提醒:

(1) 通过 EXISTS 引入的子查询的选择列表由星号"*"组成,而不使用单个列名。

(2) 本例可用嵌套子查询实现。

(3) 命令行片断"S.GoodsID=G.GoodsID"不能丢失,否则,只要商品明细表有一条记录,则查询结果是所有商品信息。

(4) 一些带 EXISTS 或 NOT EXISTS 谓词的子查询不能被其他形式的子查询等价替换。带 IN 谓词、比较运算符、ANY 和 ALL 谓词的子查询都能用带 EXISTS 谓词的子查询等价替换。

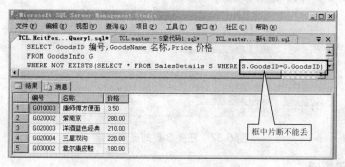

图 5.36 任务 3-5 嵌套子查询

5.3.4 带有 ANY 或 ALL 谓词的子查询

在带有 ANY 或 ALL 谓词的子查询中,ANY 和 ALL 用于一个值与一组值的比较,以">"为例,ANY 表示大于一组值中的任意一个,ALL 表示大于一组值中的每一个。

【任务 3-6】(1)在商品信息表(GoodsInfo)中查询商品类别号"SPLB02"中商品价格比商品类别号"SPLB03"中任一(ANY)商品价格都小的商品的编号、类别号、名称和价格。

(2) 在商品信息表(GoodsInfo)中查询商品类别号"SPLB02"中商品价格比商品类别号"SPLB03"中所有(ALL)商品价格都小的商品的编号、类别号、名称和价格。

查询命令行为:

```
SELECT GoodsID 编号,ClassID 类别号,GoodsName 名称,Price 价格 --(1)
FROM GoodsInfo G1
WHERE (SELECT Price FROM  GoodsInfo G2
WHERE ClassID='SPLB02' AND G2.GoodsID=G1.GoodsID)<ANY
                (SELECT Price FROM  GoodsInfo WHERE ClassID='SPLB03')

SELECT GoodsID 编号,ClassID 类别号,GoodsName 名称,Price 价格 --(2)
FROM GoodsInfo G1
WHERE (SELECT Price FROM  GoodsInfo G2
```

```
WHERE ClassID='SPLB02' AND G2.GoodsID=G1.GoodsID)<ALL
            (SELECT Price FROM  GoodsInfo WHERE ClassID='SPLB03')
```

执行结果如图 5.37 所示。

特别提醒：

(1) 程序片断"G2.GoodsID=G1.GoodsID"不能少，否则会出现如下错误提示信息："消息 512，级别 16，状态 1，第 1 行子查询返回的值不止一个。当子查询跟随在=、!=、<、<=、>、>= 之后，或子查询用作表达式时，这种情况是不允许的"。

(2) 仔细比较两者的结果。商品类别"SPLB03"的商品价格有"450.00、180.00"两个值，而商品类别"SPLB02"的商品价格有"145.00、280.00、210.00、220.00"4 个值。

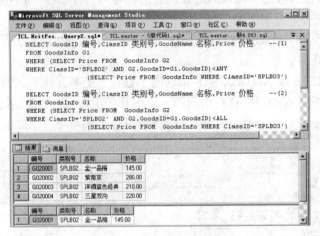

图 5.37　任务 3-6 的查询结果

5.3.5　多重嵌套子查询

【任务 3-7】商品信息表(GoodsInfo)、进货信息表(PurchaseInfo)、进货明细表(PurchaseDetails)中查询由"TEST02"进货员进货的商品的编号、名称和价格。

查询的命令行为：

```
SELECT GoodsID 编号,GoodsName 名称,Price 价格
FROM GoodsInfo
WHERE GoodsID IN(SELECT GoodsID FROM PurchaseDetails
        WHERE PurchaseID IN(SELECT PurchaseID FROM PurchaseInfo
            WHERE UserID='TEST02'))
```

执行结果如图 5.38 所示。

图 5.38　任务 3-7 的查询结果

特别提醒：

(1) 可用连接查询实现本例，查询命令行为：

```
SELECT G.GoodsID 编号,GoodsName 名称,Price 价格
FROM GoodsInfo G,PurchaseInfo P1,PurchaseDetails P2
WHERE G.GoodsID=P2.GoodsID
AND P2.PurchaseID=P1.PurchaseID
AND UserID='TEST02'
```

或

```
SELECT G.GoodsID 编号,GoodsName 名称,Price 价格
FROM GoodsInfo G JOIN PurchaseDetails P2
ON G.GoodsID=P2.GoodsID
JOIN PurchaseInfo P1
ON P2.PurchaseID=P1.PurchaseID
WHERE  UserID='TEST02'
```

(2) 读者采用 EXISTS 形式练习本任务。查询命令行如下：

```
SELECT GoodsID 编号,GoodsName 名称,Price 价格
FROM GoodsInfo G
WHERE EXISTS(SELECT * FROM PurchaseDetails P1
    WHERE P1.GoodsID=G.GoodsID
        AND  PurchaseID IN(SELECT PurchaseID FROM PurchaseInfo
            WHERE UserID='TEST02'))
```

5.3.6　相关子查询

相关子查询与嵌套查询的一个明显区别是，查询的条件依赖于外部主查询的某个属性值。相关子查询的一般处理过程如下。

(1) 首先取外部查询中的第一条记录，根据它与子查询相关的属性值处理内层查询。

(2) 若 WHERE 子句的返回值为真(即子查询结果非空)，则取此记录放入结果集。

(3) 然后检查外部表的下一个记录。重复这一过程，直至外部表全部检查完毕为止。

【任务 3-8】在商品信息表(GoodsInfo)和进货明细表(PurchaseDetails)中查询商品的编号、名称、进货数量、进货价格(UnitPrice)、销售价格(Price)。

查询命令行为：

```
SELECT GoodsID AS 商品编号,GoodsName 商品名称,
    进货数量=(SELECT SUM(PurchaseCount) FROM PurchaseDetails P
        WHERE G.GoodsID=P.GoodsID),
    进货价格=(SELECT AVG(UnitPrice) FROM PurchaseDetails P
        WHERE G.GoodsID=P.GoodsID),Price 销售价格
 FROM GoodsInfo G
```

执行结果如图 5.39 所示。

图 5.39　任务 3-8 查询结果

 特别提醒:

(1) 比较查询结果与所有商品的进货数量和平均进货价格,看一看查询是否符合题意。

(2) 本任务不能简单理解为:

```
SELECT GoodsID AS 商品编号,GoodsName 商品名称,
    进货数量=(SELECT SUM(PurchaseCount) FROM PurchaseDetails P),
    进货价格=(SELECT AVG(UnitPrice) FROM PurchaseDetails P),Price 销售价格
FROM GoodsInfo G
```

这个是查询所有商品的进货数量和平均进货价格,它可以分两步来实现,是嵌套子查询。本任务应如下理解。

① 首先取外层查询中 GoodsInfo 表的第一条记录,根据它与内层查询相关的属性值(即 GoodsID 值)处理内层查询,若 WHERE 子句返回值为真(即 G.GoodsID=P.GoodsID 结果为真),统计相应的值放入结果集。

② 再检查 GoodsInfo 表的下一条记录。

③ 重复执行步骤②,直到 GoodsInfo 表全部检查完毕。

(3) 相关查询一定是子查询要受主查询的某列值的控制,否则就不是相关查询。有的教材就不区分嵌套子查询和相关子查询,甚至还有把能用嵌套子查询解决的问题改造成相关子查询形式,这里要重点区分。

5.3.7　联合查询

所谓联合查询就是合并两个或两个以上查询的结果。与连接查询相比,联合查询是增加记录的行数,连接查询则是增加记录的列数。

联合查询的语法如下。

```
SELECT 语句 1
UNION [ALL]
SELECT 语句 2
```

其中,ALL 选项表示保留结果集中的重复记录,默认时系统自动删除重复记录。

【任务 3-9】在商品信息表(GoodsInfo)中查询商品类别为"SPLB02"以及商品价格小于 200 元的商品的编号、类别、名称和价格。

查询命令行为：

```
SELECT GoodsID 编号,ClassID 类别,GoodsName 名称,Price 价格
FROM GoodsInfo
WHERE ClassID='SPLB02'
UNION
SELECT GoodsID 编号,ClassID 类别,GoodsName 名称,Price 价格
FROM GoodsInfo
WHERE Price<200
```

执行结果如图 5.40 所示。

 特别提醒：

(1) 参加联合查询的列数相同，对应列的数据类型也必须兼容。

(2) 各语句中对应的结果集列出现的顺序必须相同。

(3) 本任务中的联合查询是不带 ALL 选项，用一般查询也可实现，查询命令行为：

```
SELECT GoodsID 编号,ClassID 类别,GoodsName 名称,Price 价格
FROM GoodsInfo
WHERE ClassID='SPLB02' OR Price<200
```

如果增加 ALL 选项，则用此命令行就不明确了。带 ALL 选项的结果中应多出一条记录，读者可自己验证。

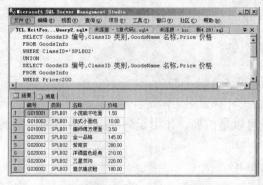

图 5.40　任务 3-9 联合查询结果

课堂练习：

(1) 在进货明细表(PurchaseDetails)中查询与商品编号为"G050001"的商品为同一进货单中的商品信息，包括商品编号、进货单号、进货价格、进货数量。

(2) 在进货明细表(PurchaseDetails)、商品信息表(Goods Info)和计量单位表(GoodsUnit)中查询与商品编号为"G050001"的商品为同一进货单中的商品信息，包括商品编号、进货单号、计量单位、进货价格、进货数量、金额。

(3) 查询各个进货单中的商品的平均价格比进货单号为"P00002"的平均价格低的商品进货单信息，包括商品进货单号、商品平均价格，用中文别名。

(4) 查询销售明细表(SalesDetails)商品的平均价格比销售单号为"S100002"的平均价格低的商品信息，包括商品销售单号、商品平均价格，用中文别名。

(5) 在商品类别表(GoodsClass)和商品信息表(GoodsInfo)中查询商品类别名为"烟酒"的商品信息，包括商品编号、商品类别号、商品名称、商品价格。

(6) 在进货明细表(PurchaseDetails)中查询进货单号为"P0001","P0003"的商品的编号、进货单号、进货价格，列标题要求用中文别名。

(7) 在商品信息表(GoodsInfo)和销售明细表(SalesDetails)中查询有销售记录的商品的编号、名称、价格。

本 章 小 结

本章大量篇幅讲解了 SELECT 语句的几乎所有情况，但这些还比较简单，更为复杂的查询任务没有在本章中给出，比如，在 INSERT、UPDATE、DELETE 等 T-SQL 语句中使用查询结果集作为条件。现就本章内容归纳如下。

(1) 介绍了 SELECT 语句的语法结构及其每个子句的作用。

SELECT 语句的语法一般格式：

```
SELECT [ALL | DISTINCT] <列名或目标表达式>[,... <列名或目标表达式>]
[INTO <新表名>]
FROM <表或视图>[,... n]
[WHERE<条件表达式>]
[GROUP BY <列名 1>[HAVING <条件表达式>]]
[ORDER BY<列名 2>[ASC|DESC]]
```

① 列名或目标表达式格式如下。

● *
● <表名>.*
● COUNT([DISTINCT | ALL] *)
● <表名>.<列名表达式>[,[<表名>.]<列名表达式>]...

其中，<列名表达式>可以是由列、作用于列的聚合函数和常量的任意算术运算(+、-、*、/)组成的运算公式。

聚合函数的一般格式如下。

$$\left\{\begin{array}{l} COUNT \\ SUM \\ AVG \\ MAX \\ MIN \end{array}\right\}([DISTINCT \mid ALL]<列名>)$$

② WHERE 子句的条件表达式的格式如下。

● $<列名><=|>=|>|<=|<>|<|!=>\left\{\begin{array}{l} <列名> \\ <常量> \\ [ANY \mid ALL](SELECT语句) \end{array}\right\}$

● $<列名>[NOT]BETWEEN\left\{\begin{array}{l} <列名> \\ <常量> \\ (SELECT语句) \end{array}\right\} AND \left\{\begin{array}{l} <列名> \\ <常量> \\ (SELECT语句) \end{array}\right\}$

- <列名>[NOT] IN $\begin{Bmatrix} <值1>[,<值2>\ldots] \\ (SELECT语句) \end{Bmatrix}$

- <列名>[NOT] LIKE<匹配字符串>

- <列名>IS [NOT] NULL

- [NOT]EXISTS(SELECT 语句)

- <条件表达式>$\begin{Bmatrix} AND \\ OR \end{Bmatrix}$<条件表达式>$\left(\begin{Bmatrix} AND \\ OR \end{Bmatrix}<条件表达式>\right)\ldots$

- HAVING 子句能够在分组的基础上，再次进行筛选。

(2) 介绍了简单查询的多个方面。

(3) 介绍了连接查询，最常见的是内连接查询，通常会在相关表之间提取引用列的数据项；嵌套子查询；相关子查询；联合查询。

本章中给出了许多任务，这些任务都在计算机上实现，读者可自行时间上机体会。只有通过大量的练习操作，才能真正理解与掌握 SELECT 语句的知识。

习　题

一、选择题

1. 假设表 test 中有 10 条记录，可获得前面两条记录的查询命令为(　　)。

   A. SELECT 2 * FROM test

   B. SELECT TOP 2 * FROM test

   C. SELECT PERCENT 2 * FROM test

   D. SELECT 20 PERCENT * FROM test

2. 要查询一个班中低于平均成绩的学生，需要使用(　　)。

   A. TOP 子句　　B. ORDER BY 子句　　　C. HAVING 子句　　　D. 聚合函数 AVG

3. 关于查询语句中 ORDER BY 子句说明正确的是(　　)。

   A. 如果未指定排序字段，则默认按递增排序

   B. 表的字段都可用于排序

   C. 如果在 SELECT 子句中使用 DISTINCT 关键字，则排序字段必须出现在查询结果中

   D. 联合查询不允许使用 ORDER BY 子句

4. 设 ABC 表有 3 列 A、B、C，并且都是整数类型，则以下(　　)查询语句能按照 B 列进行分组，并在每组中取 C 的平均值。

   A. SELECT AVG(C) FROM ABC

   B. SELECT AVG(C) FROM ABC　　GROUP BY B

   C. SELECT AVG(C) FROM ABC　　GROUP BY C

   D. SELECT AVG(C) FROM ABC　　GROUP BY C,B

5. 假设 ABC 表用于存储销售信息，A 列为销售人员姓名，C 列为销售额度，现在要查询每个销售人员的销售次数、销售总金额，则下列(　　)查询语句的执行结果能得到这些信息。

   A. SELECT A, SUM(C), COUNT(A) FROM ABC GROUP BY A

   B. SELECT A, SUM(C) FROM ABC

C. SELECT A, SUM(C), COUNT(A) FROM ABC GROUP BY A ORDER BY A

D. SELECT SUM(C) FROM ABC GROUP BY A ORDER BY A

6. 如果查询的 SELECT 子句为 SELECT A,B,C*D,则不能使用 GROUP BY 子句的是(   )。

A. GROUP BY A   B. GROUP BY A,B

C. GROUP BY A,B,C,D   D. 以上都不对

7. 假设 ABC 表用于存储销售信息，A 列为销售人员姓名，C 列为销售额度，现在要查询最大一笔销售额度是多少，则正确的查询语句是(   )。

A. SELECT MAX(C) FROM ABC WHERE MAX(C)>0

B. SELECT A, MAX(C) FROM ABC WHERE COUNT(A)>0

C. SELECT A, MAX(C) FROM ABC GROUP BY A,C

D. SELECT MAX(C) FROM ABC

8. 假设 A 表中有两行数据，B 表中有 3 行数据。执行交叉连接查询，将返回(   )数据。

A. 1   B.2   C. 3   D. 6

9. 假设 A 表中有 4 行数据，B 表中有 3 行数据。如果执行以下 T-SQL 语句：

```
SELECT A.* FROM A INNER JOIN B ON A.C=B.C
返回 3 行数据。而执行以下 T-SQL 语句：
SELECT A.* FROM A INNER JOIN B A.C<>B.C
```

将返回(   )行数据。

A. 0   B.3   C. 9   D. 12

10. 假设 ABC 表用于存储电话号码信息，则查询不是以 5 开头的所有电话号码的查询语句是(   )。

A. SELECT A FROM ABC WHERE A IS NOT   '%5'

B. SELECT A FROM ABC WHERE A LIKE '%5%'

C. SELECT A FROM ABC WHERE A NOT LIKE '%5'

D. SELECT A FROM ABC WHERE A LIKE '[1-4]%5'

11. SELECT 1.5*4 语句的查询结果是(   )。

A. 0.0   B. 1.5   C. 6.0   D. 4.0

12. 在 SQL Server 中，设有如下 SQL 语句，SELECT * FROM 数据表 WHERE 编号 LIKE '00[^8]%[A,C]%',则最有可能的结果是(   )。

A. 9890ACD   B. 007_AFF   C. 008&DCG   D. KK8C

13. SELECT A.A1,A.A2,B.B1,B.A4 FROM   A   INNER JOIN B ON A.A3=B.A3   INTO C WHERE A.A4=10   HAVING A.A5>10 GROUP BY B.A5,以下说法不正确的是(   )。

A. 在 SELECT … INTO 语句中不能同时出现两张表

B. HAVING 和 GROUP BY 出现的先后顺序应该颠倒

C. FROM 和 INTO 互换

D. 若 B 表中的列和 A 表中列名不同，则在 SELECT 语句中可以不指定表名

二、课外拓展

1. 简单查询。

把课堂练习题中没有做的练习题作为课外拓展练习题。

2. 连接查询。

(1) 在商品信息表(GoodsInfo)、商品销售明细表(SalesDetails)中查询商品销售数量在 5 件以上的商品信息，包括商品编号、销售数量和销售价格。

(2) 在商品信息表(GoodsInfo)、商品销售明细表(SalesDetails)和商品计量单位表(GoodsUnit)中查询商品信息，包括商品编号、商品名称、计量单位、销售数量、销售价格、销售金额。

(3) 在库存盘点信息表(CheckInfo)、库存盘点明细表(CheckDetails)、商品计量单位表(GoodsUnit)、商品类别表(GoodsClass)、商品信息表(GoodsInfo)和商品销售明细表(SalesDetails)中查询商品信息，包括库存盘点单号、商品编号、商品类别号、商品类别名、商品名称、商品拼音简码、条形码、计量单位、销售数量、盘点日期、库存数量、盘点数量、盘点差(DiffNum)、计量单位名称、盘点人(本题有一定难度，读者要仔细审题)。

3. 嵌套查询。

把课堂练习题中没有做的练习题作为课外拓展练习题。

第**6**章 视图与索引操作

本章目标

● 掌握视图与索引的知识。
● 掌握使用 SSMS 和 T-SQL 语句创建、删除视图的操作方法。
● 掌握使用视图对数据库表数据的操作方法。
● 掌握使用 T-SQL 语句创建、删除索引的操作方法。

任务描述

本章主要任务描述见表 6-1。

表 6-1　本章任务描述

任务编号	子任务	任务描述
任务 1		在 SQL Server 2005 中使用界面方式和 T-SQL 语句实现对视图的创建、修改、删除等操作
	任务 1-1	使用【视图设计器】创建视图
	任务 1-2	使用【视图设计器】修改和删除视图
	任务 1-3、1-4	行列子集视图
	任务 1-5	带 WITH CHECK OPTION 的视图
	任务 1-6	带 WITH ENCRYPTION 的视图
	任务 1-7、1-8	基于多个基本表的视图
	任务 1-9	基于视图的视图
	任务 1-10	分组视图
	任务 1-11	视图的删除
	任务 1-12	通过视图插入记录
	任务 1-13	通过视图更新记录
	任务 1-14	通过视图删除记录
任务 2		在 SQL Server 2005 中使用界面方式和 T-SQL 语句实现对索引的创建、查看和删除等操作
	任务 2-1	使用 SSMS 创建索引

续表

任务编号	子任务	任务描述
	任务 2-2	使用【表设计器】创建索引
	任务 2-3	使用 CREATE INDEX 创建索引
	任务 2-4	利用 SSMS 查看、修改和删除索引
	任务 2-5	使用存储过程 sp_helpindex 查看表中索引信息
	任务 2-6	利用 T-SQL 语句删除索引

6.1　视　　图

6.1.1　视图概述

视图是保存在数据库中的 SELECT 查询。因此，可对查询执行的大多数操作也可在视图上进行。也就是说，视图只是给查询起的一个名字，把它保存在数据库中，查看视图中的查询执行结果只要使用简单的 SELECT 语句即可实现。视图是定义在基本表(视图的数据源)之上的，对视图的一切操作最终也转换为对基本表的操作。

为什么要引入视图呢？这是由于视图具有如下几个优点。

(1) 视图能够简化用户的操作。视图使用户可以将注意力集中在其关心的数据上，如果这些数据不是直接来自基本表的，则可以通过定义视图，使用户眼中的数据库结构简单、清晰，并且可以简化用户的数据查询操作。例如，那些定义了若干张表连接的视图，就将表与表之间的连接操作对用户隐藏起来了。换句话说，用户所做的只是对一个虚表的简单查询，而这个虚表是怎样得到的，用户无需了解。

(2) 视图使用户能从多种角度看待同一数据。视图机制能使不同的用户以不同的方式看待同一数据，当许多不同种类的用户使用同一个数据库时，这种灵活性是非常重要的。

(3) 视图对重构数据库提供一定程度的逻辑独立性。数据的逻辑独立性是指当数据库重构时，如增加新的关系或对原关系增加新的字段等，用户和用户程序不会受影响。

(4) 视图能够对机密数据提供安全保护。有了视图机制，就可以在设计数据库应用系统时，对不同的用户定义不同的视图，使机密数据不出现在不应看到这些数据的用户视图上，这样就由视图机制自动提供了对机密数据的安全保护功能。

(5) 在某些情况下，由于表中数据量太大，因此在表的设计时将表进行水平或者垂直分割，但表的结构的变化会对应用程序产生不良影响。而使用视图可以重新组织数据，从而使外模式保持不变，原有的应用程序仍可以通过视图来重载数据。

究竟如何创建视图呢？例如，有 3 个表，商品信息表(GoodsInfo)、商品类别表(GoodsClass)和商品计量单位表(GoodsUnit)。图 6.1 所示 GoodsInfo 表的 4 列(商品编号、商品类别号、商品价格、库存数量)，GoodsClass 表的类别编号、类别名称两列，GoodsUnit 表的计量单位编号和计量单位名称两列创建的视图，其含有商品编号、类别名称、计量单位名称、价格、库存数量、金额(价格*库存数量)列。

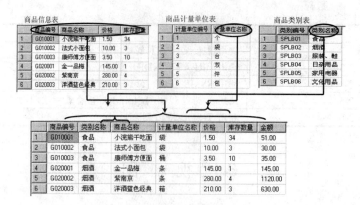

图 6.1 视图的创建

6.1.2 使用【视图设计器】创建、修改和删除视图

【任务 1】在 SQL Server 2005 中使用界面方式和 T-SQL 语句实现对视图的创建、修改、删除等操作。

1. 使用【视图设计器】创建视图

【任务 1-1】使用【视图设计器】创建视图。

操作步骤如下。

(1) 在【对象资源管理器】的 HcitPos 数据库的子文件夹【视图】上单击鼠标右键，弹出快捷菜单，如图 6.2 所示。

(2) 选择 新建视图(N)... 选项，在 SSMS 上打开视图设计器【视图-dbo.View-1】标签页和【添加表】对话框，如图 6.3 所示，同时在工具栏中增加了【视图设计器】(注：【视图设计器】与【查询设计器】略有区别)工具条。在【添加表】对话框中，在【表】标签页的列表中同时选择 GoodsInfo、GoodsClass 和 GoodsUnit 这 3 张表。

图 6.2 打开视图快捷菜单

图 6.3 【添加表】对话框

(3) 单击 添加(A) 按钮，在【视图-dbo.View1】标签页的【关系图】窗格中添加 GoodsInfo、GoodsClass 和 GoodsUnit 的设计结构。单击 关闭(C) 按钮，关闭【添加表】对话框，【视图-dbo.View-1】标签页的内容如图 6.4 所示。

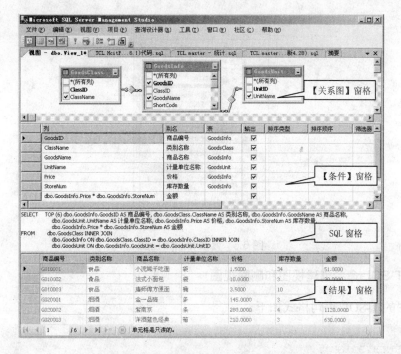

图 6.4　【视图-dbo.View-1】标签页

(4) 选中图 6.4 所示的【关系图】窗格中的 GoodsInfo 表的列 GoodsID、GoodsName、Price、StoreNum，GoodsClass 表的列 ClassName，GoodsUnit 表的列 UnitName 的左边的复选框，SQL 窗格中的 SELECT 语句将随之发生变化。

(5) 在【条件】窗格调整列的顺序满足显示顺序要求，输入对应列的相应中文别名，作为显示结果的列标题，在最后一行输入 "Price *StoreNum"，别名中输入 "金额"。

(6) 如图单击【视图设计器】工具条上的 按钮，执行 SQL 查询，创建视图，在【结果】窗格中将显示查询结果，即视图中的列和数据。

(7) 单击 SSMS 工具条上的 按钮，打开【选择名称】对话框，在【输入视图名称】文本框中输入 "View_HcitPos_Price" 后，单击【确定】按钮保存。刷新数据库 HcitPos 的【视图】文件夹，会看到一个名为 "View_HcitPos_Price" 的节点。

如果需要修改视图的来源，可以在【视图设计器】中的【关系】窗格与【条件】窗格中重新定义关系和条件。视图的来源可以不只是一个表或视图，在【关系图】窗格中可以添加其他表或视图。

特别提醒：

SQL 窗格的 T-SQL 语句自动生成，如果更改，代码也会自动按系统格式显示。

2. 使用【视图设计器】修改和删除视图

【任务 1-2】使用【视图设计器】修改和删除视图。

操作步骤如下。

在【对象资源管理器】的 HcitPos 数据库的子文件夹【视图】的子节点 View_HcitPos_Price 上单击鼠标右键，弹出快捷菜单，如图 6.5 所示，选择【重命名】选项，修改名称后单击【确定】按钮即可对视图改名；选择【删除】选项，单击【确定】按钮即可删除视图。

图 6.5　修改和删除视图

6.1.3　使用 T-SQL 命令创建视图和删除视图

创建视图的 T-SQL 语句格式如下。

```
CREATE VIEW <视图名>[(<列名>[,<列名>],…)]
[WITH ENCRYPTION]
AS
<SELECT 语句>
[WITH CHECK OPTION]
```

其中:

(1)组成视图的属性列名。

① 目标列为 * 。

② 某个目标列是聚合函数或列表达式。

③ 多表连接时选出了几个同名列作为视图的字段。

④ 需要在视图中为某个列启用新的更合适的名字。

(2) WITH ENCRYPTION 选项要求在存储 CREATE VIEW 语句文本时对它进行加密，这使任何人无法使用系统存储过程 sp_helptext 或其他方法查看视图定义的文本。

(3) WITH CHECK OPTION 选项规定对视图所执行的所有数据修改操作都必须遵守视图定义中 SELECT 语句所设置的条件，这能够保证修改后的数据通过视图仍然可见。

常见的视图形式如下。

(1) 行列子集视图。

(2) WITH CHECK OPTION 的视图。

(3) 基于多个基表的视图。

(4) 基于视图的视图。

(5) 带表达式的视图。

(6) 分组视图。

1. 行列子集视图

【任务 1-3】在 HcitPos 数据库中，根据商品信息表(GoodsInfo)创建一个只包含商品类别号为"SPLB01"和"SPLB03"的视图，视图名为 View_GoodsInfo_GoodsClass。视图包含的列为商品编号、商品类别号、商品名称和价格。

操作步骤如下。

(1) 在 SSMS 上单击 ![新建查询(N)] 按钮，打开 SQL Query 标签页，在该标签页中输入如下 T-SQL 命令行。

```
CREATE VIEW View_GoodsInfo_GoodsClass
AS
SELECT GoodsID 商品编号,ClassID 商品类别号,GoodsName 商品名称,Price 价格
FROM GoodsInfo
WHERE ClassID='SPLB01' OR ClassID='SPLB03'
```

(2) 单击 ![执行(X)] 按钮，视图创建完成。

(3) 查看视图。在 SQL Query 标签页输入如下命令行。

```
SELECT * FROM View_GoodsInfo_GoodsClass
```

单击 ![执行(X)] 按钮，命令行执行结果如图 6.6 所示。

【任务 1-4】在 HcitPos 数据库中，根据商品信息表(GoodsInfo)创建一个只包含商品类别号为 "SPLB01" 和 "SPLB03" 的视图，视图名为 View_GoodsInfo_GoodsClass1。视图包含的列为商品编号、商品类别号、商品名称、价格和库存数量和金额(价格*库存数量)，列名为中文别名。

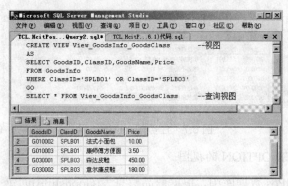

图 6.6　任务 1-3 执行结果

操作步骤如下。

(1) 在 SSMS 上单击 ![新建查询(N)] 按钮，打开 SQL Query 标签页，在该标签页中输入如下 T-SQL 命令行。

```
CREATE VIEW View_GoodsInfo_GoodsClass1
AS
SELECT GoodsID 商品编号,ClassID 商品类别号,GoodsName 商品名称,
Price 价格,StoreNum 库存数量,Price*StoreNum 金额
FROM GoodsInfo
WHERE ClassID='SPLB01' OR ClassID='SPLB03'
```

(2) 单击 ![执行(X)] 按钮，视图就创建完成。

(3) 查看视图。在 SQL Query 标签页输入如下命令行。

```
SELECT * FROM View_HcitPos_Price1
```

单击 执行(X) 按钮，命令行执行结果如图 6.7 所示。

特别提醒：

(1) 可以把列名的别名放在视图名后面的括号内。其 T-SQL 语句为：

```
CREATE VIEW View_GoodsInfo_GoodsClass1(商品编号,商品类别号,商品名称,价格,
库存数量,金额)
AS
SELECT GoodsID 商品编号,ClassID 商品类别号,GoodsName 商品名称,
Price 价格,StoreNum 库存数量,Price*StoreNum 金额
FROM GoodsInfo
WHERE ClassID='SPLB01' OR ClassID='SPLB03'
```

(2) 必须给出经过计算的列的别名，否则出现错误提示信息：

"消息 4511，级别 16，状态 1，过程 View_GoodsInfo_GoodsClass2，第 3 行创建视图或函数失败，因为没有为列 6 指定列名"。

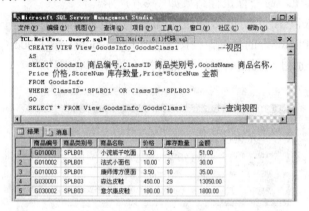

图 6.7　任务 1-4 执行结果

2. 带 WITH CHECK OPTION 的视图

【任务 1-5】在 HcitPos 数据库中，根据商品信息表(GoodsInfo)创建一个只包含商品类别号为"SPLB01"和"SPLB03"的视图，视图名为 View_GoodsInfo_GoodsClass2。视图包含的列为商品编号、商品类别号、商品名称和价格，列名为中文别名，并要求通过该视图进行的更新操作只涉及商品类别号为"SPLB01"和"SPLB03"的商品信息。

操作步骤如下。

(1) 在 SSMS 上单击 新建查询(N) 按钮，打开 SQL Query 标签页，在该标签页中输入如下 T-SQL 命令行。

```
CREATE VIEW View_GoodsInfo_GoodsClass2
AS
SELECT GoodsID 商品编号,ClassID 商品类别号,GoodsName 商品名称,Price 价格
FROM GoodsInfo
WHERE ClassID='SPLB01' OR ClassID='SPLB03'
WITH CHECK OPTION
```

(2)单击 执行(X) 按钮，视图创建完成。

特别提醒：

(1) UPDATE 修改操作：DBMS 自动加上 ClassID='SPLB01' OR ClassID='SPLB03'。例如，执行如下语句：

```
UPDATE View_GoodsInfo_GoodsClass2
SET 价格=价格-2
```

只有商品类别为"SPLB01"和"SPLB03"的商品价格减少 2 元，其他商品价格不变。

通过视图更新基本表中数据，即使没有使用"WITH CHECK OPTION"子句，也只有商品类别为"SPLB01"和"SPLB03"的商品价格减少 2 元，其他商品价格不变。

(2) DELETE 删除操作：DBMS 自动加上 ClassID='SPLB01' OR ClassID='SPLB03'。例如，执行如下语句：

```
DELETE FROM View_GoodsInfo_GoodsClass2
WHERE 商品类别号='SPLB05'
```

则在不违反约束情况下，不会删除任何商品信息。

如果视图中含有两个基本表信息，则通过视图不会删除任何信息。

(3) INSERT 插入操作：DBMS 自动检查 ClassID='SPLB01' OR ClassID='SPLB03'的条件，如果不是，则拒绝该插入操作。例如，执行如下语句：

```
INSERT INTO View_GoodsInfo_GoodsClass2
VALUES('G030003','SPLB04','康师傅方便面',3.5)
```

则出现错误提示信息：

"消息 550，级别 16，状态 1，第 2 行

试图进行的插入或更新已失败，原因是目标视图或者目标视图所跨越的某一视图指定了 WITH CHECK OPTION，而该操作的一个或多个结果行又不符合 CHECK OPTION 约束。

语句已终止。"

(4) 如果执行如下插入语句：

```
INSERT INTO View_GoodsInfo_GoodsClass2(商品编号,商品名称,价格)
VALUES('G030003','康师傅方便面',3.5)
```

则出现如下错误提示信息：

"消息 550，级别 16，状态 1，第 1 行

试图进行的插入或更新已失败，原因是目标视图或者目标视图所跨越的某一视图指定了 WITH CHECK OPTION，而该操作的一个或多个结果行又不符合 CHECK OPTION 约束。语句已终止。"

这是因为插入语句列名列表中没有给出"商品类别号"，且视图的条件为：

```
ClassID='SPLB01' OR ClassID='SPLB03'
```

系统无法判定自动插入的是"SPLB01"，还是"SPLB03"。

(5) 通过视图对基本表中信息进行操作时，操作的列名必须是视图中定义的列名(别名)。

通过视图向基本表中插入数据，如果没有使用"WITH CHECK OPTION"子句，则插入的记录的商品类别不为"SPLB01"和"SPLB03"，这与通过视图更新基本表情况不同。

3. 带 WITH ENCRYPTION 的视图

【任务 1-6】 在 HcitPos 数据库中，根据商品信息表(GoodsInfo)创建一个只包含商品类别

号为"SPLB01"和"SPLB03"的视图,视图名为 View_ GoodsInfo _GoodsClass3。视图包含的列为商品编号、商品类别号、商品名称和价格,列名为中文别名,并要求对视图文本加密。

操作步骤如下。

(1) 在 SSMS 上单击 新建查询(N) 按钮,打开 SQL Query 标签页,在该标签页中输入如下 T-SQL 命令行:

```
CREATE VIEW View_GoodsInfo_GoodsClass3
WITH ENCRYPTION
AS
SELECT GoodsID 商品编号,ClassID 商品类别号,GoodsName 商品名称,Price 价格
FROM GoodsInfo
WHERE ClassID='SPLB01' OR ClassID='SPLB03'
WITH CHECK OPTION
```

(2)单击 执行(X) 按钮,视图创建完成。

特别提醒:

(1) 子句"WITH ENCRYPTION "增加的位置是在视图名后面,关键字"AS"前面。

(2) 增加子句"WITH ENCRYPTION ",仅仅是看不到视图代码,不会影响通过视图操作基本表。

4. 基于多个基本表的视图

【任务 1-7】根据供应商信息表(SupplierInfo)和进货信息表(PurchaseInfo)创建一视图名为 View_PurchaseInfo_SupplierInfo,其视图列名列表中含有的列为:PurchaseID、PurchaseMoney、SupplierID、SupplierName、PurchaseDate、UserID。

操作步骤如下。

(1) 在 SSMS 上单击 新建查询(N) 按钮,打开 SQL Query 标签页,在该标签页中输入如下 T-SQL 命令行:

```
CREATE VIEW View_PurchaseInfo_SupplierInfo
AS
SELECT PurchaseID,PurchaseMoney,S.SupplierID,SupplierName,PurchaseDate,UserID
FROM SupplierInfo S,PurchaseInfo P
WHERE S.SupplierID=P.SupplierID
```

(2) 单击 执行(X) 按钮,视图就创建完成。

(3) 查看视图执行情况。在 SQL Query 标签页输入如下命令行:

```
SELECT * FROM View_PurchaseInfo_SupplierInfo
```

其执行结果如图 6.8 所示。

图 6.8 任务 1-7 视图执行结果

【任务 1-8】在 HcitPos 数据库中，根据商品信息表(GoodsInfo)、商品类别表(GoodsClass)和商品计量单位表(GoodsUnit)，创建含有 6 条记录的视图，视图名为 View_HcitPos_Price1。视图包含的列为编号、类别名称、商品名称、计量单位名称、价格、库存数量和金额(价格*库存数量)，列名为中文别名。

操作步骤如下。

(1) 在 SSMS 上单击 新建查询(N) 按钮，打开 SQL Query 标签页，在该标签页中输入如下 T-SQL 命令行。

```
CREATE VIEW View_HcitPos_Price1
AS
SELECT TOP 6 GoodsID 编号,ClassName 类别名称,GoodsName 商品名称,UnitName 计量单
位名称,
Price 价格,StoreNum 库存数量,Price*StoreNum 金额
FROM GoodsInfo G1,GoodsClass G2,GoodsUnit G3
WHERE G1.ClassID=G2.ClassID
AND G1.GoodsUnit=G3.UnitID
GO
SELECT * FROM View_HcitPos_Price1
```

(2) 单击 执行(X) 按钮，视图创建完成。

(3) 查看视图。在 SQL Query 标签页输入如下命令行：

```
SELECT * FROM View_HcitPos_Price1
```

单击 执行(X) 按钮，命令行执行结果如图 6.9 所示。

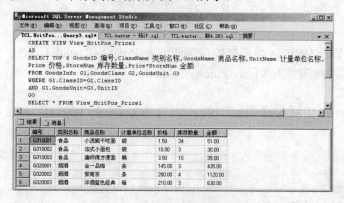

图 6.9 任务 1-8 视图查看结果

5. 基于视图的视图

【任务 1-9】基于 HcitPos 数据库，在任务 1-8 建立的视图基础上创建一个含有商品编号、名称(商品名称)、单位(计量单位名称)、价格和库存数量，且库存数量大于等于 10 的视图，视图名为 View_HcitPos_Price2。

操作步骤如下。

(1) 在 SSMS 上单击 新建查询(N) 按钮，打开 SQL Query 标签页，在该标签页中输入如下 T-SQL 命令行。

```
CREATE VIEW View_HcitPos_Price2
AS
```

```
SELECT 编号 '商品编号',名称,计量单位名称'单位',价格,库存数量
FROM View_HcitPos_Price1
WHERE 库存数量>=10
```

(2) 单击 █ **执行(X)** 按钮，视图创建完成。

(3) 查看视图。在 SQL Query 标签页输入如下命令行。

```
SELECT * FROM View_HcitPos_Price2
```

单击 █ **执行(X)** 按钮，命令行执行结果如图 6.10 所示。

特别提醒:

程序片断"SELECT 编号'商品编号',名称,计量单位名称'单位',价格,库存数量"不能书写成"SELECT GoodsID,'商品编号',GoodsName,GoodsUnit '单位',Price,StoreNum"，因为视图中的列名已经是中文了。

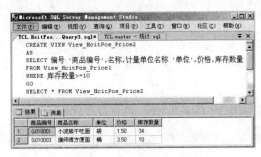

图 6.10　任务 1-9 视图查看结果

6. 分组视图

【任务 1-10】基于 HcitPos 数据库的进货明细表(PurchaseDetails)，创建一个查询每种商品的进货数量的视图，视图名为 View_ PurchaseCount。

操作步骤如下。

(1) 在 SSMS 上单击 █ **新建查询(N)** 按钮，打开 SQL Query 标签页，在该标签页中输入如下 T-SQL 命令行。

```
CREATE VIEW View_PurchaseCount
AS
SELECT GoodsID 商品编号,SUM(PurchaseCount) 进货数量
FROM PurchaseDetails
GROUP BY GoodsID
GO
SELECT * FROM View_PurchaseCount
```

(2) 单击 █ **执行(X)** 按钮，视图创建完成。

(3) 查看视图。在 SQL Query 标签页输入如下命令行。

```
SELECT * FROM View_PurchaseCount
```

单击 █ **执行(X)** 按钮，命令行执行结果如图 6.11 所示。

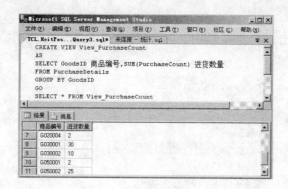

图 6.11 任务 1-10 视图查看结果

 特别提醒：

视图中含有聚合函数、表达式(只要该列经过一定的变换)等时，必须为视图定义新的列名，即在视图名后紧跟新列名序列或在列名后面给出别名。

7. 视图的删除

删除视图的 T-SQL 语法结构如下：

```
DROP VIEW <视图名>
```

【任务 1-11】 删除前面所创建的视图 View_PurchaseCount、View_HcitPos_Price2。操作步骤如下。

(1) 在 SSMS 上单击 新建查询(N)按钮，打开 SQL Query 标签页，在该标签页中输入如下 T-SQL 命令行。

```
DROP VIEW View_PurchaseCount,View_HcitPos_Price2
```

(2) 单击 执行(X)按钮，视图删除完成。

6.1.4 利用视图更新、插入和删除记录

通过视图可以方便地检索到任何所需要的数据信息,但是视图的作用并不仅仅局限于检索记录,还可以利用视图对创建视图的基本表进行数据修改操作,比如更新记录,插入新的记录和删除记录等。使用视图对修改数据时,需要注意以下几点。

(1) 通过视图修改基本表中的数据时,不能同时修改两个或者多个基本表,可以对基于两个或者两个以上的基本表进行修改。但每次只能影响一个基本表,否则会引起错误。

(2) 不能修改那些通过计算得到的字段,例如包含计算字段值、聚合函数的字段。

(3) 不能修改带有 GROUP BY 子句的视图的基本表中的数据。

(4) 通过视图修改基本表中的记录,不能违反基本表中的数据完整性约束。

1. 通过视图插入记录

【任务 1-12】

(1) 在 HcitPos 数据库中, 根据商品信息表(GoodsInfo)创建一个只包含商品类别号为 "SPLB01"和"SPLB03"的视图,视图名为 View_GoodsClass_price。视图包含的列为商品编号、商品类别号、商品名称、条形码、计量单位号、计量单位名和价格。

操作步骤如下。

① 在 SSMS 上单击<u>新建查询(N)</u>按钮,打开 SQL Query 标签页,在该标签页中输入如下 T-SQL 命令行。

```
CREATE VIEW View_GoodsClass_price
AS
SELECT GoodsID,ClassID,GoodsName,BarCode,G1.GoodsUnit,UnitName,Price
FROM GoodsInfo G1,GoodsUnit G2
WHERE G1.GoodsUnit=G2.UnitID AND (ClassID='SPLB01' OR ClassID='SPLB03')
GO
SELECT * FROM View_GoodsClass_price
```

② 单击<u>执行(X)</u>按钮,视图创建完成。

③ 查看视图。在 SQL Query 标签页输入如下命令行。

```
SELECT * FROM View_GoodsClass_price
```

单击<u>执行(X)</u>按钮,命令行执行结果如图 6.12 所示。

(2) 修改视图 View_GoodsClass_price,增加子句"WITH CHECK OPTION",通过视图 View_GoodsClass_price 向商品信息表(GoodsInfo)中插入表 6-2 的 3 条记录。

表 6-2　GoodsInfo 表中的 3 条记录数据

GoodsID	ClassID	GoodsName	BarCode	GoodsUnit	Price
G010004	SPLB01	美的干脆面	8920319788323	1	4.5
G020005	SPLB02	美的牌香烟	8920319788324	12	215
G030003	SPLB03	美的皮鞋	8920319788325	4	320

观察插入结果。

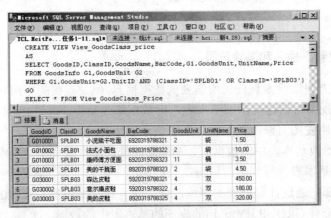

图 6.12　任务 1-12(1)视图查看结果

操作步骤如下。

① 在 SSMS 上单击<u>新建查询(N)</u>按钮,打开 SQL Query 标签页,在该标签页中输入如下 T-SQL 命令行。

```
ALTER VIEW View_GoodsClass_price
AS
SELECT GoodsID,ClassID,GoodsName,BarCode,G1.GoodsUnit,UnitName,Price
```

```
FROM GoodsInfo G1,GoodsUnit G2
WHERE G1.GoodsUnit=G2.UnitID AND (ClassID='SPLB01' OR ClassID='SPLB03')
WITH CHECK OPTION
```

② 单击 **执行(X)** 按钮，视图修改完成。

③ 在 SSMS 上单击 **新建查询(N)** 按钮，打开 SQL Query 标签页，在该标签页中输入如下 T-SQL 命令行。

```
INSERT INTO View_GoodsClass_price(GoodsID,ClassID,GoodsName, BarCode,
GoodsUnit, Price)
VALUES('G010004','SPLB01','美的干脆面','8920319788323','1',4.5)
INSERT INTO View_GoodsClass_price(GoodsID,ClassID,GoodsName, BarCode,
GoodsUnit, Price)
VALUES('G020005','SPLB02','美的牌香烟','8920319788324','12',215)
INSERT INTO View_GoodsClass_price(GoodsID,ClassID,GoodsName, BarCode,
GoodsUnit, Price)
VALUES('G030003','SPLB03','美的皮鞋','8920319788325','4',320)
```

④ 单击 **执行(X)** 按钮，第 1 条和第 3 条插入语句插入成功。第 2 条插入语句插入不成功，且给错误提示信息。如图 6.13 所示。

图 6.13　任务 1-12(2)插入语句执行结果

这是因为视图增加了子句"WITH CHECK OPTION"。

⑤ 再次修改视图，执行①中去掉子句"WITH CHECK OPTION"的语句。

⑥ 再次执行③中的第 2 条插入语句，插入语句语句执行成功。

(3) 通过视图 View_GoodsClass_price 向商品信息表(GoodsInfo)中插入一条记录，见表 6-3。

表 6-3　GoodsInfo 和 GoodsUnit 表中的一条记录数据

GoodsID	ClassID	GoodsName	BarCode	GoodsUnit	UnitName	Price
G010004	SPLB01	美的派	8920319788323	14	盒	4.5

操作步骤如下。

① 在 SSMS 上单击 **新建查询(N)** 按钮，打开 SQL Query 标签页，在该标签页中输入如下 T-SQL 命令行。

```
INSERT INTO View_GoodsClass_price(GoodsID,ClassID,GoodsName,BarCode,
GoodsUnit,UnitName,Price)
VALUES('G010004','SPLB01','美的派','8920319788323','14','盒',4.5)
```

② 单击 **执行(X)** 按钮，插入记录不成功，出现如图 6.14 所示的错误提示信息。这是因为在插入记录时，同时向两个基表插入数据。

图 6.14   任务 1-12(3)插入语句执行结果

特别提醒：

(1) 修改视图的 T-SQL 语句格式：

```
ALTER VIEW <视图名>[(<列名>[,<列名>],…)]
[WITH ENCRYPTION]
AS
<SELECT 语句>
[WITH CHECK OPTION]
```

(2) 通过视图向基本表中插入记录数据时，不能同时插入记录数据到两个基本表中。

(3) 即使向一个基本表中插入记录时也不一定能成功，因为一方面插入的记录中可能包含了两个表中的公共字段，另一方面基本表有些受约束的字段根本不在视图中，但也必须满足基本表的完整性约束。

(4) 经常会出现各种各样的错误，所以视图一般仅做查询使用。

2. 通过视图更新记录

【任务 1-13】通过视图 View_GoodsClass_price 对商品信息表(GoodsInfo)和计量单位表(GoodsUnit)作如下修改。

(1) 将"美的干脆面"的价格修改为 6.3，商品单位编号修改为"2"，条形码(BarCode)修改为"8920319788326"。

操作步骤如下。

① 在 SSMS 上单击 按钮，打开 SQL Query 标签页，在该标签页中输入如下 T-SQL 命令行。

```
UPDATE View_GoodsClass_price
SET Price=6.3, GoodsUnit='2',BarCode='8920319788326'
WHERE GoodsName='美的干脆面'
```

② 单击 **执行(X)** 按钮，修改商品信息表(GoodsInfo)成功。

③ 查看视图 View_GoodsClass_price 中商品名称为"美的干脆面"的信息，如图 6.15 所示。

图 6.15　任务 1-13(1)查询结果

(2) 将"美的干脆面"的拼音简码(ShortCode)修改为"MDGCM"。

操作步骤如下。

① 在 SSMS 上单击 新建查询(N) 按钮，打开 SQL Query 标签页，在该标签页中输入如下 T-SQL 命令行。

```
UPDATE View_GoodsClass_price
SET ShortCode='MDGCM'
WHERE GoodsName='美的干脆面'
```

② 单击 执行(X) 按钮，修改商品信息表(GoodsInfo)不成功，出现如图 6.16 所示的错误信息。

图 6.16　任务 1-13(2)通过视图修改基本表出现错误

(3) 将"美的干脆面"的价格修改为 6.3，商品单位名称修改为"盒"。

操作步骤如下。

① 在 SSMS 上单击 新建查询(N) 按钮，打开 SQL Query 标签页，在该标签页中输入如下 T-SQL 命令行。

```
UPDATE View_GoodsClass_price
SET Price=6.3,UnitName='盒'
WHERE GoodsName='美的干脆面'
```

② 单击 执行(X) 按钮，修改商品信息表(GoodsInfo)不成功，出现如图 6.17 所示的错误信息。

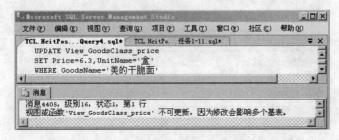

图 6.17　任务 1-13(3)通过视图修改基本表出现错误

特别提醒：

(1) 通过视图更新基本表记录数据时，不能更新视图中不存在的行、列的信息。

(2) 通过视图更新基本表记录数据时，不能同时更新两个基本表中的记录数据。

(3) 要想更新两个或两个以上基本表的记录数据，可分多步进行，本任务(3)可以分两步进行，实现的 T-SQL 命令行为：

```
UPDATE View_GoodsClass_price
SET Price=6.3
WHERE GoodsName='美的干脆面'
UPDATE View_GoodsClass_price
SET UnitName='盒'
WHERE  GoodsName='美的干脆面'
```

(4) 为保持数据库表中数据的前后的一致性，执行如下 T-SQL 命令行：

```
UPDATE View_GoodsClass_price
SET UnitName='袋'
WHERE  GoodsName='美的干脆面'
```

还原计量单位表"袋"的单位信息。

3. 通过视图删除记录

【任务 1-14】(1)通过任务 1-5 的视图 View_GoodsInfo_GoodsClass2，按照如下 T-SQL 语句删除商品信息表的一条记录。要求视图增加子句"WITH CHECK OPTION"。

操作步骤如下。

① 在 SSMS 上单击 新建查询(N) 按钮，打开 SQL Query 标签页，在该标签页中输入以下的任务中 T-SQL 语句。

```
DELETE FROM View_GoodsInfo_GoodsClass2
WHERE 商品编号='G010004'
DELETE FROM View_GoodsInfo_GoodsClass2
WHERE 商品编号='G020005'
DELETE FROM View_GoodsInfo_GoodsClass2
WHERE 商品编号='G030003'
```

② 单击 执行(X) 按钮，第 2 条删除语句执行不成功，第 1 条和第 3 条删除语句执行成功，执行结果如图 6.18 所示。

图 6.18 任务 1-14(1)中 T-SQL 语句执行结果

这是因为带有子句"WITH CHECK OPTION"要求验证该商品信息的商品类别号是"SPLB01"还是"SPLB03",而商品编号为"G020005"属于"SPLB02",当然无法删除。

(2) 通过视图 View_GoodsClass_price 按如下 T-SQL 语句删除商品信息表(GoodsInfo)中的 3 条新记录。

操作步骤如下。

① 在 SSMS 上单击 新建查询(N) 按钮,打开 SQL Query 标签页,在该标签页中输入如下 T-SQL 语句。

```
DELETE FROM View_GoodsClass_price
WHERE GoodsID='G010004'
DELETE FROM View_GoodsClass_price
WHERE GoodsID='G020005'
DELETE FROM View_GoodsClass_price
WHERE GoodsID='G030003'
```

② 单击 执行(X) 按钮,删除记录不成功,执行结果如图 6.19 所示。

图 6.19　任务 1-14(2)中 T-SQL 语句执行结果

特别提醒:

(1) 如果视图中仅含有一个基本表中的字段,则通过视图可以删除基本表中的记录数据。如本任务(1)。

(2) 如果视图中含有两个基本表中的字段,则通过视图删除基本表中的记录数据不能成功。如本任务(2)。

(3) 为保证数据库表信息的前后一致性,要求删除商品编号为"G020005"的商品信息,执行如下命令行:

```
DELETE FROM GoodsInfo
WHERE GoodsID='G020005'
```

课堂练习:

(1) 在进货明细表(PurchaseDetails)基础上,创建一个视图名为 View_PurchaseDetails _Sum 的视图,用于实现对每种商品进货数量的统计汇总。

(2) 在 HcitPos 数据库中,根据商品信息表(GoodsInfo)和商品类别表(GoodsClass)创建一个视图,视图名为 View_GoodsClass。视图包含的列为商品编号、商品类别名、商品名称、价格。

(3) 在 HcitPos 数据库中,根据商品信息表(GoodsInfo)创建一个只包含计量单位号为"2"

和"4"的视图,视图名为 View_GoodsUnit。视图包含的列为商品编号、、商品名称、计量单位号、价格和库存数量,列名为中文别名,并要求通过该视图进行的更新操作只涉及计量单位号为"2"和"4"的商品信息。

(4) 根据供应商表(SupplierInfo)、进货信息表(PurchaseInfo)、进货明细表(PurchaseDetails)、商品计量单位表(GoodsUnit)、商品类别表(GoodsClass)、商品信息表(GoodsInfo)创建一个视图,视图名为 View_PurchaseDetails,视图要求实现查询商品信息,包括进货单号、商品编号、商品类别号、商品类别名、商品名称、商品拼音简码、条形码、计量单位号、计量单位名称、进货数量、单价、进货金额(TotalMoney)、进货日期、供应商编号、供应商名称、进货人和进货类型号信息。

6.2 索　引

6.2.1　索引概述

如果从本书寻找"第 6 章　视图与索引"条目,怎么查找?首先,从书前的目录中寻找"第 6 章　视图与索引"条目,在查找"第 6 章　视图与索引"之后,参照它右面的页码,然后就能相当快地查找到所需要的描述。但是,假如本书中没有经过组织——没有索引、没有目录甚至没有页码,那么怎么查找"第 6 章　视图与索引"呢?那就只好一页一页地翻遍整本书,直至找到"第 6 章　视图与索引"为止,这是一个相当费时又费力的过程。SQL Server 中表的工作方式也大致如此。

在最初建立表并开始插入数据时,表中的任何内容都没有组织,表中的信息按先来先服务原则插入。当后来需要寻找特定记录时,SQL Server 必须从头至尾地查看表中每条记录来寻找所需要的记录。这称为表扫描,这使数据库服务器在速度上有明显降低。

如果把数据库表比作一本书,则表的索引就如书的目录一样,通过索引可以大大提高查询速度。

数据库中的索引与书籍中的索引类似。在数据库中,索引使数据库程序无需对整个表进行扫描,就可以在其中找到所需数据。书中目录是一个词语列表,其中注明了包含各个词的页码。而数据库中的索引是某个表中一列或若干列值的集合和相应的指向表中物理标识这些值的数据页的逻辑指针清单。当 SQL Server 进行数据查询时,查询优化器会自动计算现有的几种执行查询方案中,哪个方案的开销最小,速度最快,然后 SQL Server 就会按照该方案来查询。如果没有索引存在,就扫描整个表以搜索查询结果,如果有索引存在,因为索引是有序排列的,所以可以通过高效的有序查询查找算法(如折半查找等)找到索引项,再根据索引项中记录的物理地址,找到查询结果的存储位置。

例如,一个商品信息表(GoodsInfo)中和一个以商品编号建立的索引之间关系如图 6.20 所示。

索引就是数据库中一个表所包含的值的列表,其中注明了表中包含各个值的行所在的存储位置。

通过使用索引,可以大大提高数据库的检索速度,改善数据库性能,其具体表现在如下几方面。

(1) 通过创建唯一性索引,可以保证数据记录的唯一性。

(2) 可以大大加快数据检索速度。

(3) 可以加速表与表之间的连接，这一点在实现数据的参照完整性方面有特别的意义。

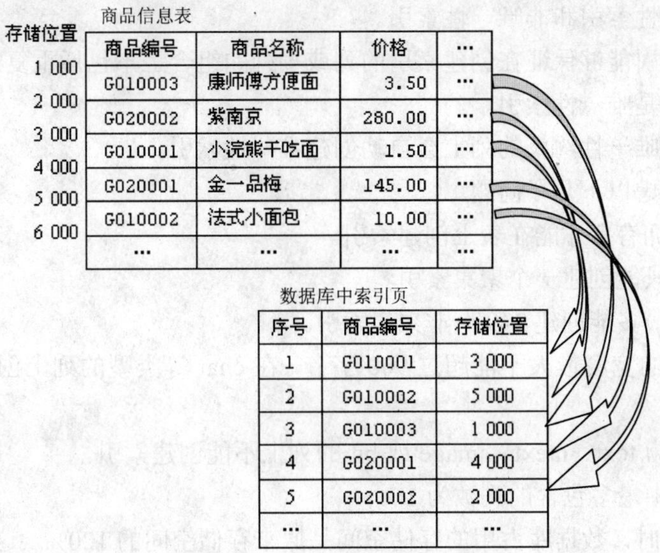

图 6.20　基本表中记录与索引对应关系

(4) 在使用 ORDER BY 和 GROUP BY 子句进行数据检索时，可以显著减少查询中分组和排序的时间。

(5) 使用索引可以在检索数据的过程中使用优化隐藏器，提高系统性能。

但是，索引带来的查找速度的提高也是有代价的，因为索引也要占用存储空间，而且为了维护索引的有效性，向表中插入数据或者更新数据时，数据库还要执行额外的操作来维护索引。所以，过多的索引不一定能提高数据库性能，必须科学地设计索引，才能带来数据库性能的提高。

6.2.2　索引的类型

SQL Server 2005 中提供了以下 3 种索引。

(1) 聚集索引。在聚集索引中，行的物理存储顺序与索引逻辑顺序完全相同，即索引顺序决定了表的行的存储顺序，因为行是经过排序的，所以每个表只能有一个聚集索引。

聚集索引有利于范围搜索，由于聚集索引的顺序与数据行存放的物理顺序相同，所以聚集索引最适合范围搜索，因此找到了一个范围内开始的行后可以很快地取出后面的行。

如果表中没有创建其他的聚集索引，则在表的主键上自动创建聚集索引。

(2) 非聚集索引。非聚集索引并不是在物理上排列数据，即索引中的逻辑顺序并不等同于表中行的物理顺序，索引仅仅记录指向表的行的位置的指针，这些指针本身是有序的，通过这些指针可以在表中快速定位数据。非聚集索引作为与表分离的对象存在，可以为表的每一个常用于查询的列定义非聚集索引。

非聚集索引的特点是它很适合那种直接匹配单个条件的查询，而不太适合于返回大量结果的查询。

为一个表建立的默认索引都是非聚集索引，在一列上设置唯一性约束时也自动在该列上创建非聚集索引。

(3) 唯一性索引。聚集索引和非聚集索引是按照索引的结构划分的。按照索引实现的功能还可以划分为唯一性索引和非唯一性索引。

一个唯一性索引能够保证在创建索引的列或多列的组合上不包括重复的数据,聚集索引和非聚集索引都可以是唯一性索引。

在创建主键和唯一性约束的列上会自动创建唯一性索引。

创建索引应考虑以下几个问题。

(1) 只有表的拥有者才能在表上创建索引。

(2) 每个表上只能创建一个聚集索引。

(3) 每个表上最多能创建 249 个非聚集索引。

(4) 一个索引的宽度最大不能超过 900 字节,在 char 等类型的列上创建索引应考虑这一限制。

(5) 数据类型为 text、ntext、image 或 bit 的列上不能创建索引。

(6) 一个索引中最多包含的列数为 16。

创建聚集索引时,数据库占用的存储空间是原来存储空间的 120%,这是因为在建立聚集索引时表的数据将被复制以便进行排序,排序完成后,再将旧的未加索引的表删除,所以数据库必须有足够的空间用来复制。创建唯一性索引时应保证创建索引的列不能有重复数据,并且没有两个或两个以上的空值,否则索引不能成功创建。

6.2.3 创建索引

【**任务2**】在 SQL Server 2005 中使用界面方式和 T-SQL 语句实现对索引的创建、查看和删除等操作。

SQL Server 2005 提供了 3 种创建索引的方法。

(1) 利用 SSMS 创建索引。

(2) 使用【表设计器】创建索引。

(3) 利用 T-SQL 语句中的 CREATE INDEX 命令创建索引。

另外,在 6.2.2 节中提到了在创建表的约束时自动创建索引。例如,使用 CREATE TABLE 或 ALTER TABLE 对列定义 PRIMARY KEY 或者 UNIQUE 约束时,SQL Server 2005 数据为引擎自动创建唯一性索引来强制 PRIMARY KEY 或者 UNIQUE 约束的唯一性要求。默认情况下,创建唯一性索引可以强制 PRIMARY KEY 约束,除非表中已存在聚集索引或指定唯一的聚集索引且表中不存在聚集索引。

1. 使用 SSMS 创建索引

【**任务 2-1**】在商品信息表(GoodsInfo)的条形码(BarCode)列上创建唯一性索引。

操作步骤如下。

(1) 在【对象资源管理器】中展开所要创建索引的表,选择【索引】文件夹,右击该文件夹,弹出快捷菜单,如图 6.21 所示。

图 6.21　创建索引

(2) 选择 新建索引(N)... 选项，出现【新建索引】对话框，如图 6.22 所示。

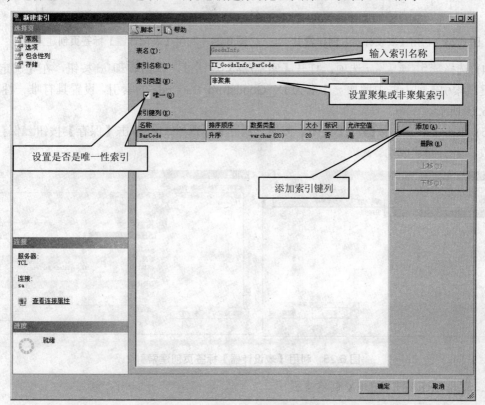

图 6.22　新建索引

(3) 在对话框中分别输入新建索引名称 IX_GoodsInfo_BarCode，是聚集索引还是非聚集索引，是否具有唯一要求，最后单击【确定】按钮，创建索引完成。

2. 使用【表设计器】创建索引

【任务 2-2】在商品信息表(GoodsInfo)的条形码(BarCode)列上创建唯一性索引。

操作步骤如下。

(1) 在【对象资源管理器】中选中所要创建索引的表，右击弹出快捷菜单，如图 6.23 所示。

(2) 选择 修改(Y) 选项，打开表设计器的【表-dbo.GoodsInfo】标签页。

(3) 用鼠标右键单击列名 Barcode，弹出快捷菜单，如图 6.24 所示。

图 6.23 利用【表设计器】创建索引　　　图 6.24 利用【表设计器】标签页创建索引 1

(4) 选择 索引/键(I)... 选项，打开【索引/键】对话框，单击 添加(A) 按钮，在【选定的主/唯一键或索引】列表框中增加一个名为 IX_GoodsInfo_BarCode 的索引，设置具有唯一性要求，如图 6.25 所示。

(5) 单击【确定】按钮、【关闭】按钮，返回 SSMS 窗口，单击【保存】按钮■保存对表的修改，索引创建成功。

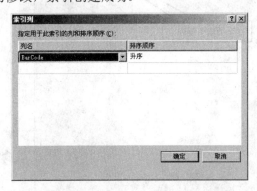

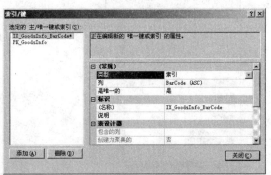

图 6.25 利用【表设计器】标签页创建索引 2

3. 使用 CREATE INDEX 创建索引

T-SQL 语句创建索引的语法为：

```
CREATE [UNIQUE][CLUSTERED|NONCLUSTERED] INDEX <索引名>
ON <表名> (列名 1 [ASC|DESC][,列名 2[ASC|DESC]]…)
[WITH DROP_EXISTING]
```

说明：(1) UNIQUE 指定唯一性索引，可选。

(2) CLUSTERED、NONCLUSTERED 指定是聚集索引还是非聚集索引，可选。

(3) ASC 表示升序，DESC 表示降序，默认为升序。

(4) WITH DROP_EXISTING 表示如果表中已经存在同名的索引则将其删除，重建索引。这个子句使用的前提是表中存在同名索引，如果不存在则不可有此子句。

【任务 2-3】在商品信息表(GoodsInfo)的列 BarCode 上创建唯一性非聚集索引。

操作步骤如下。

(1) 在 SSMS 上单击 🔲 新建查询(N) 按钮，打开 SQL Query 标签页，在该标签页中输入如下的 T-SQL 语句。

```
CREATE UNIQUE NONCLUSTERED  INDEX IX_UQ_NONCLUSTERED_BarCode
ON GoodsInfo(BarCode)
```

(2) 单击 🔲 执行(X) 按钮，创建索引成功，执行结果如图 6.26 所示。

🏃 **特别提醒：**

(1) SQL Server 可以按哪个索引进行数据查询，但一般不需要人工指定。SQL Server 将会根据所创建的索引，自动优化查询。

(2) 使用索引可以加快数据检索速度，但为每个字段都建立一个索引是没有必要的。因为索引自身也需要维护，并占用一定的资源，可以按照下列选择建立索引的列。

① 该列用于频繁搜索。

② 该列用于对数据进行排序。

请不要使用下面的列创建索引。

① 列中仅包含几个不同的值。

② 表中仅包含几行。为小型表创建索引可能不太划算，因为 SQL Server 在索引中搜索数据所花的时间比在表中逐行搜索所花的时间更长。

图 6.26　利用 CREATE INDEX 创建索引

6.2.4　查看、修改和删除索引

1. 利用 SSMS 查看、修改和删除索引

【任务 2-4】在商品信息表(GoodsInfo)的列 BarCode 上创建唯一性非聚集索引。

操作步骤如下：

(1) 要查看和修改索引的详细信息，可以在 SSMS 中展开指定的服务器和数据库项，并展开要查看的表，从选项中选择【索引】文件夹，则会出现表中已存在的索引列表。

双击(或右击)，弹出快捷菜单，选择【属性】选择某一索引名称，则出现【索引属性】对话框，出现如图 6.27 所示窗口。

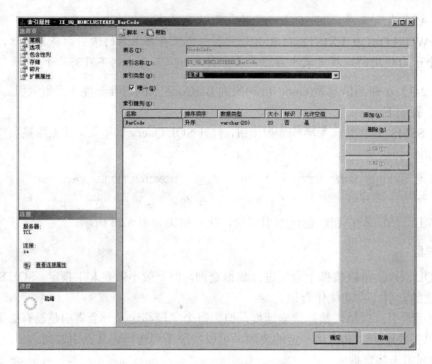

图 6.27 【索引属性】对话框

通过右键单击索引名称，选择【编写索引脚本】|CREATE 到|【新查询编辑器窗口】选项，则可以查看创建索引的 SQL 脚本语句，如图 6.28 所示，位于图右上部的 SQL 语句即为创建索引的 SQL 脚本。

通过【索引属性】对话框还可以添加、修改和删除现有的索引，操作方法和创建索引类似，这里不再赘述。

在 SSMS 中修改索引的名称，可直接右键单击索引名称，从弹出的快捷菜单中选择【重命名】选项即可。

要删除索引，可以在 SSMS 中，从图 6.28 所示的【对象资源管理器】中，右击要删除的索引，选择【删除】选项，即可删除索引。

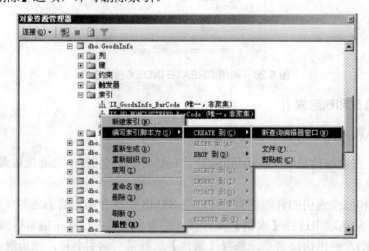

图 6.28 索引的 SQL 脚本对话框

2. 利用存储过程查看索引

存储过程查看索引的语法为：

```
sp_helpindex <表名>
```

【任务 2-5】使用存储过程 sp_helpindex 查看商品信息表(GoodsInfo)中的索引信息。
操作步骤如下。

(1) 在 SSMS 上单击 新建查询(N) 按钮，打开 SQL Query 标签页，在该标签页中输入下列
T-SQL 语句命令行。

```
sp_helpindex GoodsInfo
```

(2) 单击 执行(X) 按钮，执行结果如图 6.29 所示。

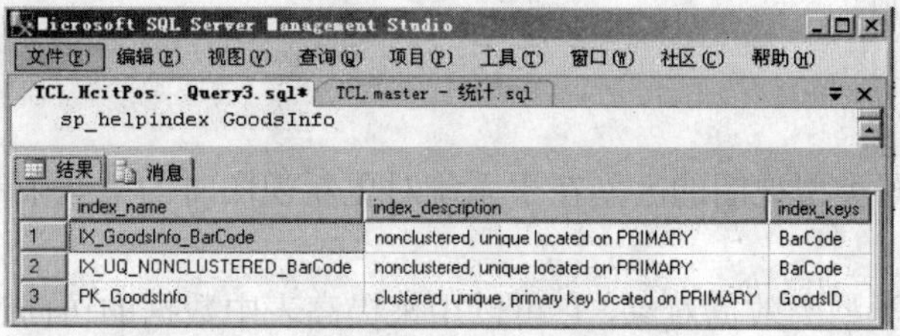

图 6.29　利用存储过程查看表中索引

3. 利用 T-SQL 语句删除索引

当不再需要某个索引时，可以将其删除，DROP INDEX 命令可以删除一个或者多个当前
数据库中的索引。其语法如下：

```
DROP INDEX <表名.索引名1>[, <表名2.索引名2>…]
```

【任务 2-6】删除商品信息表(GoodsInfo)中已有的索引：IX_UQ_NONCLUSTERED_BarCode
操作步骤如下。

(1) 在 SSMS 上单击 新建查询(N) 按钮，打开 SQL Query 标签页，在该标签页中输入下列
T-SQL 语句命令行。

```
DROP INDEX GoodsInfo.IX_UQ_NONCLUSTERED_BarCode
```

(2) 单击 执行(X) 按钮，索引即被删除。

特别提醒：

删除索引命令必须带表前缀。

例如："DROP INDEX　GoodsInfo.IX_UQ_NONCLUSTERED_BarCode"，不能书写为
"DROP INDEX IX_UQ_NONCLUSTERED_BarCode"。

课堂练习：

(1) 为供应表(SupplierInfo)中的供应商名称(SupplierName)创建一个唯一非聚簇索引 IX_
SupplierName。如果表中有同名的索引则将其删除，重建索引。使用系统存储过程 sp_helpindex<
表名> 查看供应表(SupplierInfo)上的索引信息。

(2) 删除(1)题所创建的索引。

本 章 小 结

本章介绍了视图与索引的知识。定义视图包括建立视图和删除视图。在 SQL Server 的 T-SQL 语句中，CREATE VIEW 命令用于建立视图，DROP VIEW 用于删除视图。

CREATE VIEW 命令中的子查询可以有多种形式，从而可以建立多种不同类型的视图。概括起来，常见的视图有以下类型。

(1) 行列子集视图。

(2) WITH CHECK OPTION 视图。

(3) 基于多个基表的视图。

(4) 基于视图的视图。

(5) 带表达式的视图。

(6) 分组视图。

对用户而言，不同类型视图的区别在于系统对更新视图时的某些限制上，除此之外，别无差别。

索引是一种特殊类型的数据对象，它可以用来提高表中数据的访问速度，而且还能够强制实施某些数据完整性。

SQL Server 中索引类型包括 3 种：唯一性索引、非聚集索引和聚集索引。其中唯一性索引要求所有数据行中任意两行中的被索引列不能存在重复值；聚集索引可以提高使用该索引的查询能力，在聚集索引中行物理存顺序与索引顺序完全相同，每个表只允许建立一个聚集索引；非聚集索引不改变行的物理存储顺序。

习 题

一、选择题

1. 下列( )功能是视图不可以实现的。

   A. 将用户限定在表中的特定行上

   B. 将用户限定在特定列上

   C. 将多个表中的列连接起来

   D. 将多个数据库的视图连接起来

2. 下列选项中通过视图修改数据不正确的说法是( )。

   A. 在一个 UPDATE 语句中修改的字段必须属于同一个基本表

   B. 一次就能修改多个视图基本表

   C. 视图中所有列的修改必须遵守视图基本表中所定义的各种数据完整性约束

   D. 可以对视图中的计算列进行修改

3. 关于视图的说法，错误的是( )。

   A. 可以使用视图集中数据、简化和定制不同用户对数据集的不同要求

   B. 视图可以使用户只关心他感兴趣的某些特定数据和他所负责的特定任务

   C. 视图可以让不同的用户以不同的方式看到不同或者相同的数据集

D. 视图不能用于连接多表

4. 下列(　　)不是索引的类型。

A. 唯一性索引　　　　B. 聚集索引　　　　C. 非聚集索引　　　　D. 区索引

5. 一张表中至多可以有(　　)个非聚集索引。

A. 1　　　　　　　　B. 249　　　　　　　C. 3　　　　　　　　D. 无限多

二、课外拓展

1. 在 HcitPos 数据库中，根据供应商表(SupplierInfo)创建能查询固定电话号码前 4 位为 "0517" 的供应商编号、供应商名称、联系地址、联系电话的视图，视图名为 View_SupplierInfo_Phone。

2. 在 HcitPos 数据库中，根据现有的进货明细表(PurchaseDetails)创建一个视图 View_PurchaseID_TotalMoney，其内容是每个进货单进货的金额。

3.在销售信息表(SalesInfo)、销售明细表(SalesDetails)、商品计量单位表(GoodsUnit)、商品类别表(GoodsClass)、商品信息表(GoodsInfo)和销售类型表(SalesType)中创建一个视图，名为 VIEW_SalesDetails，该视图实现查询商品信息，包括销售单号、商品编号、商品类别号、商品类别名、商品名称、商品拼音简码、条形码、计量单位名称、销售数量、单价、销售金额(TotalMoney)、销售日期、销售人和销售类别名("零售"、"团购"、"批发")。

4. 删除 1、2、3 题中创建的视图。

5. 为用户表(UsersInfo)中的用户名(UserName)创建一个唯一非聚簇索引 IX_UserName。如果表中有同名的索引则将其删除，重建索引。使用系统存储过程 sp_helpindex<表名> 查看用户表(UsersInfo)上的索引信息。

6. 删除 5 题所创建的索引。

第 **7** 章　T-SQL 编程、游标和事务操作

本章目标

- 理解 T-SQL 语言基础知识。
- 掌握 T-SQL 流程控制语句。
- 理解 T-SQL 系统函数。
- 理解游标基本知识，掌握游标基础操作。
- 理解事务基本知识，掌握事务基础操作。

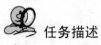

任务描述

本章主要任务描述见表 7-1。

表 7-1　本章任务描述

任务编号	子任务	任务描述
任务 1		使用 T-SQL 语言中的常量、变量、表达式、系统函数、批和注释
	任务 1-1	显示几种常见类型的常量
	任务 1-2 至 1-6	声明变量，并为它们赋值，并用 SELECT 语句显示结果
	任务 1-7 至 1-11	赋值运算操作
	任务 1-12 至 1-16	日期函数、字符串函数、类型转换函数的使用
任务 2		使用 T-SQL 语言中的流程控制语句的 BEGIN…END 块、WHILE、CASE 和 IF…ELSE
	任务 2-1 至 2-2	T-SQL 语言中 IF…ELSE 的使用
	任务 2-3 至 2-4	T-SQL 语言中 WHILE 的使用
	任务 2-5 至 2-6	T-SQL 语言中 CASE 的使用
任务 3	任务 3-1、3-2	游标的声明
	任务 3-3	游标的打开
	任务 3-4	使用游标读取数据
	任务 3-5	关闭与释放游标
	任务 3-6	游标的综合实例
任务 4		使用 SQL Server 2005 的事务知识，帮助实现数据的一致性和完整性操作
	任务 4-1	一个银行转账问题
	任务 4-2	利用事务处理银行转账问题
	任务 4-3	用事务实现商品信息表与销售明细表中销售业务，保证数据完整性

7.1　T-SQL 语言基础

【任务 1】使用 T-SQL 语言中的常量、变量、表达式、系统函数、批和注释。

7.1.1　T-SQL 语言概述

在前面章节中已经使用如下几个 SQL 语句。

(1) CREATE DATABASE 　　　　<数据库名>。

(2) DROP DATABASE 　　　　<数据库名>。

(3) CREATE TABLE 　　　　<表名>(…)。

(4) DROP TABLE 　　　　<表名>。

它们是 SQL 语句家族中的几个语句，为了实现对数据库表的查询，视图、索引等的建立等操作，也为了以后更深入地理解、掌握 SQL Server 数据库管理系统中的数据类型、系统函数、变量、控制语句，在此章节中来学习 T-SQL 语言。

1. 何为 SQL

SQL 是英文 Structured Query Language 的缩写，意为结构化查询语言。SQL 是一种介于关系代数与关系演算之间的语言，SQL 语句可以用来执行创建和删除数据库、数据表，创建索引，更新数据库中的数据，从数据库中提取数据等各种操作。其功能包括查询、操纵、定义和控制 4 个方面，是一种通用的功能极强的关系数据库标准语言。目前，SQL 语言已被确定为关系数据库系统的国际标准，被绝大多数商品化关系数据库系统采用。SQL 语言是一种非过程化的语言，在 SQL 语言中，指定要做什么而不是怎么做，不需要告诉 SQL 如何访问数据库，只要告诉 SQL 需要数据库做什么。也可以在设计或运行时对数据对象使用 SQL 语句。

SQL 语言是 1974 年提出的，由于它具有功能丰富、使用方式灵活、语言简洁易学等突出优点，在计算机工业界和计算机用户中备受欢迎。1986 年 10 月，美国国家标准局(ANSI)的数据库委员会批准了 SQL 作为关系数据库语言的美国标准。1987 年 6 月国际标准化组织(ISO)将其采纳为国际标准。这个标准称为"SQL86"。随着 SQL 标准化工作的不断进行，相继出现了"SQL89"、"SQL2"(1992)、"SQL3"(1993)。SQL 成为国际标准后，对数据库以外的领域也产生了很大影响，不少软件产品将 SQL 语言的数据查询功能与图形功能、软件工程工具、软件开发工具、人工智能程序结合起来。

2. T-SQL 与 SQL 区别

MS SQL Server 2005 中使用的 SQL 被称为 Transact-SQL，简称 T-SQL ，T-SQL 是 Microsoft 在标准 SQL 语言基础上创建的符合 SQL Server 特点的数据库访问语言，一直以来就是 SQL Server 的开发管理工具。SQL Server 2005 版本提供了很多增强功能，包括错误处理、递归查询、对 SQL Server 数据库引擎功能的支持等。虽然 SQL Server 客户端程序提供了很多图形化的管理工具和配置工具，但最终仍然是向服务器发送 Transact-SQL 命令，管理、配置界面只是收集了 Transact-SQL 命令参数的途径。

3. T-SQL 语言类型

T-SQL 包含了标准 SQL 的全部语句。虽然做了更多的扩充，但仍然有类似的分类。

1) 数据定义语言(Data Definition Language)

数据定义语言简称 DDL，用来创建、删除数据库和数据库对象。其中大部分命令以 CREATE、DROP 开头，例如：CREATE DATABASE、CREATE TABLE、CREATE VIEW、DROP DATABASE、DROP TABLE 等语句。

2) 数据操纵语言(Data Manipulation Language)

数据操纵语言简称 DML，是用来对数据库的数据进行查询、更新的命令，如 SELECT、INSERT、UPDATE 和 DELETE 等语句。

3) 数据控制语言(Data Control Language)

数据控制语言简称 DCL，是用来控制数据库组件存取许可、存取权限的命令，如 GRANT 和 REVOKE 等语句。

4) 流程控制语言(Flow Control Language)

流程控制语言简称 FCL，是用于设计应用程序的语句，如 IF、WHILE、CASE 等语句。

T-SQL 是用命令的方式管理数据库对象的语句。

7.1.2 T-SQL 中的常量、变量、批处理、注释和输出语句

1. 标识符

标识符是指用户在 SQL Server 中定义的服务器、数据库、数据库对象、变量和列等对象的名称。

在 SQL Server 中，标识符的命名规则如下。

(1) 名称不能超过 30 个字符。

(2) 起始字符必须是字母[a···z]或[A···Z]、下划线 "_"、"@"、或 "#"。

(3) 起始字符后面可以是字母、数字、"#"、"$" 或下划线 "_"。

(4) 名称中不能包括空格。

(5) 不能使用 SQL Server 的关键字。

(6) 在中文版的 SQL Server 中可以使用中文作为标识符。

标识符不仅可以代表变量的名称，也可以代表表名、视图名、函数名、触发器名和存储过程名等。

2. 常量

在程序的生命周期内，表示特定值的符号称为 "常量"。常量是指使用字符或数字表示出来的字符串、数值或日期等数据，表示一个特定的数据值的符号。

(1) 字符串常量。例如，'abcde'，'1234'，'数据类型'等。

(2) unicode 字符串。unicode 字符串的格式与普通的字符串相似，但需在字符串前面加一个 N 进行区别，N 前缀必须大写。例如，N'abcde'，N'1234'，N'数据类型'等。

(3) 二进制常量。二进制常量指使用 0x 作前缀的十六进制数字字符串。

例如，0x12345，0xABC 等。单独的 0x 视为一个空二进制常量。

(4) datetime 常量。例如，'2009-7-16'、'7/16/2009 15:00:00'等。

(5) 整型常量。整型常量是指不带小数点的整数，例如，1 234，+1 2345，−120。

(6) decimal 常量。decimal 常量是指带小数点的数，例如，1.234，+33.33，−100.33。

(7) float 和 real 常量。float 和 real 常量是指使用科学计数表示的数，例如，1.23E3，+0.123E−5，+5.73E14。

(8) 货币常量。货币常量是指以$开头的数字，例如，$12，$43 222.123。

【任务 1-1】显示几种常见类型的常量。字符串常量'abcdABCD'、精确值常量 123.45、近似值常量 12.345E+6、日期常量'2009-7-16'。

查询命令如下：

```
SELECT      'abcdABCD' 字符串常量,
            123.45 精确值常量,
            12.345E+6 近似值常量,
            CONVERT(datetime,'2009-7-16') 日期时间常量
```

查询的结果如图 7.1 所示。

特别提醒：

CONVERT(datetime,'2009-7-16')是把字符串'2009-7-16'转换成日期时间。

图 7.1   常见类型的常量正确显示

3. 局部变量

表示输入数据、输出结果和中间结果的符号称为"变量"。在程序运行过程中变量的取值可以随时变化，可以用赋值语句为其赋值，也可以在其他 T-SQL 语句中引用变量的值。

T-SQL 语句中定义了两种类型的变量，它们是局部变量和全局变量。

局部变量只在 T-SQL 批处理语句、触发器、存储过程中起作用。

局部变量在赋值或引用之前，首先要声明局部变量的数据类型，目的同其他高级语言一样，是按类型分配存储空间。

1) 局部变量的声明的语法

```
DECLARE @<局部变量名 1>  <类型及宽度>,@<局部变量名 2>  <类型及宽度>,…
```

特别提醒：

(1) 变量的命名不仅要遵守标识符命名规则，而且变量必须以"@"开头。

(2) 声明的变量名必须符合 SQL 标识符规定，变量之间用","号隔开，且","号必须是半角英文字符。

(3) @与<局部变量名>之间没有空格。

2) 局部变量的赋值

使用 SET 语句赋值。SET 语句赋值的语法为：

```
SET   @局部变量名=表达式
```

其中，表达式与局部变量的数据类型要相匹配。

【任务 1-2】声明两个变量，商品编号、商品名称，为它们赋值，并用 SELECT 语句显示结果。

T-SQL 命令如下。

```
DECLARE @GoodsID varchar(10),@GoodsName varchar(20)
SET @GoodsID='G050003'
SET @GoodsName='美的空调'
SELECT @GoodsID 商品编号,@GoodsName 商品名称
```

执行结果如图 7.2 所示。

图 7.2　SET 赋值语句的使用

特别提醒：

SET 语句给变量赋值，一次仅能给一个变量赋值。

【任务 1-3】下列语句声明一个 datetime 和一个 smalldatetime 类型变量@var1、@var2，然后用 SET 语句为它们赋值，并用 SELECT 语句显示两个变量的内容。

```
SET @var1='2009/8/16 4:20:25.100 PM'
SET @var2='2009/8/16 4:20:25 AM'
SELECT '@var1'=@var1,'@var2'=@var2
```

上面语句执行结果如图 7.3 所示。

图 7.3　SET 与 SELECT 语句对日期变量操作

特别提醒：

日期格式的使用：'2009-8-16'、'2009/8/16'、'8/16/2009'、'8-16-2009'等是正确的。但'2009-16-8'、'2009/16/8'、'16/7/2007'、'16-8-2009'、'2009 年 8 月 16 日'等是无法显示结果的。读者可自己上机验证。

使用 SELECT 语句赋值。使用 SELECT 语句为变量赋值的语法如下。

```
SELECT  @局部变量名 1=〈表达式 1〉,@局部变量名 2=〈表达式 2〉,…
[FROM <数据源>]
```

```
[WHERE  <查询条件>]
[ORDER BY 列名1 ASC|DESC,列名2 ASC|DESC,…]
```

使用说明：

(1) []为可选项，<数据源>为表名、表的连接、子查询结果等。

(2) <表达式>为表的列名、列的计算结果、子查询结果、赋值表达式之间用 "," 隔开。

(3) 使用 SELECT 语句还可以显示变量的内容。

【任务 1-4】声明两个变量，商品编号和进货单号，并为它们赋值，然后将它们应用到 SELECT 语句，从进货明细表(PurchaseDetails)中查询指定进货批次商品的进货价格和数量。

操作的 T-SQL 命令行为：

```
USE HcitPos
DECLARE @GoodsID varchar(10),@PurchaseID varchar(50)
DECLARE @UnitPrice money,@PurchaseCount int
SELECT @GoodsID='G050002'
SELECT @PurchaseID='P0003'
SELECT @PurchaseID=PurchaseID,@GoodsID=GoodsID,@UnitPrice=UnitPrice,
@PurchaseCount=PurchaseCount
FROM PurchaseDetails
WHERE PurchaseID=@PurchaseID AND GoodsID=@GoodsID
SELECT @PurchaseID 进货单号,@GOodsID 商品编号,@UnitPrice 价格,
@PurchaseCount 数量
```

命令行执行结果如图 7.4 所示。

图 7.4　SELECT 赋值语句的使用

特别提醒：

语句片断 "SELECT @PurchaseID=PurchaseID,@GoodsID=GoodsID, @UnitPrice=UnitPrice, @PurchaseCount=PurchaseCount"，不能书写成 "SELECT @PurchaseID, @GoodsID, @UnitPrice=UnitPrice,@PurchaseCount=PurchaseCount"，否则出现错误信息，如图 7.5 所示。这是因为数据库表中没有 "@PurchaseID" 和 "@GoodsID" 两列。

利用局部变量还可以保存程序执行过程中的中间结果，保存由存储过程返回的数据值等。这将在以后的章节中讲解。

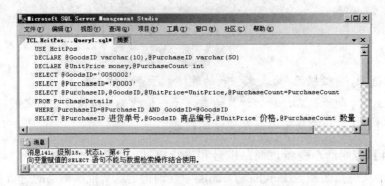

图 7.5 SELECT 赋值语句错误使用

4. 全局变量

在整个 SQL Server 实例范围内、特定会话期间(从数据库实例连接到断开的期间)内起作用的变量称为"全局变量"，全局变量的名称前缀为"@@"。

全局变量在整个 SQL Server 系统内使用。存储的通常是一些 SQL Server 的配置设定值和统计数据。在使用全局变量时应该注意以下几点。

(1) 全局变量是在服务器级定义的。

(2) 用户只能使用预先定义的全局变量。

(3) 引用全局变量时，必须以标记符"@"开头。

(4) 全局变量对用户来说是只读的。

(5) 局部变量的名称不能与全局变量的名称相同。

常用的全局变量及其含义见表 7-2。

表 7-2 常用全局变量

全局变量	说明
@@ERROR	前一个 T-SQL 语句报告的错误编号
@@FETCH_STATUS	游标中上一条 FETCH 语句的状态
@@IDENTITY	上一次 INSERT 操作中使用的 IDENTITY 的值
@@ROWCOUNT	前一个 T-SQL 语句处理的行数
@@TRANCOUNT	返回当前连接中，处于活动状态的事务的数目
@@VERSION	返回当前服务器的安装日期、版本及处理器的类型
@@CONNECTION	记录最近一次服务器启动以来，针对服务器进行的连接数目
@@CURSOR_ROWS	返回在本次服务器连接中，打开游标取出的数据行的数目
@@SID	当前进程的 ID

关于其他全局变量的说明，读者可参考"SQL Server 联机丛书"中以"@@"开头的项。

【任务 1-5】在供应商表(SupplierInfo)中，给定供应商编号为"GYS0001"，根据供应商编号，更新其电子信箱为"http://126.com"，测试@@ERROR 和@@ROWCOUNT 两个全局变量的内容。

操作的 T-SQL 命令行为：

```
USE HcitPos
UPDATE SupplierInfo
SET EMail='HTTP://126.COM'
WHERE SupplierID='GYS0001'
```

```
PRINT '@@ERROR='+CONVERT(char,@@ERROR)+'@@ROWCOUNT='+
CONVERT(char,@@ROWCOUNT)
```

命令行执行结果如图 7.6 所示。

图 7.6 两个全局变量使用

特别提醒:

此处使用了 PRINT 语句,此语句将在后面介绍。

5. 批处理、注释和输出语句

1) 批处理

定义 :批是从客户机传递给服务器的一组完整的数据和 SQL 指令集合。SQL Server 将批作为一个整体来进行分析、编译和执行,这样可以节省系统开销。但如果一个批处理中存在一个语法错误,那么所有的语句都将无法通过编译。

在书写 SQL 语句的时候,可以用 GO 命令标志一个批的结束。GO 本身并不是 T-SQL 语句的组成部分,当编译器读到 GO 时,它就会把 GO 前面的语句当做是一个批处理,而打包成一个数据包发给服务器。

批有如下的限制。

(1) 某些特殊的 SQL 命令不能和其他语句共同存在一个批中,如 CREATE DEFAULT(或 RULE 或 PROC 或 TRIGGER 或 VIEW)。

(2) 不能在一个批中修改表的结构(如添加新列),然后在同一个批中引用刚修改的表的结构。

(3) 在一个批中如果包括多个存储过程,那么在执行第一个存储过程时 EXEC 不能省略。

【任务 1-6】执行下列 T-SQL 语句,任意去掉其中的 GO,查看执行结果情况。

```
USE HcitPos
CREATE VIEW View_GoodsInfo_ClassID
AS
SELECT * FROM GoodsInfo                              --使用了查询语句
WHERE ClassID IN (SELECT ClassID FROM GoodsClass
WHERE ClassName='家用电器')
GO
SELECT * FROM View_GoodsInfo_ClassID
```

去掉第一个 GO,上述 T-SQL 语句执行结果如图 7.7 所示。

图 7.7　GO 的作用

上面共 3 个批，用两个 GO 分开，两个 GO 缺一不可。

2) 注释

和其他高级语言一样，SQL Server 2005 中也有程序注释语句，注释是程序中不被执行的语句，不参与程序的编译和执行。它主要用来说明代码的含义，增强程序的可读性。另外，在调试程序的时候利用注释还可以进行分段按步调试，这给用户编程带来诸多方便。

SQL Server 支持两种形式的注释语句。

(1) --(两个减号)：用于注释单行。

(2) /*……*/：用于注释多行。注释多行时不能跨批。

注释语句在前面的例子中已多次使用，在此不再举例了。

3) 输出语句

在 SQL Server 的 SQL 命令中，可以使用 PRINT 和 SELECT 命令来显示表达式的结果。PRINT 命令可直接显示表达式结果，SELECT 命令可将表达式结果作为查询结果集的字段值来显示。

这两个命令也不再重复举例，读者从前面的例子中即可理解。

7.1.3　T-SQL 中的运算符及优先级

T-SQL 的运算可以分为算术运算符、赋值运算符、位运算符、比较运算符、逻辑运算符、字符连接运算符和一元运算符。

1. 算术运算符

算术运算符包括加(+)、减(-)、乘(*)、除(/)和求余数(%)。

【任务 1-7】执行如下 SELECT 语句，观察算术运算符的使用。

```
SELECT 2+3 '2+3',2-3 '2-3',2*3 '2*3',2/3 '2/3',5%3 '5%3'
```

执行结果如图 7.8 所示。

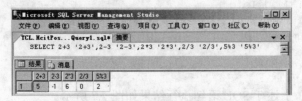

图 7.8　算术运算符的使用

2. 赋值运算符 (=)

【任务 1-8】执行如下 SELECT 语句，观察赋值运算符的使用。

```
declare @abc int,@xyz char(10)
set @abc=123
set @xyz='T-SQL 语句'
select @abc,@xyz
```

执行结果如图 7.9 所示。

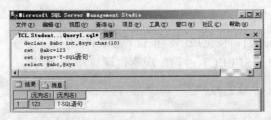

图 7.9　赋值运算符的使用

3. 字符串连接运算符 (+)

字符串连接运算符是指使用加号(+)将两个字符串连接成一个字符串，加号作为字符串连接符。

【任务 1-9】执行如下 T-SQL 语句，观察字符串连接运算符的运用。

```
declare @abc varchar(5),@xyz char(10)
set  @abc='123'
set  @xyz='T-SQL 语句'
select @abc+@xyz 字符串连接
```

执行结果如图 7.10 所示。

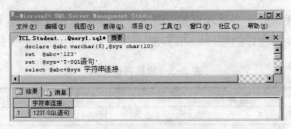

图 7.10　字符串连接操作 1

特别提醒：

"DECLARE @abc varchar(5),@xyz char(10)"语句改为："DECLARE @abc char(5),@xyz char(10)"后结果如图 7.11 所示，比较@abc 变量在两个例子中的变量类型。

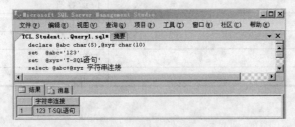

图 7.11　字符串连接操作 2

4. 比较运算符

比较运算符包括：等于(=)、大于(>)、大于等于(>=)、小于(<)、小于等于(<=)、不等于(<>
或!=)、不小于(!<)、不大于(!>)。

5. 逻辑运算符

逻辑运算符包括：与(AND)、或(OR)和非(NOT)等运算符。

比较和逻辑运算均返回布尔值，值为 True 或 False。

6. 位运算符

位运算符包括按位与(&)、按位或(|)、按位异或(^)和求反(~)。

【任务 1-10】执行如下 SELECT 语句，观察位运算符的运用。

```
select 9&3 '9&3',9|3 '9|3',9^3 '9^3',~9 '~9'
```

结果如图 7.12 所示。

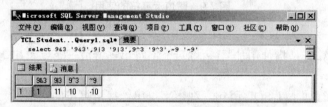

图 7.12　位运算符使用

位运算符用来对整型数据或者二进制数据(image 数据类型除外)执行位操作。并且，两个
操作数不能同时为二进制数据。

7. 运算符优先级

在同一表达式中可能包含多种运算符，而运算符是有优先级的。运算符的优先级决定了表
达式中的各个运算符参加运算的顺序。在 T-SQL 中，运算符的优先级从高到低见表 7-3。

表 7-3　运算符优先级

级别	运算符	说明
1	()	括号
2	~	位非
3	+ -	正负
4	* / %	乘、除、求余
5	+ + -	加、字符串连接、减
6	= > < >= <= <> != !> !<	比较运算符
7	^ &		位运算符
8	NOT	逻辑非
9	AND	逻辑与
10	OR	逻辑或
11	=	赋值

7.1.4　T-SQL 常用函数的使用

1. 数学函数

数学函数用于对数字表达式进行数学运算并返回运算结果。常用的 SQL Server 数学函数见表 7-4。

表 7-4　SQL Server 数学函数

数学函数	功能
ABS(x)	绝对值函数
ASIN(x) 、ACOS(x)、 ATAN(x)	反正弦、反余弦、反正切
SIN(x) 、COS(x)、TAN(x)、COT(x)	正弦、余弦、正切、余切
CEILING(x)	求大于或等于 x 的最小整数
EXP(x)	以 e 为底的指数函数，e=2.718 28
FLOOR(x)	求小于或等于 x 的最大整数
LOG(x)	自然对数
LOG10(x)	以 10 为底的对数
POWER(x)	幂函数
PI(x)	常量，3.141 592 653 589 793
RAND(x)	返回大于 0，小于 1 的一个随机数
ROUND(x,n[,f])	按精度对 x 四舍五入，n 为精度，f 为截断位数
SIGN(x)	符号函数
SQRT(x)	平方根函数

【任务 1-11】执行如下 T-SQL 语句，观察其结果。

```
SELECT ROUND(534.56,1), ROUND(534.56,0), ROUND(534.56,-1),
ROUND(534.56,-2)
SELECT ROUND(534.5645,3),ROUND(534.5645,3,1),ROUND(534.5645,3,3)
DECLARE @abc bigint,@xyz bigint
SET @abc=ROUND(534.56,-3)
SET @xyz=ROUND(534.56,-4)
SELECT @abc, @xyz
```

执行结果如图 7.13 所示。

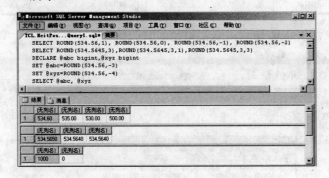

图 7.13　数学函数 ROUND(x)使用

特别提醒：

(1) 如果其最后 3 条语句修改为“SELECT ROUND(534.56,-3), ROUND(534.56,-4)”，则

显示错误提示信息"在执行批处理时出现错误。错误消息为：算术溢出。"。

(2) "SELECT ROUND(534.564 5,3,1)"表示小数位有效数字位数为 3，截断 1 位，即从小数第 4 位截断，不管此位上的值是大于 5 还是小于 5。

2. 日期和时间函数

日期和时间函数用于对日期和时间数据进行各种不同的处理和运算，并返回一个字符串、数字值或日期和时间值。常用的 SQL Server 日期和时间函数见表 7-5 和表 7-6。

表 7-5　SQL Server 日期和时间函数

函数	功能
DATEADD(DATEPART,number,date)	以 DATEPART 指定的方式，返回 date 与 number 之和
DATEDIFF(DATEPART,date1,date2)	以 DATEPART 指定的方式，返回 date2 与 date1 之差
DATENAME(DATEPART,date)	返回日期 date 中 DATEPART 指定部分所对应的字符串
DATEPART (DATEPART,date)	返回日期 date 中 DATEPART 指定部分所对应的整数值
DAY(date)	返回指定日期的天数
GETDATE()	返回当前的日期与时间
MONTH(date)	返回指定日期的月份数
YEAR(date)	返回指定日期的年份

表 7-6　日期类型的名称及其可操作值

日期类型	缩写	允许的取值
YEAR	yy	1 753～9 999
QUARTER	qq	1～4
MONTH	mm	1～12
DAY OF YEAR	dy	1～366
DAY	dd	1～31
WEEK	wk	0～51
WEEKDAY	dw	1～7(星期天的值为 1)
HOUR	hh	0～23
MINUTER	mi	0～59
SECOND	ss	0～59
MILLISECOND	ms	0～999

【任务 1-12】执行 T-SQL 语句，观察日期函数的使用。

```
SELECT GETDATE() 当前日期,DATEPART(yy,GETDATE()) 年,
DATENAME(mm,GETDATE() )月,DATEPART(dd,GETDATE()) 日,
DATEPART(wk,GETDATE() ) 全年第多少周,DATEPART(dw,GETDATE()) 星期几
```

执行结果如图 7.14 所示。

图 7.14　日期函数的使用

3. 聚合函数

聚合函数用于对一组值进行计算并返回一个单一的值。除 COUNT(*)函数之外，聚合函数忽略空值。聚合函数经常与 SELECT 语句的 GROUP BY 子句一同使用。仅在下列项中聚合函数允许作为表达式使用：SELECT 语句的选择列表(子查询或外部查询)、COMPUTE 或 COMPUTE BY 子句、HAVING 子句。

常用的聚合函数及其功能见表 7-7。

表 7-7　SQL Server 常用聚合函数

函数	功能
AVG()	返回数据表达式的平均值
COUNT()	返回在某个表达式中数据值的数量
COUNT(*)	返回所选择行的数量
MAX()	返回表达式中的最大值
MIN()	返回表达式中的最小值
SUM()	返回表达式中的所有值的和
*STDEV()	返回总体标准差

注：*仅作了解。

4. 字符串函数

字符串函数可以对二进制数据、字符串和表达式执行不同的运算，大多数字符串函数只能用于 char 和 varchar 数据类型，通常能明确转换成 char 和 varchar 的数据类型，少数几个字符串函数也可用于 binary 和 barbinary 数据类型。此外，某些字符串函数还能够处理 text、ntext、image 数据类型的数据。常用的字符串函数见表 7-8。

表 7-8　常用字符串函数

函数	功能
+	连接两个或者多个字符串
ASCII(char_expr)	第一个字符的 ASCII 值
CHAR(int_expr)	相同 ASCII 代码值的字符
CHARINDEX(expr1,expr2[,start])	在 expr2 中从 start 位置开始查找 expr1 第一次出现的位置
LTRIM(expr)	去字符串左边空格
LOWER(expr)	将字符串大写字母转换成小写字母
REPLACE(expr1,expr2,expr3)	将 expr1 中所有子串 expr2 替换成 expr3
LEN(expr)	测字符串长度，返回字符串长度
LEFT(expr,n)	返回从左边开始 n 个字符组成的字符串，$n=0$，返回空串
RIGHT(expr,n)	返回从右边开始 n 个字符组成的字符串，$n=0$，返回空串
SPACE(n)	返回包括 n 个空格的字符串
SUBSTRING(expr,start,Length)	取子串
STR(expr,Length[,decimal])	将数字数据转换为字符数据
UPPER(expr)	将字符串中小写字母转换成大写字母
REVERSE(expr)	按相反顺序返回字符串
RTRIM(expr)	去字符串右边空格

【任务 1-13】执行下列 T-SQL 语句，观察字符串函数的使用。

```
SELECT CHARINDEX('cde','abcdefg',2) 子串位置,LEFT('abcdefg',3) 取左子串,
   RIGHT('abcdefg',3) 取右子串,SUBSTRING('abcdefg',3,4)取子串,
```

```
LEN('abcdefg')   串长,UPPER('abcdefg') 小写转大写
SELECT LTRIM(' abcdefg ') 去左空格,RTRIM(' abcdefg ') 去右空格,
REPLACE('abcdefg';'abc','ABCD') 替换子串,STR(123.456,8,2)  数字转字符串,
CONVERT(float,'123.456') 字符串转数字
```

结果如图 7.15 所示。

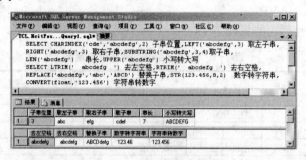

图 7.15　字符串函数使用

5. 转换函数

一般情况下，SQL Server 会自动处理某些数据类型的转换。例如，如果比较 char 和 datetime 表达式、smallint 和 int 表达式，或不同长度的 char 表达式，SQL Server 可以将它们自动转换，这种转换被称为隐式转换。但是，无法由 SQL Server 自动转换的或是 SQL Server 自动转换的结果不符合预期结果的，就需要使用输入函数强制转换。转换函数有两个：CONVERT()和 CAST()，见表 7-9。

表 7-9　SQL Server 转换函数

函数	功能
CONVERT(data_type[(Length)],expression[,style])	把表达式 expression 的数据类型转换成 data_type 类型，style 为日期格式样式，其参数值见表 7-10
CAST(expression as data_type)	把表达 expression 的数据类型转换成 data_type 类型，但格式转换没有 CONVERT()灵活

其中，style 选项能以不同的格式显示日期和时间。如果将 datetime 或者 smalldatetime 转换为字符数据，style 用于给出转换后的字符格式，日期样式 style 的取值如表 7-10。

表 7-10　style 参数取值表

不带世纪	带世纪	标准	输出格式
—	0 或 100	默认值	mon dd yyyy hh:miAM(或 PM)
1	101	美国	mm/dd/yyyy
2	102	ANSI	yy.mm.dd
3	103	英国/法国	dd/mm/yy
4	104	德国	dd.mm.yy
5	105	意大利	dd-mm-yy
6	106	—	dd mon yy
7	107	—	mon dd,yy
8	108	—	hh:mi:ss
—	9 或者 109	默认值+毫秒	mon dd yyyy hh:mi:msAM 或 PM
10	110	美国	mm-dd-yy
11	111	日本	yy/mm/dd

续表

不带世纪	带世纪	标准	输出格式
12	112	ISO	yymmdd
—	13 或 113	欧洲+毫秒	dd mm yyyy hh:mi:ss:ms(24h)
14	114	—	hh:mi:ss:ms(24h)
—	120	—	yyyy-mm-dd hh:mi:ss:ms(24h)

【任务 1-14】执行下列 T-SQL 语句，观察字符串转换函数的使用。

```
DECLARE @myval decimal(5,2)
SET @myval=193.57
SELECT CAST(CAST(@myval as varbinary(20)) as decimal(10,5))
CAST 转换成十进制数,
CONVERT(decimal(10,5), CONVERT(varbinary(20), @myval))
CONVERT 转换成十进制数
SELECT CONVERT(char,GETDATE()) 默认转换, CONVERT(char,GETDATE(),1) '1',
CONVERT(char,GETDATE(),2) '2', CONVERT(char,GETDATE(),3) '3',
CONVERT(char,GETDATE(),4) '4', CONVERT(char,GETDATE(),5) '5',
CONVERT(char,GETDATE(),6) '6'
SELECT  CONVERT(char,GETDATE(),7) '7', CONVERT(char,GETDATE(),8) '8',
CONVERT(char,GETDATE(),9) '9', CONVERT(char,GETDATE(),100) '100',
CONVERT(char,GETDATE(),101) '101'
SELECT CONVERT(char,GETDATE(),120) '120'
```

执行结果如图 7.16 所示。

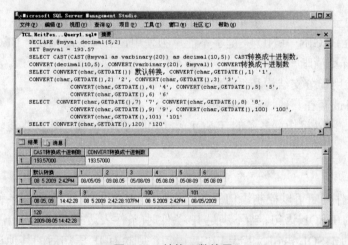

图 7.16　转换函数使用

7.2　T-SQL 高级编程

【任务 2】使用 T-SQL 语言中的流程控制语句的 BEGIN…END 块、WHILE、CASE 和 IF…ELSE。

7.1 节介绍了 T-SQL 语言的基础知识。在没有学习数据库表的操作、查询和视图之前还很难编写出带有流程控制语句的复杂的 T-SQL 语言程序。虽然也已学习了数据库数据完整性，但这仍然还不够，大家还不能使用 T-SQL 语言的基础知识实现对数据库的复杂操作。

在 SQL Server 的应用程序开发中，有两种访问数据库服务器的方法：一种是使用应用程序编程接口(API)，另一种是使用数据库语言。前一种方法是定义如何编写连接并传送命令到数据库的应用程序代码，常用的 API 包括 ADO、OLE DB、ODBC、JDBC 等，通过应用程序开发工具编写数据库应用系统；后一种方法是在 SQL Server 中使用 T-SQL 语言。许多应用程序，都是一方面在客户端进行应用程序开发，另一方面在数据库服务器端进行完整性设计，为了确保数据库数据完整性，要使用 T-SQL 语言编写复杂的触发器、存储过程、自定义函数、游标和事务等数据库语言程序。

本节主要内容是介绍 T-SQL 语言中的流程控制语句、自定义函数和游标知识，其他如存储过程、触发器等则在后面的章节中单独讲解。

7.1 节介绍的常量、变量、运算符和表达式是程序的组成元素，本节介绍控制程序执行顺序的流程控制语句。用户可灵活地使用这些语句编写出满足需求的程序。

1. BEGIN…END 块语句

将两条或两条以上的 T-SQL 语句组合成一个整体称为块语句，相当于 C 语言中的{...}，块语句的语法结构为：

```
BEGIN                           --起始标志
<T-SQL 命令或程序块>            --两条或两条以上的 T-SQL 命令或其他块语句
END                             --结束标志
```

使用说明：

(1) 块语句中至少要包含一条 T-SQL 语句。

(2) 块语句的 BEGIN…END 关键字不能单独使用，必须成对出现，BEGIN 和 END 最好单独占一行，这样更清晰。

(3) 块语句常用于分支结构和循环结构中。

(4) 块语句可嵌套在其他块语句中。

从理论上讲，可以将任意多条的 T-SQL 语句组合为块语句，建议将逻辑上有关联的语句组合为块语句。

2. IF…ELSE 语句

IF…ELSE 条件判断可以控制语句的条件执行，当 IF 后的条件成立(即条件表达式返回 True)时，就执行其后的 T-SQL 语句。当不满足 IF 条件时(条件表达式返回 False)，若有 ELSE 语句，就执行 ELSE 后的 T-SQL 语句，若无 ELSE 语句，则执行 IF 语句后的其他语句。

IF…ELSE 语句的语法结构为：

```
IF  <条件表达式>                --IF 关键字和判断条件
    <T-SQL 命令行或块语句 1>     --条件表达式为 True 时执行的 T-SQL 语句
 [ELSE                          --可选项
   <T-SQL 命令行或块语句 2> ]    --条件表达式为 False 时执行的 T-SQL 语句
```

使用说明：

(1) <条件表达式> 的运算结果只能是 True 或 False 两种。

(2) ELSE 部分是可选项，如果只针对<条件表达式>为 True 的一种结果执行块语句，不必书写 ELSE 部分。

(3) IF…ELSE 语句允许嵌套执行，最多可嵌套 150 层。

【任务 2-1】查询商品信息表(GoodsInfo)，若其中存在商品编号为"G050002"的商品信息，就显示"已经存在商品编号为 G050002 的商品信息"，若无则插入该商品信息的记录。商品编号为"G050002"的信息见表 7-11。

表 7-11　GoodsInfo 表中的一条记录数据

GoodsID	ClassID	GoodsName	BarCode	GoodsUnit	Price
G050002	SPLB05	格兰士微波炉	8920319788325	3	450.0

步骤如下。

(1) 在 SSMS 上单击 新建查询(N) 按钮，打开 SQL Query 标签页，在该标签页中输入如下 T-SQL 命令行：

```
IF EXISTS (SELECT GoodsID FROM GoodsInfo WHERE GoodsID='G050002')
    PRINT '已经存在商品编号为 G050002 的商品信息'
ELSE
    INSERT INTO GoodsInfo(GoodsID,ClassID,GoodsName, BarCode,GoodsUnit,
    Price)
    VALUES('G050002','SPLB05','格兰士微波炉','8920319788325','3',450.0)
```

(2) 单击 执行(X) 按钮，T-SQL 命令行执行完成，执行结果如图 7.17 所示。

图 7.17　IF…ELSE 语句的使用

特别提醒：

(1) 和其他程序设计语言一样，在默认情况下 IF 和 ELSE 只能对后面的一条语句起作用，如果 IF 或 ELSE 后面执行的语句多于一条，就要用 BEGIN…END 语句将它们括起来组成一个语句块。

(2) 本例使用了 7.1 节的输出语句 PRINT。

(3) 本例使用了 IF EXISTS/IF NOT EXISTS 语句，以后不再单独讲解该语句。

【任务 2-2】查询商品信息表(GoodsInfo)，若其中存在商品编号为"G050002"的商品，就显示该商品信息，否则插入此商品信息。该商品信息见表 7-11。

操作步骤如下。

(1) 在 SSMS 上单击 新建查询(N) 按钮，打开 SQL Query 标签页，在该标签页中输入如下 T-SQL 命令行。

```
IF EXISTS (SELECT GoodsID FROM GoodsInfo WHERE GoodsID='G050002')
    BEGIN
        PRINT '已经存在商品编号为 G050002 的商品信息'
        SELECT * FROM GoodsInfo WHERE GoodsID='G050002'
```

```
          END
    ELSE
      INSERT  INTO  GoodsInfo(GoodsID,ClassID,GoodsName,  BarCode,GoodsUnit,
Price)
        VALUES('G050002','SPLB05','格兰士微波炉','8920319788325','3',450.0)
```

（2）单击 执行(X) 按钮，T-SQL 命令行执行完成，执行结果如图 7.18 所示。

图 7.18　BEGIN...END 块语句的使用

🦊 **特别提醒：**

（1）BEGIN…END 语句将多条 T-SQL 语句括起来组成一个语句块。

（2）程序代码书写要按 T-SQL 语言的缩进格式要求，这样程序可读性强，层次清晰。

（3）本例中看到的显示结果是以网络二合一方式显示的，为了把输入的网格数据和文本消息显示在同一个窗口中，只需要单击【SQL 编辑器】上的 按钮即可。

3. WHILE 循环语句

WHILE 循环语句可以根据某些条件重复执行一条 SQL 语句或一个语句块。通过使用 WHILE 关键字，可以确保只要指定的条件为 True，就会重复执行语句，可以在 WHILE 循环中使用 CONTINUE 和 BREAK 关键字来控制语句的执行。

WHILE 循环语句的语法结构为：

```
  WHILE <条件表达式>
          T-SQL 语句块
```

与 IF…ELSE 语句一样，WHILE 语句只能执行一条 T-SQL 语句，如果希望包含多条语句，就应该使用 BEGIN…END 块语句。

在 WHILE 循环语句中使用 CONTINUE、BREAK 和 BEGIN…END 的语法结构为：

```
  WHILE <条件表达式>              --条件表达式为 True 的执行循环体
    BEGIN                        --循环体开始
        <T-SQL 命令行或块语句>     --条件表达式为 True 时执行的 T-SQL 语句
        BREAK                    --结束循环(可选项)
        CONTINUE                 --结束本次循环继续执行下一次循环(可选项)
        <T-SQL 命令行或块语句>     --条件表达式为 True 时执行的 T-SQL 语句
    END                          --循环体结束
```

【任务 2-3】使用 WHILE 语句求 1~100 的累加和并输出。

操作步骤如下。

（1）在 SSMS 上单击 新建查询(N) 按钮，打开 SQL Query 标签页，在该标签页中输入如下

T-SQL 命令行。

```
DECLARE @sum int,@i int
SET @i=1
SET @sum=0
WHILE @i<=100
    BEGIN
    SET @sum=@sum+@i
    SET @i=@i+1
    END
PRINT '1～100 总和为='+CONVERT(char(6),@sum)
```

(2) 单击　执行(X)　按钮，T-SQL 命令行执行完成，执行结果如图 7.19 所示。

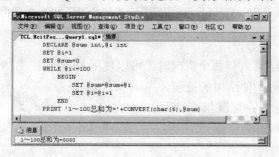

图 7.19　WHILE 语句的使用

【任务 2-4】利用 BREAK 和 CONTINUE 语句求 1～100 之间小于 50 的奇数之和。

操作步骤如下。

(1) 在 SSMS 上单击　新建查询(N)　按钮，打开 SQL Query 标签页，在该标签页中输入如下 T-SQL 命令行。

```
DECLARE @sum int,@i int
SET @i=0
SET @sum=0
WHILE @i<=100
BEGIN
    SET @i=@i+1
    IF((@i%2)=0)
        CONTINUE              --当@i 是偶数跳过下面的语句
    SET @sum=@sum+@i
IF (@i=49)                    --当@i=49 时结束循环
        BREAK
END
PRINT '1-50 中奇数和为='+CONVERT(char(6),@sum)
```

(2) 单击　执行(X)　按钮，T-SQL 命令行执行完成，执行结果如图 7.20 所示。

特别提醒：

(1) 本例是仅为了使用 BREAK 和 CONTINUE 语句而编写的程序代码，实际上可以用更为简单的代码实现，这里就不再书写了。

(2) (@i%2)=0 中的逻辑等是 "=" 不是 "=="。

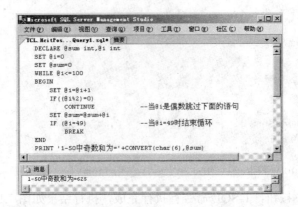

图 7.20　WHILE 语句中 BREAK 和 CONTINUE 的使用

4. CASE 多分支语句

当<条件表达式>的结果只有两个情况时，可以使用 IF 语句；当结果多于两种情况时可以使用 CASE 语句实现对每一种结果的处理。

CASE 语句有两种形式：标准与扩展语法。

1) CASE 语句的标准语法

CASE 标准语法结构为：

```
CASE <条件判断表达式>
    WHEN 条件判断表达式结果 1 THEN <T-SQL 命令行或块语句>
    WHEN 条件判断表达式结果 2 THEN <T-SQL 命令行或块语句>
    …
    WHEN 条件判断表达式结果 n THEN <T-SQL 命令行或块语句>
    ELSE <T-SQL 命令行或块语句>
END
```

将以上的 CASE 语句推广使用多个条件表达式，根据表达式的结果执行不同的操作，条件表达式之间可以没有逻辑关系，这就是 CASE 的扩展语法结构形式。

【任务 2-5】判断进货信息表(PurchaseInfo)中进货类型号(PurchaSEType)的值，如果为"1"则返回"正常"，为"2"则返回"退货"，否则返回"未知状态"。要求显示的列标题用中文别名。

操作步骤如下。

(1) 在 SSMS 上单击 🔲 新建查询(N)按钮，打开 SQL Query 标签页，在该标签页中输入如下 T-SQL 命令行。

```
SELECT PurchaseID 进货单号,PurchaseDate 进货日期,进货类型=
    CASE PurchaSEType
        WHEN '1' THEN '正常'
        WHEN '2' THEN '退货'
        ELSE '未知状态'
    END,
PurchaseMoney 进货金额,UserID 进货人 ID
FROM PurchaseInfo
```

(2) 单击 🗲 执行(X)按钮，T-SQL 命令行执行完成，执行结果如图 7.21 所示。

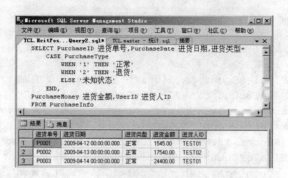

图 7.21　CASE 语句标准语法的使用

特别提醒：

(1) "WHEN 条件判断表达式结果 THEN <T-SQL 命令行或块语句>" 中的 "条件判断表达式结果" 是 "CASE <条件表达式>" 中 "<条件判断表达式>" 的具体值，必须为常量表达式。

(2) "条件判断表达式结果" 是数值型时不能带单引号，是字符型要带单引号。

(3) 注意在 CASE 语句后的字段 PurchaseMoney 与 UserID 的书写。

(4) "条件判断表达式" 的结果不一定是逻辑值，它可以是表的某个字段或聚合函数等。

(5) CASE 与 END 必须成对出现，END 不能丢。

2) CASE 语句的扩展语法

CASE 语句的扩展语法结构为：

```
CASE
        WHEN 条件表达式 1 THEN <T-SQL 命令行或块语句>
        WHEN 条件表达式 2 THEN <T-SQL 命令行或块语句>
        …
        WHEN 条件表达式 n THEN <T-SQL 命令行或块语句>
        ELSE <T-SQL 命令行或块语句>
END
```

【任务 2-6】判断销售明细表(SalesDetails)中，

(1) 每种商品销售数量(SalesCount)的值，如果其值大于等于 20，则返回 "优秀"；如果其值大于等于 10，小于 20，则返回 "良好"；如果其值大于等于 5，小于 10，则返回 "中等"；如果其值大于等于 2，小于 5，则返回 "及格"；否则返回 "不及格"。

(2) 每种商品的销售金额(SUM(SalesCount)*UnitPrice)，如果其值大于等于 3 000，则返回 "★★★★★"；如果其值大于等于 2 000，小于 3 000，则返回 "★★★★"；如果其值大于等于 1 000，小于 2 000，则返回 "★★★"；如果其值大于等于 500，小于 1 000，则返回 "★★"；如果其值大于等于 200，小于 500，则返回 "★"；否则返回 "○"。

要求显示的列标题用中文别名，按销售金额星级从高到低排序。

操作步骤如下。

(1) 在 SSMS 上单击 **新建查询(N)** 按钮，打开 SQL Query 标签页，在该标签页中输入如下 T-SQL 命令行：

```
SELECT GoodsID 商品编号, 销售数量等级=CASE
    WHEN  SUM(SalesCount)>=20 THEN '优秀'
    WHEN  SUM(SalesCount)>=10 AND SUM(SalesCount)<20 THEN '良好'
```

```
        WHEN  SUM(SalesCount)>=5 AND SUM(SalesCount)<10    THEN '中等'
        WHEN  SUM(SalesCount)>=2 AND SUM(SalesCount)<5 THEN '及格'
        ELSE '不及格'
   END,销售星级=CASE
        WHEN SUM(SalesCount)*AVG(UnitPrice)>=3000 THEN '★★★★★'
        WHEN SUM(SalesCount)*AVG(UnitPrice)>=2000 AND
        SUM(SalesCount)*AVG(UnitPrice)<3000 THEN '★★★★'
        WHEN SUM(SalesCount)*AVG(UnitPrice)>=1000 AND
        SUM(SalesCount)*AVG(UnitPrice)<2000 THEN '★★★'
        WHEN SUM(SalesCount)*AVG(UnitPrice)>=500  AND
        SUM(SalesCount)*AVG(UnitPrice)<1000 THEN '★★'
        WHEN SUM(SalesCount)*AVG(UnitPrice)>=200  AND
         SUM(SalesCount)*AVG(UnitPrice)<500 THEN '★'
        ELSE 'o'    --o表示销售成绩太差
    END
 FROM SalesDetails
 GROUP BY GoodsID
 ORDER BY 3 DESC
```

(2) 单击 执行(X) 按钮，T-SQL 命令行执行完成，执行结果如图 7.22 所示。

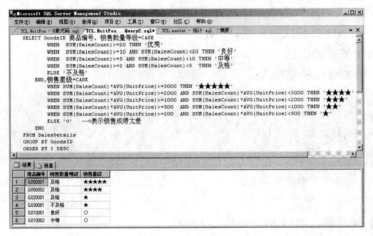

图 7.22   CASE 语句扩展语法的使用

特别提醒：

(1) "条件判断表达式"与"条件表达式"的结果不同，后者结果为 True 或 False，还有它们的位置不同，前者跟在 CASE 后，后者跟在 WHEN 后。

(2) 单价 UnitPrice 必须使用 AVG(UnitPrice)，否则程序会出现错误提示信息，读者要加以注意。

(3) 使用中文输入法，右击软键盘，选择"特殊符号"，在办键盘上选择"★"和"○"符号。

5. RETURN 语句

RETURN 语句可以在存储过程、触发器、函数、批(处理)和语句块的任何位置使用，其作用是无条件地从存储过程、触发器、函数、批(处理)和语句块中退出，在 RETURN 之后的其他语句不会被执行。

具体 RETURN 语句在后续的存储过程使用中讲解。

7.3 游标的使用

【任务 3】 在 SQL Server 2005 中使用游标对表中数据进行增、删、改、查等操作。

在数据库应用程序中，操作数据行集合通常有两种方法：一种是基于数据行集合的整体处理方式，由用户直接对数据行集合使用 T-SQL 命令，如使用 UPDATE 语句更改某些数据行，使用 DELETE 语句删除某些数据行等。但是有时应用程序不能有效地将一些数据行集合作为一个整体来处理，它需要一种每次只处理一行或几行数据的机制，此时可以使用另外一种基于游标的处理方式。

游标以逐行的方式集中处理数据，实际上，它可以看做是一个指针，用以识别数据行集合内指定的行，该集合由 SELECT 查询语句返回，它包含了满足 WHERE 子句中查询条件的所有数据行。使用游标可以控制对某个特定行的操作，也可以不用索引定位要操作的数据行，因而可以提供更多的灵活性。

游标通过以下方式来扩展结果处理。

(1) 允许定位在结果集的特定行。

(2) 从结果集的当前位置检索一行或一部分行。

(3) 支持对结果集中当前位置的行进行数据修改。

(4) 为由其他用户对显示在结果集中的数据库数据所做的更改提供不同级别的可见性支持。

(5) 提供脚本、存储过程和触发器中用于访问结果集中的数据的 T-SQL 语句。

在 SQL Server 中，根据处理特性，将游标分为静态、动态和键集驱动游标 3 种。

(1) 静态游标。将游标结果集中所有数据都一次性复制到系统数据库 tempdb 的临时表中，所有对游标的请求操作都将基于临时表。因此，对基本表的数据修改不会反映到游标结果集中，而且也不能修改静态游标结果集中的数据。显然静态游标是独立的，不受其他操作的影响。静态游标占用较多的临时空间，但在移动游标消耗的资源相对较少。

(2) 动态游标。只将游标结果集的当前关键字存储到系统数据库 tempdb 的临时表中，当移动游标时，由基本表修改临时表中当前行的关键字。因此，动态游标结果集能够反映对基本表数据的顺序添加、删除和更新。动态游标点用最少的临时表空间，但在移动游标时消耗的资源较多。

(3) 键集驱动游标。将游标结果集中的所有行的关键字都存储到系统数据库 tempdb 的临时表中，当移动游标时，通过关键字读取数据行的全部数据列。因此，键集驱动游标结果集能够反映对基本表的全部更新。键集驱动游标占用临时表的空间和移动时消耗的资源都介于静态和动态游标之间。

根据游标在结果集中的移动方式，SQL Server 将游标分为滚动游标和前向游标两种。

(1) 滚动游标。在游标结果集中，游标可以前后移动，包括移向下一行、上一行、第一行、最后一行、某一行以及移动指定的行数等。

(2) 前向游标。在游标结果集中，游标只能向前移动，即移向下一行。

默认情况下，静态、动态和键集驱动游标都是滚动游标，只有做特别声明后，才作为前向游标。

另外，根据游标结果集是否允许修改，又可将游标分为只读游标和可写游标两种。

(1) 只读游标。禁止修改游标结果集中的数据。

(2) 可写游标。允许修改游标结果集中的数据，它又分部分可写和全部可写。部分可写表示只能修改数据行的指定列，而全部可写表示可以修改数据行的全部列。

使用游标的步骤如下。

(1) 声明游标：使用 DECLARE CURSOR 声明游标。

```
DECLARE 游标名 CURSOR FOR SELECT 语句
```

(2) 打开游标：使用 OPEN 语句填充该游标。

(3) 读取游标：使用 FETCH 语句，从结果集中检索特定的一行。

在打开一个游标后，它将被放在游标结果集的首行前，必须用 FETCH 语句访问该首行。

```
FETCH NEXT FROM 游标名 INTO @变量名
```

(4) 关闭游标：使用 CLOSE 语句关闭游标。

(5) 删除游标：使用 DEALLOCATE 语句删除游标引用。

7.3.1 声明游标

像其他类型的变量一样，在使用游标之前，应当先声明它，游标必须包括两个部分：游标的名称和这个游标所用的 SELECT 语句。声明游标的语法结构如下：

```
DECLARE <游标名>
[INSENSITIVE][SCROLL]
[STATIC|KEYSET|DYNAMIC|FAST_FORWORD] CURSOR
FOR <SELECT 语句>
[FOR READ ONLY|FOR UPDATE OF 列名1,列名2,... ]
```

其中：

(1) INSENSITIVE：使用 INSENSITIVE 定义的游标，把提取出来的数据存入一个在系统数据库 tempdb 创建的一个临时表中。任何通过这个游标进行的操作，都在这个临时表里进行。

(2) SCROLL：滚动游标。它具有以下所有提取数据的功能。

FIRST：取第一行数据。

LAST：取最后一行数据。

PRIOR：取前一数据。

NEXT：取后一行数据。

RELATIVE：按相对位置取数据。

ABSOLUTE：按绝对位置取数据。

(3) STATIC：静态游标，与 INSENSITIVE 作用相同。

(4) KEYSET：键集驱动游标。

(5) DYNAMIC：动态游标。

(6) FAST_FORWORD：只前进游标。

(7) READ ONLY：只读游标。

(8) UPDATE OF：部分可更新列。

【任务 3-1】在商品信息表(GoodsInfo)中，声明一个只读游标 ClassID_CURSOR，用于查询

"SPLB01" 类商品信息。

操作步骤如下。

(1) 在 SSMS 上单击 🔲 **新建查询 (N)** 按钮，打开 SQL Query 标签页，在该标签页中输入如下 T-SQL 命令行：

```
DECLARE ClassID_CURSOR CURSOR
FOR
SELECT  GoodsID,ClassID,GoodsName,Price,StoreNum FROM GoodsInfo
WHERE ClassID='SPLB01'
FOR READ ONLY
```

(2) 单击 **执行 (X)** 按钮，T-SQL 命令行执行完成，游标声明完成。

【任务 3-2】声明一个可更新的滚动游标 GoodsID_CURSOR，用于查询销售商品编号为 "G050001" 的商品销售情况，可更新列为 SalesCount。

步骤如下。

(1) 在 SSMS 上单击 🔲 **新建查询 (N)** 按钮，打开 SQL Query 标签页，在该标签页中输入如下 T-SQL 命令行：

```
DECLARE GoodsID_CURSOR CURSOR
FOR
SELECT  GoodsID,SalesCount,UnitPrice FROM SalesDetails
WHERE GoodsID='G050001'
FOR UPDATE OF SalesCount
```

(2) 单击 **执行 (X)** 按钮，T-SQL 命令行执行完成，游标声明完成。

7.3.2　打开游标

声明游标后，还必须打开游标才能真正获得结果集。打开游标 T-SQL 语法结构为：

```
OPEN <游标名>
```

当打开游标时，服务器执行声明游标时使用 SELECT 语句，如果该游标的声明中使用了 INSENSITIVE 关键字，则服务器在 tempdb 中建立一个临时表，以存放游标将要操作的数据集的副本。

7.3.3　读取游标

打开游标后，就可以从结果集中提取数据了。当用 OPEN 语句打开游标并在数据库执行查询后，并不能立即利用查询结果集中的数据，必须用 FETCH 语句来提取数据。一条 FETCH 语句一次仅可以将一条记录放入指定的变量中。事实上，FETCH 语句是游标使用的核心。使用游标提取某一行数据使用以下的语法：

```
FETCH [NEXT|PRIOR|FIRST|LAST|ABSOLUTE {n|@nvar}|RELATIVE{n|@nvar}]
FROM  <游标名>
[INTO @变量[, ...n]]
```

在这个语句中，n 和@nvar 表示游标相对于作为基准的数据行所偏离的位置。在使用 INTO 子句对变量赋值时，变量的数量和相应的数据类型必须与声明游标时使用的 SELECT 语句中引用到的数据列的数目、排列顺序和数据类型完全保持一致，否则服务器会提示出错。

在默认情况下，FETCH FROM <游标名>表示取得下一个数据行，即：

```
FETCH NEXT FROM <游标名>
```

从语法上讲，上面所述的就是一条合法的提取数据的语句，但是一般在使用游标时还应当包括其他部分。游标只能一次从后台数据库中取一条记录，在多数情况下，所要做的是在数据库中从第一条记录开始提取，一直到结束。所以一般要将游标提取数据的语句放在一个循环体中，直到将结果集中的全部数据提取完后，跳出循环。通过检测全局变量@@FETCH_STATUS的值，可以得知 FETCH 是否取到最后一条。当@@FETCH_STATUS 值为 0 时表明提取正常，其值为-1 表示已经取到结果集的末尾，而其他值均表示操作出了问题。

事实上，使用游标提取数据行操作要与 WHILE 循环紧密结合起来。

【任务 3-3】对声明游标 ClassID_CURSOR，一条条地取出其中数据。

步骤如下。

(1) 在 SSMS 上单击 🔍 新建查询(N)按钮，打开 SQL Query 标签页，在该标签页中再输入如下 T-SQL 命令行：

```
OPEN ClassID_CURSOR
FETCH NEXT FROM ClassID_CURSOR
WHILE (@@FETCH_STATUS=0)
    BEGIN
        FETCH NEXT FROM ClassID_CURSOR
    END
```

(2) 单击 ▼ 执行(X)按钮，T-SQL 命令行执行完成，数据行提取完成，如图 7.23 所示(含游标的声明)。

🃏 **特别提醒：**

(1) 读取数据行必须事先打开游标。

(2) 在 WHILE 循环外必须先执行 FETCH NEXT FROM ClassID_CURSOR 命令行。

(3) 结果集是一条一条显示记录的，所以显示每条记录时都加上列标题。

(4) 最后还显示一行没有记录信息的列标题。

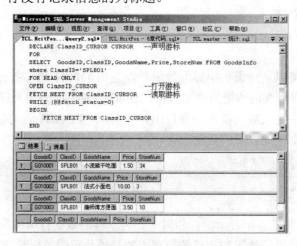

图 7.23　游标的声明与读取

7.3.4　关闭和释放游标

在打开游标后,SQL Server 服务器会专门为游标开辟一定的内存空间存放游标操作的数据结果集,同时使用游标时也会根据具体情况对某些数据进行封锁。所以,在不使用游标的时候,一定要关闭游标,以通知服务器释放游标所占用的资源。关闭游标的语法结构如下:

```
CLOSE <游标名>
```

关闭游标后可以再次打开游标。在一个批处理中,也可以多次打开和关闭游标。

游标结构本身也会占用一定的计算机资源,所以在使用完游标后,为了回收被游标占用的资源,应该将游标释放。释放游标的语法结构如下:

```
DEALLOCATE <游标名>
```

当释放游标后,如果要重新使用游标必须重新执行声明游标语句,但关闭游标后只要打开游标即可提取结果集的数据行。

【任务 3-4】关闭和释放游标 ClassID_CURSOR。

操作步骤如下。

(1) 在 SSMS 上单击按钮,打开 SQL Query 标签页,在该标签页中再输入如下 T-SQL 命令行。

```
CLOSE ClassID_CURSOR
DEALLOCATE ClassID_CURSORR
```

(2) 单击　执行(X)　按钮,T-SQL 命令行执行完成,游标关闭并释放。

特别提醒:

游标必须关闭后释放。

【任务 3-5】游标使用综合任务。

在商品信息表(GoodsInfo)中使用游标得到商品类别号为"SPLB01"的商品名称(GoodsName)组成的字符串数据。

操作步骤如下。

(1) 在 SSMS 上单击　新建查询(N)　按钮,打开 SQL Query 标签页,在该标签页中再输入如下 T-SQL 命令行。

```
DECLARE @string nvarchar(50),@s nvarchar(10)
DECLARE string_GoodsName_SPLB01 CURSOR          --声明游标
FOR
SELECT GoodsName FROM GoodsInfo
WHERE ClassID='SPLB01'
OPEN string_GoodsName_SPLB01                     --打开游标
FETCH NEXT FROM string_GoodsName_SPLB01 INTO @s
IF(@@Fetch_status=0)
   BEGIN
      SET @string =@s
      FETCH NEXT FROM string_GoodsName_SPLB01 INTO @s
      WHILE(@@Fetch_status=0)
         BEGIN
            SET @string = @string+'、'+@s
```

```
                          FETCH NEXT FROM string_GoodsName_SPLB01 INTO @S
                 END
         END
   CLOSE string_GoodsName_SPLB01                        --关闭游标
   DEALLOCATE string_GoodsName_SPLB01                   --释放游标
   SELECT @string  "商品类别号为'SPLB01'包含的商品名称"
```

(2) 单击 **执行(X)** 按钮,(1)中 T-SQL 命令行执行完成,执行结果如图 7.24 所示。

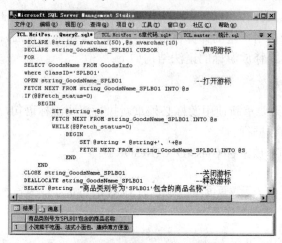

图 7.24　游标的综合使用

7.3.5　定位更新和删除游标数据

要使用游标进行数据的修改,其前提条件是该游标必须被声明为可更新的游标。在进行游标声明时,没有带 READ ONLY 关键字的游标都是可更新的游标。

在游标声明过程中,可以使用 SELECT 语句对数据库表中的数据进行访问,因此若声明的是可更新游标,则可使用该游标对多个表中的数据进行修改,但这种不规范的更新数据的方法很容易导致数据不一致,所以使用游标更新、删除多表中的数据时一定要慎重,如同使用视图更新数据库表中数据一样,最好不用。

进行定位修改游标数据的语法结构如下。

```
UPDATE  <基本表名>
SET 列名 1=表达式 1[,列名 2=表达式 2][,…]
WHERE CURRENT OF  < 游标名>
```

进行定位删除游标数据的语法结构如下。

```
DELETE   <基本表名>
WHERE CURRENT OF < 游标名>
```

【任务 3-6】对任务 3-1 中声明的游标 ClassID_CURSOR,修改为对商品价格(Price)可更新的游标,对商品类别为"SPLB01"的商品进行如下调整。

(1) 20 元以上商品加价 5 元。

(2) 10 元至 20 元之间加价 3 元。

(3) 10 元以下加价 1 元。

操作步骤如下。

(1) 在 SSMS 上单击 新建查询(N) 按钮，打开 SQL Query 标签页，在该标签页中再输入如下 T-SQL 命令行。

```
SELECT  GoodsID,Price FROM GoodsInfo              --查询 SPLB01 类别的商品信息
WHERE ClassID='SPLB01'
DECLARE @GoodsID varchar(10),@Price money
DECLARE ClassID_CURSOR CURSOR                     --声明游标
FOR
SELECT  GoodsID,Price FROM GoodsInfo
WHERE ClassID='SPLB01'
FOR UPDATE OF Price
OPEN ClassID_CURSOR                               --打开游标
FETCH NEXT FROM ClassID_CURSOR INTO @GoodsID,@Price   --读取游标
while (@@Fetch_status=0)
    BEGIN
        IF (@Price>20)
            BEGIN
                UPDATE GoodsInfo SET Price=Price+5
                WHERE CURRENT OF ClassID_CURSOR
                FETCH NEXT FROM ClassID_CURSOR INTO @GoodsID,@Price
            END
        ELSE IF(@Price>=10 AND @Price<=20)
                BEGIN
                    UPDATE GoodsInfo SET Price=Price+3
                    WHERE CURRENT OF ClassID_CURSOR
                    FETCH NEXT FROM ClassID_CURSOR INTO @GoodsID,@Price
                END
            ELSE IF(@Price<10)
                BEGIN
                    UPDATE GoodsInfo SET Price=Price+1
                    WHERE CURRENT OF ClassID_CURSOR
                    FETCH NEXT FROM ClassID_CURSOR INTO @GoodsID,@Price
                END
    END
CLOSE ClassID_CURSOR                              --关闭游标
DEALLOCATE ClassID_CURSOR                         --释放游标
SELECT  GoodsID,Price FROM GoodsInfo              --再次查询 SPLB01 类别的商品信息
WHERE ClassID='SPLB01'
```

(2) 单击 执行(X) 按钮，T-SQL 命令行执行完成，执行结果如图 7.25 所示(仅给出比较结果)。

	GoodsID	Price
1	G010001	1.50
2	G010002	10.00
3	G010003	3.50

	GoodsID	Price
1	G010001	2.50
2	G010002	13.00
3	G010003	4.50

图 7.25　使用游标更新表中数据行

特别提醒：

(1) 要实现条件判定：IF (@Price>20)必须在提取数据行时将 SELECT 语句中各列的数据传递给变量，否则无法实现条件更新。

(2) 执行完代码后，把更新的商品价格恢复到原来的价格，以使数据库表数据前后一致。

(3) 本例实现了前后表中数据更新情况的比较，读者可上机练习体会。

7.4 事　务

7.4.1 事务概述

【任务 4】使用 SQL Server 2005 的事务知识，帮助实现数据的一致性和完整性操作。

前面已介绍了 SQL Server 2005 的大部分知识，特别是已学习了 T-SQL 的高级编程、函数和游标知识，但在实际应用中会遇到使用前面所学知识无法解决的问题。

例如，银行转账问题：假定资金从账户 A 转到账户 B，至少需要两步，即账户 A 的资金减少，然后账户 B 的资金相应增加。在进行资金转账时，系统必须保证：这些步骤是一个整体，如果其间任意一个步骤失败，则将撤销对这两个账户数据所做的任何修改，这时就需要找到一个能够解决此问题的方法。

来看一个具体的银行转账任务，以便理解事务的概念。

【任务 4-1】假定王五的账户直接转账 10 000 元到钱六的账户，这需要创建用户服务账户表，存放用户的账户信息，并查看转账情况。

操作步骤如下。

(1) 在 SSMS 上单击 <kbd>新建查询(N)</kbd> 按钮，打开 SQL Query 标签页，在该标签页中输入如下 T-SQL 命令行：

```
/*检测表 Bank 是否存在，如果存在则删除之*/
IF EXISTS(SELECT * FROM sysobjects WHERE name='Bank')
   DROP TABLE Bank
GO
CREATE TABLE BANK
(
    客户名 char(10),
  当前存款余额 money
)
GO
ALTER TABLE Bank
ADD CONSTRAINT CK_当前存款余额 CHECK(当前存款余额>=1)
INSERT INTO BANK(客户名,当前存款余额) VALUES('王五',10000)
INSERT INTO BANK(客户名,当前存款余额) VALUES('钱六',1)
SELECT * FROM Bank
```

(2) 单击 <kbd>执行(X)</kbd> 按钮，执行结果如图 7.26 所示。

注意：目前两个账户的余额总和为 10 001 元。现在开始模拟实现从王五的账户直接转账 10 000

元到钱六的账户，即使用 UPDATE 语句修改王五的账户和钱六的账户，王五的账户减少 10 000 元，钱六的账户增加 10 000 元，显然转账后的余额总和应保持不变，仍为 10 001 元。

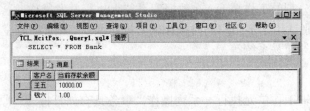

图 7.26　任务 4-1 创建的表 Bank

(3) 在 SQL Query 标签页中继续输入如下 T-SQL 命令行：

```
UPDATE Bank SET 当前存款余额=当前存款余额-10000
    WHERE 客户名='王五'
UPDATE Bank SET 当前存款余额=当前存款余额+10000
    WHERE 客户名='钱六'
GO
SELECT * FROM Bank
```

(4) 单击 ! 执行(X) 按钮，执行结果如图 7.27 所示。

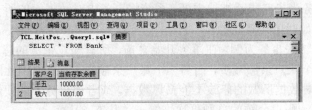

图 7.27　任务 4-2 转账后表 Bank 中数据

输出结果都是王五的账户没有减少，还是 10 000 元，但钱六的账户却多了 10 000 元，转账后两个账户的余额变为 10 000+10 001=20 001 元，银行的钱凭空多出 10 000 元！

为什么会这样呢？

查看 SQL Server 给出的错误信息，显示 UPDATE 语句有错，执行违反了 CK_当前存款余额约束，即余额不能少于 1 元。目前有两条 UPDATE 语句，哪条导致了此错误呢？显示是王五账户的 UPDATE 语句。因为王五的原有余额为 10 000 元，减少 10 000 元后为 0 元，违反了上述约束，所以终止执行，余额保持不变，仍为 10 000 元，遗憾的是，后面的语句并没有违反上述约束，修改钱六账户的 UPDATE 执行后，钱六的账户增加了 10 000 元，变为 10 001 元。所以两人的账户余额最终出现了图 7.26 所示的结果。

解决此问题的方法就是 SQL Server 的事务机制。

7.4.2　事务的基本概念

1．什么是事务

事务是指一个工作单元，该单元可以包含多个步骤来完成所需的任务，一个事务作为一个整体，要么成功，要么失败。也就是说，如果某一事务成功，则在事务中进行的所有数据更改均会提交，成为数据库中的永久组成部分，如果事务遇到错误必须取消或回滚，则所有数据更改都得清除。

事务是一种机制，也是一个操作序列，它包含了一组数据库操作命令，并且所有的命令作为一个整体一起向系统提交或撤销操作请求，即这一组数据库命令要么都执行、要么都不执行，因此事务是一个不可分割的工作单元，在数据库系统上执行并发操作时，事务是作为最小的控制单元使用的。它特别适用于多用户同时操作的数据库系统。例如，航空公司的订票系统、银行、保险公司以及证券交易系统等。

2. 事务特性

事务作为单个逻辑工作单元执行一系列操作。事务具有如下特性：原子性(Atomicity)、一致性(Consistency)、隔离性(Isolation)和持续性(Durability)，这 4 个特性称为 ACID 特性。

(1) 原子性。事务是数据库和逻辑工作单位，事务包括的诸多操作要么都做、要么都不做。对用户而言，所有的中间阶段是透明的。一个事务中的所有修改要么全部实现，要么全部被回滚。

以前面的银行转账事务为例，如果该事务提交了，则这两个账户的数据将会更新。如果由于某种原因，事务在成功更新这两个账户之前中止，则不会更新这两个账户余额，并且会撤销任何账户余额的修改，即事务不能部分提交。

(2) 一致性。事务执行的结果必须使数据库从一个一致性状态变到另一个一致性状态。因此当数据库只包含成功事务提交的结果时，就说数据库处于一致性状态。如果数据库系统运行中发生故障，有些事务尚未完成就被迫中断，系统将事务中对数据库的所有已完成的操作全部撤销，回滚到事务开始时的一致状态。

再以前面的银行转账事务为例。在事务开始之前，所有账户余额的总额处于一致状态，在事务进行过程中，一个账户余额减少，而另一个账户余额尚未修改。因此所有账户余额处于不一致状态，通过事务对数据所做的修改不能损坏数据，或者说事务不能使数据存储处于不一致状态。事务完成以后，账户余额的总额再次恢复一致状态。

(3) 隔离性。一个事务的执行不能被其他事务干扰。即一个事务内部的操作及使用的数据对其他并发事务是隔离的，并发执行的各个事务之间不能互相干扰。A 和 B 之间的转账与 C 和 D 之间的转账，永远是相互独立的。

(4) 持续性。持续性是指一个事务一旦提交，它对数据库中数据的改变就应该是永久的，接下来的其他操作或故障不应该对其执行结果有任何影响。

3. 事务控制语句

在 T-SQL 语言中，控制事务的语句有如下 4 条。

(1) BEGIN TRANSACTION：开始一个事务单元。

(2) COMMIT TRANSACTION：提交一个事务单元。

(3) ROLLBACK TRANSACTION：回滚一个事务单元。

(4) SAVE TRANSACTION：设置保存点。

事务通常以 BEGIN TRANSACTION 开始，以 COMMIT TRANSACTION 或 ROLLBACK TRANSACTION 结束。COMMIT TRANSACTION 表示提交，即提交事务的所有操作。具体地说，就是将事务中所有对数据库的更新写回到磁盘上的物理数据库中去，事务正常结束。ROLLBACK TRANSACTION 表示回滚，即在事务运行的过程中发生了某种故障，事务不能继续执行，系统将事务中对数据库的所有已完成的操作全部撤销，回滚到事务开始时的状态。

保存点允许在一个事务处理内部做一些工作，在特定的条件下回滚这些操作。当回滚到保存点后，只有在保存点到回滚语句之间的操作被撤销，其他操作依然有效，而且程序会接着从回滚的断点执行下去。

事务可分为显式事务、隐式事务和自动提交事务。

(1) 显式事务：用 BEGIN TRANSACTION 明确指定事务的开始。

(2) 隐式事务：通过设置 SET IMLPICIT_TRANSACTION ON 语句，将隐式事务模式设置为打开。当以隐式事务操作时，SQL Server 将在提交或回滚事务后自动启动新事务。无法描述事务的开始，只需提交或回滚每个事务。

(3) 自动提交事务：这是 SQL Server 的默认方式，它将每条单独的 T-SQL 语句视为一个事务。如果成功执行，则自动提交；如果错误，则自动回滚。

读者只需了解事务的分类即可，实际开发中最常用是显式事务，它明确地指定事务的开始边界。

判断 T-SQL 语句是否有错，应使用全局变量@@ERROR，它用来判断当前 T-SQL 语句执行是否有错，若有错返回非零值。

7.4.3　创建事务

【任务 4-2】利用显式事务解决上面的银行转账问题。

操作步骤如下。

(1) 在 SSMS 上单击 新建查询(N) 按钮，打开 SQL Query 标签页，在该标签页中输入如下 T-SQL 命令行：

```
USE HcitPos
SET NOCOUNT ON --关闭'n 行受影响'提示信息
UPDATE Bank SET 当前存款余额=当前存款余额-10000    --恢复原来的账户数据
WHERE 客户名='钱六'
GO
PRINT '查看转账事务前的余额'
SELECT * FROM Bank
BEGIN TRANSACTION
DECLARE @ErrorSum int
SET @ErrorSum=0
UPDATE Bank SET 当前存款余额=当前存款余额-10000
WHERE 客户名='王五'
SET @ErrorSum=@ErrorSum +@@ERROR
UPDATE Bank SET 当前存款余额=当前存款余额+10000
WHERE 客户名='钱六'
SET @ErrorSum=@ErrorSum +@@ERROR
PRINT '查看转账事务过程中的余额'
SELECT * FROM Bank
IF @ERRORSUM<>0
    BEGIN
        PRINT '交易失败,回滚事务'
        ROLLBACK TRANSACTION
    END
ELSE
    BEGIN
        PRINT '交易成功,提交事务'
        COMMIT TRANSACTION
    END
GO
```

```
PRINT '查看转账事务后的余额'
SELECT * FROM Bank
```

(2) 单击  执行(X) 按钮，执行结果如图 7.28 所示。

上述转账 10 000 元，因为王五的账户余额为 0 元，违反了约束而转账失败。如果将转账金额修改为 5 000 元，则执行结果如图 7.29 所示。

图 7.28　任务 4-2 转账失败表 Bank 中数据　　　图 7.29　任务 4-2 转账成功表 Bank 中数据

任务 4-2 模拟一个银行转账事务，实际银行转账事务比较复杂，但原理差不多，读者可以通过习题练习实现复杂的模拟银行转账事务。

【任务 4-3】在商品信息表(GoodsInfo)和销售明细表(SalesDetails)中，某商品销售数量的增加必然会引起商品信息表中该商品库存数量的减少，假如某商品的库存量小于当前销售的该商品的销售量，则此业务不能进行，或销售数量仅为该商品的库存数量，用事务实现商品销售业务，保证数据完整性。例如，商品编号为"G020001"("金一品梅")的库存数量为 3，现顾客要求购买该商品 5 个，用事务现。

注意： 这里还没有学习触发器，只能使用前面所学知识。

步骤如下。

(1) 在 SSMS 上单击 新建查询(N) 按钮，打开 SQL Query 标签页，在该标签页中输入如下 T-SQL 命令行：

```
USE HcitPos
GO
/*如果商品信息表中列 StoreNum 没有大于等于 0 约束，请加如下一行*/
-- ALTER TABLE GoodsInfo ADD CHECK(StoreNum>=0)
PRINT '查看销售前 G020001 商品信息：'
SET NOCOUNT ON
SELECT GoodsID 编号,Price 价格,StoreNum 库存数量 FROM GoodsInfo
WHERE GoodsID='G020001'
DECLARE @ErrorSum int,@PurchaseCount int,@StoreNum int,@GoodsID varchar(10)
DECLARE @Price money
SET @PurchaseCount=5
SET @ErrorSum =0
BEGIN TRANSACTION
    /*统计商品编号 G020001 库存数量的价格*/
    SELECT @GoodsID=GoodsID,@StoreNum=StoreNum,@Price=Price FROM GoodsInfo
    WHERE GoodsID='G020001'
  /*--插入一条记录到销售信息表*/
    INSERT INTO SalesInfo(SalesID,SalesType,SalesMoney,UserID,SalesTime)
```

```
    VALUES('S100005','1',@Price*@PurchaseCount,'TEST01',GETDATE())
    SET @ErrorSum=@ErrorSum+@@ERROR
  /*插入一条记录到销售明细表*/
    INSERT INTO SalesDetails(SalesID,GoodsID,SalesCount,UnitPrice)
    VALUES('S100005',@GoodsID,@PurchaseCount,@Price)
    SET @ErrorSum=@ErrorSum+@@ERROR
    UPDATE GoodsInfo                    --更新商品信息表
    SET StoreNum=@StoreNum-@PurchaseCount
    WHERE GoodsID='G020001'
    SET @ErrorSum=@ErrorSum+@@ERROR
    PRINT '查看销售过程 G020001 商品信息:'
    SELECT @GoodsID 编号,@Price 价格,@StoreNum-@PurchaseCount 库存数量
    IF (@errorsum!=0)
        BEGIN
            ROLLBACK TRANSACTION
            PRINT '销售失败,回滚事务!'
        END
    ELSE
        BEGIN
            COMMIT TRANSACTION
            PRINT '销售成功,提交事务!'
        END
 PRINT '查看销售前 G020001 商品信息:'
 SELECT GoodsID 编号,Price 价格,StoreNum 库存数量 FROM GoodsInfo
 WHERE GoodsID='G020001'
```

(2) 单击 ![执行(X)] 按钮，回滚事务，执行查询结果如图 7.30 所示。

(3) 当购买 "G020001" 的数量为 2 时，提交事务，执行结果如图 7.31 所示。

图 7.30   任务 4-3 回滚事务结果

特别提醒：

(1) 如果不使用事务，即使修改某商品库存违反了约束，该商品的销售量照样加 5，商品库存没有变化，这样就造成销售信息表、销售明细表、商品信息表中的数据前后不一致。

(2) 通过事务管理，当修改某商品库存违反约束时，对商品的销售量的修改操作自动清除，保证了销售信息表、销售明细表、商品信息表中的数据前后一致。

(3) 事务是不能作为数据库对象保存在数据库中，它只能作为存储过程或触发器的一部分才能被保存在数据库中。

(4) BEGIN TRANSACTION 应与 COMMIT TRANSACTION 或 ROLLBACK TRANSACTION 成对出现，否则通过查询语句查询的结果与实际的结果不一定相符。

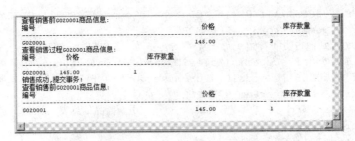

图 7.31 任务 4-3 提交事务结果

本 章 小 结

本章讲述了 T-SQL 语言的基础、编程、游标和事务等知识。总结如下。

(1) 常量、变量概念，特别是局部变量与全局变量的使用。

(2) 简单介绍了运算符、赋值语句 SET 和 SELECT、PRINT 语句、注释语句等基础知识。

(3) 比较详细地介绍了 T-SQL 语言中使用的各种函数：数学函数、日期和时间函数、字符串函数、聚合函数和系统函数等。

(4) 流程控制语句包括分支(IF … ELSE 和 CASE)、循环(只有 WHILE 一种，但它可以带 CONTINUE 和 BREAK 选项)、返回语句(RETURN)。

(5) 游标的声明、打开、读取、关闭和释放。

(6) 数据库事务的特性：原子性、一致性、隔离性和持续性。

(7) 事务控制语句：BEGIN TRANSACTION、COMMIT TRANSACTION 、 ROLLBACK TRANSACTION 、SAVE TRANSACTION。

习 题

一、选择题

1. 字符串常量使用(　　)作为定界符。

    A.单引号　　　　　　B. 双引号　　　　　　C. 方括号　　　　　　D. 花括号

2. 下列常数中属于 unicode 字符串常量的是(　　)。

    A. '123'　　　　　　B. 123　　　　　　C. N'123'　　　　　　D. 'abc'

3. 表达式'123'+'456'的结果是(　　)。

    A. '579'　　　　　　B. 579　　　　　　C. '123456'　　　　　　D. '123'

4. 表达式 DATEPART(yy,'2007-7-16')+2 的结果是(　　)。

    A. '2007-7-18'　　B. 2007　　　　　　C. '2009'　　　　　　D. 2009

5. 下列函数中，返回值数据类型为 int 的是(　　)。

    A.LEFT　　　　　　B. LEN　　　　　　C. LTRIM　　　　　　D. SUBSTRING

6. 某个表的某字段希望存放邮政编码，该字段应选用(　　)数据类型。

    A. char(6)　　　　　B. varchar(13)　　　　　C. text　　　　　　D. int

7. 给变量赋值时，如果数据来源于表中的某一列，应采用(　　)方式。

　　A. SELECT　　　　　B. PRINT　　　　　C. SET　　　　　　D. =

8. 以下(　　)不属于聚合函数。

　　A. MAX　　　　　　B. COUNT　　　　　C. NOT　　　　　　D. MIN

9. 求出今天再过 3 个月后那个季度值的正确的 T-SQL 为(　　)。

　　A. SELECT DATEDIFF(mm,DATEADD(mm,3,GETDATE()))

　　B. SELECT DATEPART(qq, DATEADD(mm,3,GETDATE()))

　　C. SELECT DATEPART(n, DATEADD(dd,3,GETDATE()))

　　D. SELECT DATETIME(dw,DATEADD(mm,3,GETDATE()))

10. 要将一组语句执行 10 次，下列(　　)结构可以用来完成此项任务。

　　A. IF ... ELSE　　　　B. WHILE　　　　C. CASE　　　　　D. 以上都不是

11. 下列(　　)语句可以用来从 WHILE 语句块中退出。

　　A. CLOSE　　　　　B. BREAK　　　　　C. CONTINUE　　　D. 以上都不是

12. SQL Server 支持哪 3 种用户自定义函数？(　　)

　　A. 标量值函数　　　　　　　　　　B. 内联(单语句)表值函数

　　C. 多语句表值函数　　　　　　　　D. 以上都不是

13. 游标的使用步骤应为(　　)。

　　A. 声明游标、打开游标、读取游标、关闭游标、释放游标

　　B. 声明游标、打开游标、读取游标、关闭游标

　　C. 声明游标、读取游标、关闭游标、释放游标

　　D. 声明游标、打开游标、关闭游标、释放游标

14. 在使用游标时，OPEN CURSOR 后游标指针处于(　　)。

　　A. 第一行　　　　　　　　　　　　B. 最后一行

　　C. 第一行之前　　　　　　　　　　D. 最行一行之后

15. (　　)包含了一组数据库操作命令，并且所有的命令作为一个整体向系统提交或撤销操作请求。

　　A. 事务　　　　　　B. 更新　　　　　C. 插入　　　　　D. 批

16. 对数据库的修改必须遵循的规则是：要么全部完成，要么全不修改。这点可以认识是事务的(　　)特性。

　　A. 一致的　　　　　B. 持续的　　　　C. 原子的　　　　D. 隔离的

17. 当一个事务提交或回滚时，数据库中的数据必须保持在(　　)状态。

　　A. 一致的　　　　　B. 持续的　　　　C. 原子的　　　　D. 隔离的

18. 显式事务是明确定义其开始和结束的事务，这种说法(　　)。

　　A. 对　　　　　　　B. 错误　　　　　C. 又对又错　　　D. 矛盾

19. 下列(　　)语句用于清除自最近的事务语句以前的所有修改。

　　A. BEGIN TRANSACTION　　　　B. COMMIT TRANSACTION

　　C. ROLLBACK TRANSACTION　　　D. SAVE TRANSACTION

二、课外拓展

1. 在 SQL Query 标签页中，使用 SELECT 命令输出如下值。

(1) '123456',2345.56,23.456E-2

(2) CONVERT(datetime,'7-16-2009')

(3) GETDATE(),DATEPART(yy,GETDATE()),datename(mm,GETDATE()),
   DATEPART(dd,GETDATE()),DATEPART(wk,GETDATE()),DATEPART(dw,GETDATE())

(4) CHARINDEX('ijk','efghijk',3),LEFT('aefghijk ',3),RIGHT('aefghijk',3),
   SUBSTRING('aefghijk',2,4), LEN('efghijk')
   CONVERT(float,'456.789')

(5) CONVERT(char,GETDATE(),12)，CONVERT(char,GETDATE(),14)

2. 模拟银行存取款和转账练习，要求：

(1) 建立两个表：一个银行表(Bank)，一个交易信息表(TransInfo)，两表具体要求见表 7-12，表 7-13。

表 7-12　银行表(Bank)

字段	类型	宽度	字段含义	备注
CustomerName	char	8	客户名	不空
CardID	char	10	卡号	不空
CurrentMoney	money		当前余额	不空，余额必须有 1 元

表 7-13　交易信息表(TransInfo)

字段	类型	宽度	字段含义	备注
CardID	char	10	卡号	不空
TranStype	char	4	交易类型	存入/支取
TransMoney	money		交易金额	不空
TransDate	datetime		交易日期	不空 ，默认为当天日期

(2) 在 Bank 表中插入两条记录，见表 7-14。

表 7-14　银行表(Bank)的插入信息

CustomerName	CardID	CurrentMoney
王五	10000001	10000
钱六	10000002	1

(3) 第一次转账 10 000 元，第二次转账 7 000 元，使用事务保证转账交易成功。

注意：本例可以使用触发器实现转账，读者可在学习第 8 章触发器后试一试。

第**8**章 存储过程与触发器操作

本章目标

- 理解存储过程的基础知识。
- 掌握创建、修改、删除和执行存储过程的操作方法。
- 理解触发器的基础知识。
- 掌握创建、修改、删除触发器的操作方法。

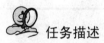

任务描述

本章主要任务描述见表 8-1。

表 8-1　本章任务描述

任务编号	子任务	任务描述
任务 1		使用 SSMS 和 T-SQL 语句对存储过程的创建、修改、查看和删除等操作
	任务 1-1	系统存储过程的使用
	任务 1-2	使用 SSMS(SQL Server Management Studio)创建存储过程
	任务 1-3	使用 SSMS 存储过程模板创建存储过程
	任务 1-4	对供应商表(SupplierInfo)创建一个简单的存储过程 Proc_SupplierInfo，查询所有供应商的信息，并执行该存储过程
	任务 1-5	创建一个带有复杂 SELECT 语句的简单存储过程
	任务 1-6	创建带一个输入参数的存储过程
	任务 1-7	创建带两个输入参数的存储过程
	任务 1-8	创建带有默认值参数的存储过程
	任务 1-9	创建一个带输入、输出参数的存储过程
	任务 1-10	使用 SSMS 管理平台删除存储过程
	任务 1-11	删除前面任务中创建的存储过程
	任务 1-12	完善任务 1-9，当输入的商品编号不在进货明细表中时，应给出提示信息，当输入商品编号存在时，统计出该商品的进货总数

任务编号	子任务	任务描述
任务 2		使用 SSMS 和 T-SQL 语句对触发器的创建、修改、查看和删除等操作
	任务 2-1	根据进货明细表每种商品的进货情况，修改商品信息表中的对应商品的库存数量，执行存储过程，查询商品进货数量与库存数量的变化信息
	任务 2-2	使用 SSMS 创建触发器
	任务 2-3	在进货明细表和进货信息表中实现级联更新和级联删除操作，即当删除主表中某进货单时，会自动删除从表相应的商品信息
	任务 2-4	约束与触发器的工作时机问题
	任务 2-5	在向商品明细表插入一条记录时，实现对商品信息表和进货信息表的自动更新
	任务 2-6	在对商品明细表删除一条记录时，实现对商品信息表和进货信息表的自动更新
	任务 2-7	在进货信息表和进货明细表中，建立一个删除触发器，当删除进货信息表中记录时，首先要删除进货明细表相关进货商品信息
	任务 2-8	在进货信息表中创建一个 INSTEAD OF 触发器，实现当删除进货信息表中信息时自动删除进货明细表中相关信息，并更新商品信息表中相关信息
	任务 2-9	在进货信息表中创建一个更新触发器，实现当更新进货明细表时自动更新进货信息表，并更新商品信息表中相关信息
	任务 2-10	在进货明细表中创建一个列级更新触发器，实现当更新进货明细表的商品进货数量时，自动更新进货信息表和商品信息表中相关信息
	任务 2-11、2-12、2-13	使用 SSMS 和 T-SQL 语句禁用删除触发器

8.1 存 储 过 程

【任务 1】使用 SSMS 和 T-SQL 语句对存储过程的创建、修改、查看和删除等操作。

8.1.1 存储过程概述

在开发 SQL Server 应用程序的过程中，T-SQL 语句是应用程序与 SQL Server 数据库之间的主要编程接口。应用程序与 SQL Server 数据库进行交互操作的方法有两种：一种是在应用程序中使用操作记录的语句，应用程序向 SQL Server 发送命令，并对返回的数据进行处理；另一种是在 SQL Server 中定义某个过程，过程中记录了对数据库的一系列操作，这些操作是被分析和编译后的 T-SQL 程序，它驻留在数据库中，可以被应用程序调用，并允许数据以参数的形式在过程与应用程序之间传递，这种在 SQL Server 中定义的过程被称为存储过程。

存储过程是一组预先编译好的 T-SQL 代码，是独立的数据库对象，由于是已经编译好的代码，所以调用、执行的时候不必再次进行编译，大大提高了程序的运行效率。

SQL Server 中的存储过程类似于编程语言中的过程和函数，主要体现在以下 3 点。

(1) 接收输入参数的值，并以输出参数的形式返回多个输出值。

(2) 包含对数据库进行查询、修改的编译语句，其中包含对其他存储过程的调用。

(3) 返回执行存储过程的状态值以反映存储过程的执行情况(如果失败, 还返回失败原因)。

存储过程虽然既有参数又有返回值, 但它与函数不同。存储过程的返回值只是指明执行是否成功, 它不能像函数那样直接被调用, 即在调用存储过程的时候, 一般在存储过程名字前必须加上 EXECUTE(执行)关键字。

存储过程具有如下几个方面的优点。

存储过程可包含程序流、逻辑以及对数据库的查询。它们可以接受参数、输出参数、返回单个或多个结果集以及返回值。可以出于任何使用 SQL 语句的目的来使用存储过程。

(1) 减少网络传输量。在客户/服务器环境中, 使用网络时经常要考虑潜在的瓶颈问题, 因为所有的客户与服务器之间的通信都要通过网络进行, 利用存储过程可以减少网络传输量。存储过程能包含巨大而复杂的查询或 SQL 操作, 它们已被编译并存储在 SQL 数据库中。当客户发出执行存储过程的请求时, 它们在 SQL Server 上运行, 并把最终的结果返回给客户应用程序, 这样在网络中只需要传递少量的参数, 而不是多条 SQL 语句, 从而降低了网络的负荷。

(2) 具有更快的执行速度, 改善了性能。存储过程是预编译的, 它在第一次执行时, 查询优化器对其进行分析和优化, 建立了优化的查询方案, 被存储于高速缓存中。当再次运行存储过程时, 则可以从高速缓存中执行, 这样省去了优化和编译阶段, 大大节省了执行时间。

(3) 模块化程序设计, 具有可移植性。存储过程在被创建后, 可以在程序中被多次调用, 而不必重新编写该存储过程的 SQL 语句。而且数据库管理员可以随时对存储过程进行修改, 但对应用程序源代码毫无影响, 因为应用程序源代码只包含存储过程的调用语句, 从而极大地提高了程序的可移植性。

(4) 强化商务规则, 增强安全机制。通过对用户执行某一存储过程的权限限制, 可使他们能够通过存储过程间接地对数据库进行操作, 从而能够实现对相应数据访问权限的限制, 避免了非授权用户对数据的访问, 保证了数据的安全。

存储过程分 5 类。

(1) 系统存储过程(类似于 C 语言中的系统函数)。

(2) 用户定义存储过程(类似于 C 语言中的自定义函数)。

(3) 扩展存储过程。它们是对动态链接库(DDL)函数的调用, 在 SQL Server 2005 环境外执行, 一般以"xp_"为前缀。

(4) 临时存储过程。以"#"或"##"为前缀的过程, "#"表示本地临时存储过程, "##"表示全局临时存储过程, 它们存储在 tempdb 数据库中。

(5) 远程存储过程。它们是在远程服务器的数据库中创建和存储的过程。这些存储过程可被各种服务器访问, 向具有相应许可权限的用户提供服务。

8.1.2　常用的系统存储过程

SQL Server 提供系统存储过程, 它们是一组预编译的 T-SQL 语句。系统存储过程提供了管理数据库和更新表的机制。系统存储过程充当从系统表中检索信息的快捷方式。

通过配置 SQL Server, 可以生成对象、用户和权限的信息和定义, 这些信息和定义存储在系统表中。每个数据库都分别有一个包含配置信息的系统表集, 用户数据库的系统表是在创建数据库时自动创建的, 用户可以通过系统存储过程访问和更新系统表。

在安装 SQL Server 2005 时，系统创建了很多系统存储过程，系统存储过程存储在 master 和 msdb 数据库中。所有系统存储过程的名称都以 "sp_" 开头。可以在任何数据库中运行系统存储过程，但执行的结果反映在当前数据库中。

表 8-2 列出了一些常用的系统存储过程。

表 8-2　常用的系统存储过程

系统存储过程	说明
sp_databases	列出服务器上所有数据库
sp_helpdb	报告有关指定数据库和所有数据库的信息
sp_renamedb	更改数据库的名称
sp_tables	返回当前环境下可查询的对象的列表
sp_column	返回某个表列的信息
sp_help	查看某个表的所有信息
sp_helpconstraint	查看某个表的约束
sp_helpindex	查看某个表的索引
sp_password	添加或修改登录账户的密码
sp_helptext	显示默认值、未加密的存储过程、用户定义的存储过程、触发器或视图的实际文本

【任务 1-1】系统存储过程的使用。

(1) 列出当前系统中的数据库。

(2) 显示数据库 HcitPos 中可查询对象的列表。

(3) 查看表 GoodsInfo 中列的信息。

(4) 查看 GoodsInfo 中的约束。

(5) 查看 GoodsInfo 的索引。

(6) 查看视图 View_HcitPos_Price 的语句文本。

操作步骤如下。

(1) 在 SSMS 上单击 ⬚ **新建查询(N)** 按钮，打开 SQL Query 标签页，在该标签页中输入如下 T-SQL 命令行：

```
EXEC sp_databases                --列出当前系统中的数据库
USE HcitPos
EXEC sp_tables                   --显示数据库 HcitPos 中可查询对象的列表
EXEC sp_column GoodsInfo         --查看表 GoodsInfo 中列的信息
EXEC sp_help GoodsInfo           --查看 GoodsInfo 中的约束
EXEC sp_helpindex GoodsInfo      --查看 GoodsInfo 的索引
EXEC sp_helptext View_HcitPos_Price--查看视图 View_HcitPos_Price 的语句文本
```

(2) 单击 **执行(X)** 按钮，T-SQL 命令行执行完成，因为输出结果集较多，在此不一一列举，读者可自己上机练习查看输出结果。

8.1.3　存储过程的创建

除了使用系统存储过程，还可以创建自己的存储过程，要在 SQL Server 中创建存储过程，可使用 SSMS 管理平台创建存储过程、存储过程模板和 T-SQL 语句。

对于使用 SSMS 管理平台创建存储过程、存储过程模板，下面仅做简要介绍，因为其实质与用 T-SQL 语句创建存储过程相同。

在 SQL Server 2005 中使用界面方式创建存储过程与在 SQL Server 2000 中使用企业管理器创建存储过程向导和创建存储过程对话框有明显的区别。

一般在 SQL Query 标签页输入 T-SQL 语句创建存储过程。

1. 使用 SSMS 创建存储过程

【任务 1-2】使用 SSMS 创建存储过程。

操作步骤如下。

(1) 在 SSMS 上，展开【服务器】|【数据库】|【可编程性】节点，右击【存储过程】，弹出快捷菜单，如图 8.1 所示。

图 8.1　创建存储过程步骤 1

(2) 在弹出的快捷菜单中，选择 新建存储过程 (N)... 选项，出现如图 8.2 所示的窗口，在右面的窗口中输入存储过程的 T-SQL 语句，单击 执行 (X) 按钮，即可创建存储过程。

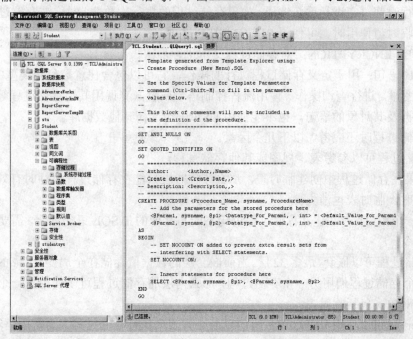

图 8.2　创建存储过程步骤 2

2. 使用 SQL Server 管理平台(SSMS)存储过程模板创建存储过程

【任务 1-3】使用 SSMS 存储过程模板创建存储过程。

操作步骤如下。

(1) 在 SSMS 上,展开【视图】|【模板资源管理器】|Stored Procedure|Create Procedure Basic Template,出现类似于图 8.2 的窗口。

(2) 在右面的窗口中输入存储过程的 T-SQL 语句,单击 ┇ 执行(X) 按钮,即可创建存储过程。

3. 使用 T-SQL 语句创建存储过程

在 SQL Server 中,可以使用 CREATE PROCEDURE 语句创建存储过程,其语法结构如下。

```
CREATE   PROC[EDURE]  <存储过程名>
[@参数名[数据类型][=默认值] [OUTPUT]] [,...n]
[WITH ENCRYPTION]
[WITH RECOMPILE]
AS
       SQL 语句
```

使用说明:

(1) <存储过程名>:命名须符合 SQL Server 标识符要求。为了与其他数据库对象区别,通常在命名存储过程时在存储过程名前加前缀 PROC_。

(2) 参数的默认值:如果定义了默认值,则不必指定参数的值。默认值必须是常量或 NULL。如果对该参数使用 LIKE 关键字,那么默认值中可以包括通配符(%, _, [], [^])。

(3) OUTPUT:表明参数是返回参数。使用 OUTPUT 参数可将信息返回给调用过程。text,ntext 和 image 类型不能用作 OUTPUT 参数。OUTPUT 可以简写为 OUT。

(4) WITH RECOMPILE:表示 SQL Server 不在高速缓存中保留该存储过程的执行计划,而在每次执行时都对它进行重新编译。如果存储过程的执行次数非常少,或存储过程的输出参数只是作为临时值使用时,可使用 RECOMPILE 选项。

(5) WITH ENCRYPTION:对存储过程文本进行加密。

(6) SQL 语句:用于定义存储过程执行的操作,它可以包含任意数目和类型的 T-SQL 语句,如定义变量、进行查询操作、使用流程控制语句或者嵌套调用其他存储过程等,但是不能使用创建数据及其对象的语句,也不能使用 USE 语句选择其他数据库。

创建存储过程时还应考虑以下几个因素。

(1) 存储过程可以参考表、视图或其他存储过程。

(2) 如果在存储过程中创建临时表,那么该临时表只能在存储过程执行时有效,当存储过程执行完毕时,临时表也消失。

(3) 在一个批命令中,建立存储过程语句不能与其他的 T-SQL 语句混合,需要在它们之间加入 GO 命令。

(4) 存储过程可以嵌套,最多 32 层。当前嵌套层的数据值存储在全局变量@@NESTLEVEL中。如果一个存储过程调用另一个存储过程,那么内层的存储过程可以使用另一个存储过程所创建的全部对象,包括临时表。

SQL Server 可以使用 EXECUTE 语句以命令方式来执行存储过程,其常用语法结构如下:

```
EXEC[UTE]   <存储过程名>
```

```
[ @参数=]  {参量值|@变量[OUTPUT]]|[DEFAULT]}
[WITH RECOMPILE]
```

使用说明：

(1) @参数：是在创建存储过程时定义的参数名称。

(2) @变量：表示参数值以变量形式给出。当存储过程中有输出参数时，只能用变量来接收输出参数的值，并在变量后加上 OUTPUT 关键字。

(3) DEFAULT：表示指定参数使用定义时的默认值。如果该参数在定义时并没有指定默认值，那么执行该存储过程时就失败。如果参数有默认值，则可以省略 DEFAULT。

(4) WITH RECOMPILE：表示执行存储过程时强制重新编译。

1) 简单存储过程的创建

简单存储过程不带任何参数，功能强于视图。

【任务 1-4】对供应商表(SupplierInfo)创建一个简单的存储过程 Proc_SupplierInfo，查询所有供应商的信息，并执行该存储过程。

操作步骤如下。

(1) 在 SSMS 上单击 🔲 新建查询(N) 按钮，打开 SQL Query 标签页，在该标签页中输入如下 T-SQL 命令行。

```
CREATE  PROCEDURE  Proc_SupplierInfo
AS
SELECT * FROM SupplierInfo
GO
EXECUTE Proc_SupplierInfo
```

(2) 单击 ▶ 执行(X) 按钮，即可创建存储过程并执行存储过程，执行结果如图 8.3 所示。

	SupplierID	SupplierName	ShortCode	Address	LinkMan	Phone	Mobile
1	GYS0001	淮安新源食品有限公司	HYXY	健康西路51号	张三	0517-81111111	15912341234
2	GYS0002	上海徐家汇家用电器有限公司	SHXJ	徐家汇西路12号	李四	021-811111112	15912341235
3	GYS0003	青岛电子有限公司	QDDZ	青岛上海路234号	王五	NULL	15912341236
4	GYS0004	淮安新天地制鞋有限公司	HYXTD	淮海路21号	钱六	0517-81111113	15912341235
5	GYS0005	洋河酒厂	YH	江苏洋河21号	王小四	0527-81111114	15912341235
6	GYS0006	淮安卷烟厂	HAYC	淮安解放西路111号	李一全	NULL	15912341237
7	GYS0007	淮安苏宁电器	HASNDQ	淮安淮安路31号	张思晓	0517-81111116	15912341238

图 8.3　任务 1-4 使用 T-SQL 语句创建存储过程

【任务 1-5】创建一个带有复杂 SELECT 语句的简单存储过程。对商品信息表(GoodsInfo)、进货信息表(PurchaseInfo)、进货明细表(PurchaseDetails)创建存储过程 Proc_GoodsInfo_PurchaseDetails，实现查询商品类别为"SPLB03"的商品编号、名称、进货价格、数量、进货单号、进货日期和进货人 ID，并执行该存储过程。

操作步骤如下。

(1) 在 SSMS 上单击 🔲 新建查询(N) 按钮，打开 SQL Query 标签页，在该标签页中输入如下 T-SQL 命令行。

```
/*---检测存储过程是否存在，存储过程存放在系统表 sysobjects 中---*/
IF EXISTS (SELECT name FROM sysobjects
WHERE  name ='Proc_GoodsInfo_PurchaseDetails' AND type='P')
DROP  PROCEDURE Proc_GoodsInfo_PurchaseDetails
GO
CREATE  PROCEDURE  Proc_GoodsInfo_PurchaseDetails --创建存储过程
```

```
    AS
        SELECT G.GoodsID 商品编号,GoodsName 名称,UnitPrice 价格,PurchaseCount 数量,
        P2.PurchaseID 进货单号,PurchaseDate 进货日期,UserID  进货人ID
        FROM GoodsInfo G,PurchaseDetails P1,PurchaseInfo P2
        WHERE G.GoodsID=P1.GoodsID AND P1.PurchaseID=P2.PurchaseID
        AND G.ClassID='SPLB03'
    GO
    EXECUTE Proc_GoodsInfo_PurchaseDetails
```

(2) 单击 执行(X) 按钮，即可创建存储过程并执行存储过程，执行结果如图 8.4 所示。

	商品编号	名称	价格	数量	进货单号	进货日期	进货人ID
1	G030001	森达皮鞋	450.00	15	P0001	2009-04-12 00:00:00.000	TEST01
2	G030002	意尔康皮鞋	180.00	10	P0001	2009-04-12 00:00:00.000	TEST01
3	G030001	森达皮鞋	450.00	15	P0002	2009-04-13 00:00:00.000	TEST02

图 8.4　任务 1-5 使用 T-SQL 语句创建存储过程

特别提醒：

(1) 存储过程可以通过以下方法执行：EXECUTE Proc_GoodsInfo_PurchaseDetails 或者 EXEC Proc_GoodsInfo_PurchaseDetails，如果该过程是批处理中的第一条语句，则可使用：Proc_GoodsInfo_PurchaseDetails。

(2) "CREATE PROCEDURE <存储过程名>" 中 "PROCEDURE" 可以简化为 "PROC"，但不能省略。

(3) "EXECUTE　<存储过程名>" 不能写成 "EXECUTE　PROC <存储过程名>" 或写成 "EXECUTE PROCEDURE <存储过程名>"。

(4) 注意 GO 命令的使用。"CREATE/ALTER PROCEDURE" 必须是查询批次中的第一个语句，必须在前面加上 GO 命令，刚创建的存储过程要想执行，则在执行语句前加 GO 命令，否则不被执行。

(5) sysobjects 表中 "type='P'" 片断表示对象类型为存储过程，可以省略。部分说明如下。

① type='P'表示对象类型为存储过程。

② type='U'表示对象类型为用户表。

③ type='TR'表示对象类型为触发器。

④ type='V'表示对象类型为视图。

课堂练习：

(1) 创建一个简单存储过程。对商品信息表(GoodsInfo)、商品类别表(GoodsClass)、计量单位表(GoodsUnit)创建存储过程 Proc_GoodsInfo_Class_Unit，实现查询商品的编号、名称、类别名、计量单位名、价格和库存数量，并执行该存储过程。

(2) 创建一个带有复杂 SELECT 语句的简单存储过程。对商品信息表(GoodsInfo)、销售信息表(SalesInfo)、销售明细表(SalesDetails)创建存储过程 Proc_GoodsInfo_SalesDetails，实现查询商品类别为 "SPLB03" 的商品编号、名称、进货价格、数量、销售单号、销售日期和销售人 ID，并执行该存储过程。

2) 带有一个输入参数的存储过程的创建

存储过程一旦创建，就存在于对应的数据库中，要调用此存储过程，只要执行调用语句即可。执行带输入参数的存储过程，SQL Server 提供了以下两种传递参数的方法。

(1) 按位置传递。在调用存储过程的语句中直接给出参数的值，当多于一个参数时，给出的参数值的顺序与创建存储过程的参数定义的顺序一致。

(2) 通过参数名传递。在调用存储过程中，使用"@参数=参数值"的形式给出参数值。使用这种方法的好处是参数可以按任意顺序给出，不需要与参数定义的顺序一致。

存储过程中的参数有以下两种。

(1) 输入参数：可以在调用时向存储过程传递参数，此类参数可用来在存储过程中传入值。

(2) 输出参数：和 C 语言中的函数一样，如果希望返回值，则可以使用输出参数，输出参数后有"OUTPUT"标记，执行存储过程后，将把返回值存放在输出参数中，可供其他 T-SQL 语句读取访问。

【任务 1-6】创建一个带有输入参数的存储过程。对商品信息表(GoodsInfo)、进货信息表(PurchaseInfo)、进货明细表(PurchaseDetails)创建存储过程 Proc_GoodsInfo_PurchaseDetails1，根据输入的商品类别，实现查询商品编号、名称、进货价格、数量、进货单号、进货日期和进货人 ID，并执行该存储过程。

操作步骤如下。

(1) 在 SSMS 上单击 新建查询(N) 按钮，打开 SQL Query 标签页，在该标签页中输入如下 T-SQL 命令行。

```
/*---检测存储过程是否存在,存储过程存放在系统表 sysobjects 中---*/
IF EXISTS (SELECT name FROM sysobjects
WHERE  name ='Proc_GoodsInfo_PurchaseDetails1' AND type='P')
DROP  PROCEDURE Proc_GoodsInfo_PurchaseDetails1
GO
CREATE  PROCEDURE  Proc_GoodsInfo_PurchaseDetails1
@ClassID varchar(10)
AS
SELECT G.GoodsID 商品编号,GoodsName 名称,UnitPrice 价格,PurchaseCount 数量,
P2.PurchaseID 进货单号,PurchaseDate 进货日期,UserID  进货人 ID
FROM GoodsInfo G,PurchaseDetails P1,PurchaseInfo P2
WHERE G.GoodsID=P1.GoodsID AND P1.PurchaseID=P2.PurchaseID
AND G.ClassID=@ClassID
GO
EXECUTE Proc_GoodsInfo_PurchaseDetails1 'SPLB03'
```

(2) 单击 执行(X) 按钮，即可创建存储过程并执行存储过程，根据输入的参数值，执行结果如图 8.4 所示。

特别提醒：

(1) 命令行"EXECUTE Proc_GoodsInfo_PurchaseDetails1 'SPLB03'"，可以书写成为"EXECUTE Proc_GoodsInfo_PurchaseDetails1 @ClassID='SPLB03'"

(2) "'SPLB03'"中的参数值可以不带单引号，也可以将单引号改为双引号。

3) 带有两个输入参数的存储过程的创建

【任务 1-7】对商品信息表(GoodsInfo)、进货信息表(PurchaseInfo)、进货明细表(PurchaseDetails)创建存储过程 Proc_GoodsInfo_PurchaseDetails2，根据输入的选择方式(1、2 或空字符)，输入相应的商品名称或进货单号，实现查询商品编号、名称、进货价格、数量、进货单号、进货日期和进货人 ID，当输入的选择方式和商品编号或进货单为空时，则查询所

有进货商品信息，并执行该存储过程。

操作步骤如下。

(1) 在 SSMS 上单击 新建查询(N) 按钮，打开 SQL Query 标签页，在该标签页中输入如下 T-SQL 命令行。

```
CREATE  PROCEDURE  Proc_GoodsInfo_PurchaseDetails2
    @SelectWay char(1),
    @Str varchar(10)
AS
IF @SelectWay='1'
    SELECT G.GoodsID 商品编号,GoodsName 名称,UnitPrice 价格,PurchaseCount 数量,
    P2.PurchaseID 进货单号,PurchaseDate 进货日期,UserID  进货人 ID
    FROM GoodsInfo G,PurchaseDetails P1,PurchaseInfo P2
    WHERE G.GoodsID=P1.GoodsID AND P1.PurchaseID=P2.PurchaseID
    AND G.GoodsID=@str
IF @SelectWay='2'
    SELECT G.GoodsID 商品编号,GoodsName 名称,UnitPrice 价格,PurchaseCount 数量,
    P2.PurchaseID 进货单号,PurchaseDate 进货日期,UserID  进货人 ID
    FROM GoodsInfo G,PurchaseDetails P1,PurchaseInfo P2
    WHERE G.GoodsID=P1.GoodsID AND P1.PurchaseID=P2.PurchaseID
    AND P2.PurchaseID=@Str
IF @SelectWay=''
    SELECT G.GoodsID 商品编号,GoodsName 名称,UnitPrice 价格,PurchaseCount 数量,
    P2.PurchaseID 进货单号,PurchaseDate 进货日期,UserID  进货人 ID
    FROM GoodsInfo G,PurchaseDetails P1,PurchaseInfo P2
    WHERE G.GoodsID=P1.GoodsID AND P1.PurchaseID=P2.PurchaseID
GO
EXECUTE Proc_GoodsInfo_PurchaseDetails2 '1','G050002'
EXECUTE Proc_GoodsInfo_PurchaseDetails2 '2','P0002'
EXECUTE Proc_GoodsInfo_PurchaseDetails2 '',''
```

(2) 单击 执行(X) 按钮，即可创建存储过程并执行存储过程，执行结果如图 8.5 所示(含部分结果)。

	商品编号	名称	价格	数量	进货单号	进货日期	进货人ID
1	G050002	三星电视机	1220.00	20	P0003	2009-04-14 00:00:00.000	TEST01
2	G050002	三星电视机	1220.00	5	P0002	2009-04-13 00:00:00.000	TEST02

	商品编号	名称	价格	数量	进货单号	进货日期	进货人ID
1	G050001	美的电冰箱	2345.00	2	P0002	2009-04-13 00:00:00.000	TEST02
2	G030001	森达皮鞋	450.00	15	P0002	2009-04-13 00:00:00.000	TEST02
3	G050002	三星电视机	1220.00	5	P0002	2009-04-13 00:00:00.000	TEST02

	商品编号	名称	价格	数量	进货单号	进货日期	进货人ID
1	G010001	小浣熊干吃面	1.60	50	P0001	2009-04-12 00:00:00.000	TEST01
2	G010002	法式小面包	10.00	10	P0001	2009-04-12 00:00:00.000	TEST01
3	G010003	康师傅方便面	3.50	10	P0001	2009-04-12 00:00:00.000	TEST01
4	G020001	金一品梅	145.00	6	P0001	2009-04-12 00:00:00.000	TEST01
5	G020002	紫南京	280.00	4	P0001	2009-04-12 00:00:00.000	TEST01
6	G020003	洋酒蓝色经典	210.00	3	P0001	2009-04-12 00:00:00.000	TEST01
7	G020004	三星双沟	220.00	2	P0001	2009-04-12 00:00:00.000	TEST01
8	G030001	森达皮鞋	450.00	15	P0001	2009-04-12 00:00:00.000	TEST01
9	G030002	意尔康皮鞋	180.00	10	P0001	2009-04-12 00:00:00.000	TEST01
10	G050001	美的电冰箱	2345.00	2	P0002	2009-04-13 00:00:00.000	TEST02
11	G050002	三星电视机	1220.00	20	P0003	2009-04-14 00:00:00.000	TEST01
12	G030001	森达皮鞋	450.00	15	P0002	2009-04-13 00:00:00.000	TEST02
13	G050002	三星电视机	1220.00	5	P0002	2009-04-13 00:00:00.000	TEST02

图 8.5 任务 1-7 带有两个输入参数存储过程执行结果

🎓 **特别提醒：**

(1) 当输入参数缺少一个时，会出错。

(2) 当输入参数值顺序颠倒时，指定参数名称。例如：

```
EXECUTE Proc_GoodsInfo_PurchaseDetails3 @String='G050002',@SelectWay='1'
```

(3) 两个输入参数之间用 "," 分开。

(4) 本例在输入参数的 3 种方式下实现 3 种不同的查询。

(5) 在存储过程中加入了 IF…ELSE 语句，可上机练习。

【任务 1-8】在上例基础上创建带有默认值参数的存储过程。

操作步骤如下。

(1) 在 SSMS 上单击 🗋 **新建查询(N)** 按钮，打开 SQL Query 标签页，在该标签页中输入如下 T-SQL 命令行。

```
CREATE  PROCEDURE  Proc_GoodsInfo_PurchaseDetails3
(  @SelectWay char(1)=NULL,
   @String varchar(10)=NULL)
AS
IF @SelectWay='1'
   SELECT G.GoodsID 商品编号,GoodsName 名称,UnitPrice 价格,PurchaseCount 数量,
   P2.PurchaseID 进货单号,PurchaseDate 进货日期,UserID  进货人ID
   FROM GoodsInfo G,PurchaseDetails P1,PurchaseInfo P2
   WHERE G.GoodsID=P1.GoodsID AND P1.PurchaseID=P2.PurchaseID
   AND G.GoodsID=@string
ELSE IF @SelectWay='2'
   SELECT G.GoodsID 商品编号,GoodsName 名称,UnitPrice 价格,PurchaseCount 数量,
   P2.PurchaseID 进货单号,PurchaseDate 进货日期,UserID  进货人ID
   FROM GoodsInfo G,PurchaseDetails P1,PurchaseInfo P2
   WHERE G.GoodsID=P1.GoodsID AND P1.PurchaseID=P2.PurchaseID
   AND P2.PurchaseID=@String
ELSE IF (@SelectWay IS NULL OR @String IS NULL)
   SELECT G.GoodsID 商品编号,GoodsName 名称,UnitPrice 价格,PurchaseCount 数量,
   P2.PurchaseID 进货单号,PurchaseDate 进货日期,UserID  进货人ID
   FROM GoodsInfo G,PurchaseDetails P1,PurchaseInfo P2
   WHERE G.GoodsID=P1.GoodsID AND P1.PurchaseID=P2.PurchaseID
GO
EXECUTE Proc_GoodsInfo_PurchaseDetails3
```

(2) 单击 ▶ **执行(X)** 按钮，即可创建存储过程并执行存储过程。

🎓 **特别提醒：**

(1) 命令行片断 IF @SelectWay IS NULL 不能书写成：IF @SelectWay =NULL 形式，否则得不到默认值结果。

(2) 命令行片断 "IF (@SelectWay IS NULL OR @String IS NULL)" 可以省略。

(3) 命令行：EXEC Proc_GoodsInfo_PurchaseDetails3 中可不带参数，也可以书写成：

```
EXECUTE Proc_GoodsInfo_PurchaseDetails3
EXECUTE Proc_GoodsInfo_PurchaseDetails3 NULL
EXECUTE Proc_GoodsInfo_PurchaseDetails3 NULL,'SS'
```

```
EXECUTE Proc_GoodsInfo_PurchaseDetails3 'DDD',NULL
EXECUTE Proc_GoodsInfo_PurchaseDetails3 NULL,NULL
```

(4) 上两个例子已有相当难度，读者务必上机练习体会。

4) 带有输入、输出参数的存储过程的创建

通过定义输出参数，可以从存储过程中返回一个或多个值。定义输出参数需要在参数定义后加 OUTPUT 关键字。

【任务 1-9】创建一个带输入、输出参数的存储过程。对进货明细表(PurchaseDetails)，根据输入的商品编号，输出该商品的进货总数。

操作步骤如下。

(1) 在 SSMS 上单击 新建查询(N) 按钮，打开 SQL Query 标签页，在该标签页中输入如下 T-SQL 命令行。

```
CREATE  PROCEDURE  Proc_PurchaseTotalCount
@GoodsID varchar(10),
@TotalCount int OUTPUT
AS
SELECT @TotalCount=SUM(PurchaseCount)
FROM PurchaseDetails
WHERE GoodsID=@GoodsID
GROUP BY GoodsID
GO
DECLARE @GoodsID1 varchar(10),@n int
SET @GoodsID1='G050002'
EXECUTE Proc_PurchaseTotalCount @GoodsID1,@n OUTPUT
PRINT @GoodsID1+'进货总数:'+CONVERT(char,@n)
```

(2) 单击 执行(X) 按钮，即可创建存储过程并执行存储过程，执行结果如图 8.6 所示。

图 8.6 任务 1-9 带有输出参数的存储过程

特别提醒：

(1) 进货总数要求既是输入参数又是输出参数，因而定义了两个输入参数，一个输出参数。

(2) 语句片断：

```
SELECT @TotalCount=SUM(PurchaseCount)
```

实现了统计汇总到输出参数的值的传递。

(3) 必须声明局部变量 @n 用来接收输出参数的值，特别要求带有 OUTPUT 选项，否则

不会得到输出结果。

(4) @n 是整型变量，要和字符串相连接，须用系统函数 CONVERT()实现类型转换。

4. 删除存储过程

删除存储过程既可使用 SSMS(SSMS)以界面方式实现，也可以使用 DROP PROCEDURE 语句以命令方式删除。

1) 使用 SSMS 管理平台删除存储过程

【任务 1-10】使用 SSMS 管理平台删除存储过程 Proc_PurchaseTotalCount。

操作步骤如下。

(1) 在 SSMS 的【对象资源管理器】中，展开【服务器】|【数据库】|HcitPos|【可编程性】|【存储过程】节点，选中要删除的存储过程，右击鼠标，弹出快捷菜单。

(2) 出现如图 8.7 所示的界面后，选择 删除(D) 选项，即可删除要删除的存储过程。

2) 使用 T-SQL 语句 DROP PROCEDURE 删除存储过程

使用 T-SQL 语句删除存储过程的语法结构如下：

```
DROP PROC[EDURE] <存储过程名>[,...n]
```

图 8.7　SSMS 方式删除存储过程

【任务 1-11】删除前面任务中创建的存储过程 Proc_GoodsInfo_PurchaseDetails 和 Proc_SupplierInfo。

(1) 在 SSMS 上单击 新建查询(N) 按钮，打开 SQL Query 标签页，在该标签页中输入如下 T-SQL 命令行。

```
USE HcitPos
DROP PROC Proc_GoodsInfo_PurchaseDetails, Proc_SupplierInfo
```

(2) 单击 执行(X) 按钮，即可删除任务中的存储过程。

限于篇幅，存储过程的修改和查看这里仅给出简单操作，就不再详细叙述。

(1) 将创建存储过程的 "CREATE" 换成 "ALTER" 即可对存储过程进行修改。

(2) 查看存储过程内容的一般语法结构为：

```
sphelptext <存储过程名>
```

例如，查看存储过程 Proc_SupplierInfo。可执行如下命令行。

```
sphelptext Proc_SupplierInfo
```

5. 存储过程中错误处理信息

如果存储过程变得越来越复杂，则需要在存储过程中加入错误检查语句，在存储过程中，可以使用 PRINT 语句显示用户定义的错误信息。但是，这些信息是临时的，且只能显示给用户。RAISERROR 返回用户定义的错误信息时，可指定严重级别，设置系统变量记录所发生的错误。

RAISERROR 语句的语法结构如下：

```
RAISERROR((msg_id|msg_str){,severity,state}[option[,...n]])
```

使用说明：

(1) msg_id：在 sysmessages 系统表中指定的用户定义错误信息。

(2) msg_str：用户定义的特定信息，最长 255 个字符。

(3) severity：与特定信息相关联，表示用户定义的严重级别。用户可使用级别为 0～18 级。19～25 级是为 sysadmin 固定角色的成员预留的，并且需要指定 WITH LOG 选项。20～25 级错误被认为是致命错误。

(4) state：表示错误的状态。其取值范围为 1～127。

(5) option：指示是否将错误信息记录到服务器的错误日志中，书写应写成"WITH OPTION"。

【任务 1-12】完善任务 1-9，当输入的商品编号不在进货明细表(PurchaseDetails)中时，应给出提示信息，当输入商品编号存在时，统计出该商品的进货总数。

操作步骤如下。

(1) 在 SSMS 上单击 ![新建查询(N)] 按钮，打开 SQL Query 标签页，在该标签页中输入如下 T-SQL 命令行。

```
CREATE  PROCEDURE  Proc_PurchaseTotalCount1
@GoodsID varchar(10),
@TotalCount int OUTPUT
AS
IF @GoodsID NOT IN(SELECT DISTINCT GoodsID FROM PurchaseDetails)
    BEGIN
        RAISERROR('该商品进货信息，求其进货总数无法进行！',16,1)
        RETURN
    END
ELSE
    BEGIN
        SELECT @TotalCount=SUM(PurchaseCount)
        FROM PurchaseDetails
        WHERE GoodsID=@GoodsID
        GROUP BY GoodsID
    END
GO
DECLARE @GoodsID1 varchar(10),@n int
SET @GoodsID1='G060002'
EXECUTE Proc_PurchaseTotalCount1 @GoodsID1,@n OUTPUT
PRINT @GoodsID1+'进货总数：'+CONVERT(char,@n)
```

(2) 单击 ![执行(X)] 按钮，即可创建存储过程并执行存储过程，执行结果如图 8.8 所示。

特别提醒：

(1) 当执行存储过程时输入的商品编号不存在时，出现图 8.8 的结果。

(2)RAISERROR 与 PRINT 两者的区别。在应用程序设计中，根据存储过程等数据库对象的执行情况，RAISERROR 可向高级语言抛出数据库操作异常，高级语言通过 RAISERROR 向用户发出提示信息，而 PRINT 仅作 SQL 脚本调试时输出调试信息，对高级语言编程没有用，PRINT 只输出 SQL 脚本调试的结果。

(3) 任务中引发系统错误，指定错误的严重级别为 16 级，状态为 1(默认)。错误的严重级别大于 10，将自动设置全局变量@@ERROR 为非零，表示语句执行错误。所以，用户可以在调用存储过程后，判断全局变量@@ERROR 是否为 0，决定是否执行后续语句。

图 8.8　使用 RAISERROR 语句

课堂练习：

(1) 创建一个带有输入参数的存储过程。对商品信息表(GoodsInfo)、商品类别表(GoodsClass)、计量单位表(GoodsUnit)创建存储过程 Proc_GoodsInfo_Class_Unit1，输入商品编号，实现查询商品的编号、名称、类别名、计量单位名、价格和库存数量，并执行该存储过程。

(2) 创建一个带有输入/输出参数的存储过程。对销售明细表(SalesDetails)创建存储过程 Proc_GoodsInfo_SalesTotalMoney，当输入商品编号时，实现查询该商品销售总额，创建并执行该存储过程。

8.2　触 发 器

8.2.1　触发器概述

【任务 2】使用 SSMS 和 T-SQL 语句对触发器的创建、修改、查看和删除等操作。

为什么要引入触发器(Trigger)呢？在本书中，以创建商品信息表(GoodsInfo)和进货明细表(PurchaseDetails)为例，当向进货明细表插入(或删除)某一商品进货记录时，商品信息表中相应商品的库存数量没有做自动增加(或减少)。大家希望进货明细表中每种商品的进货数量都能反映到商品信息表中对应商品库存量上来。现在采用如下任务中的存储过程实现进货明细表中进货数量与商品信息表中库存数量相符。

【任务 2-1】根据进货明细表(PurchaseDetails)每种商品的进货情况，修改商品信息表(GoodsInfo)中的对应商品的库存数量，执行存储过程，查询商品进货数量与库存数量的变化信息。

操作步骤如下。

(1) 在 SSMS 上单击 ⬛ 新建查询(N) 按钮，打开 SQL Query 标签页，在该标签页中输入如下 T-SQL 命令行。

```
IF EXISTS (SELECT name FROM sysobjects WHERE name='Proc_GoodsCountAdd')
    DROP  PROC Proc_GoodsCountAdd
GO
CREATE PROC Proc_GoodsCountAdd
@PurchaseID varchar(10),
@GoodsID varchar(10),
@UnitPrice Money,
@PurchaseCount int
AS
IF (NOT EXISTS(SELECT * FROM GoodsInfo WHERE GoodsID=@GoodsID) OR
    NOT EXISTS(SELECT * FROM PurchaseInfo WHERE PurchaseID=@PurchaseID))
        RAISERROR('商品信息表中没有该商品,请先在商品信息表插入该商品基本信息,
                                        或进货单号不存在!',16,1)
ELSE
    BEGIN
        UPDATE GoodsInfo SET LastPurchasePrice=Price
        WHERE GoodsID=@GoodsID
        UPDATE GoodsInfo
        SET StoreNum=StoreNum+@PurchaseCount,Price=@UnitPrice
        WHERE GoodsID=@GoodsID
        UPDATE PurchaseInfo
        SET PurchaseMoney=PurchaseMoney+@UnitPrice*@PurchaseCount
        WHERE PurchaseID=@PurchaseID
        INSERT PurchaseDetails
        VALUES(@PurchaseID,@GoodsID,@UnitPrice,@PurchaseCount)
    END
```

(2) 单击 ⬛ 执行(X) 按钮，T-SQL 命令行执行完成，存储过程创建完毕。

(3) 在 SQL Query 标签页继续输入如下 T-SQL 命令行：

```
EXEC Proc_GoodsCountAdd 'P0003','G010001',1.6,100
SELECT GoodsID,GoodsName,Price,StoreNum,LastPurchasePrice FROM GoodsInfo
WHERE GoodsID='G010001'
SELECT * FROM PurchaseDetails
WHERE GoodsID='G010001' AND PurchaseID='P0003'
```

(4) 选择(3)中的 T-SQL 命令行，单击 ⬛ 执行(X) 按钮，执行结果如图 8.9 所示(不含存储过程代码)。

	GoodsID	GoodsName	Price	StoreNum	LastPurchasePrice
1	G010001	小浣熊干吃面	1.60	134	1.50

	ID	PurchaseID	GoodsID	UnitPrice	PurchaseCount
1	20	P0003	G010001	1.60	100

图 8.9　任务 2-1 执行结果

特别提醒:

(1) 如下语句实现用商品的价格更新上次进货价格。

```
UPDATE GoodsInfo SET LastPurchasePrice=Price
WHERE GoodsID=@GoodsID
```

(2) 如下语句实现商品库存数量的增加和用进货价格(新)更新商品价格。

```
UPDATE GoodsInfo
SET StoreNum=StoreNum+@PurchaseCount,Price=@UnitPrice
WHERE GoodsID=@GoodsID
```

(3) 如下语句实现更新商品信息表同一进货单号的进货总金额。

```
UPDATE PurchaseInfo
SET PurchaseMoney=PurchaseMoney+@UnitPrice*@PurchaseCount
WHERE PurchaseID=@PurchaseID
```

(4) 如下语句实现向进货明细表中插入一条进货记录。

```
INSERT PurchaseDetails
VALUES(@PurchaseID,@GoodsID,@UnitPrice,@PurchaseCount)
```

(5) 为保证数据库表中数据的前后一致性,执行上述操作后恢复数据库(教材资源中提供的数据库及测试数据)或手工修改恢复。

这是一个用存储过程实现表与表之间数据统一的例子,但是当在向进货信息表插入一条进货记录时,还得去执行一下存储过程以实现对相应商品的信息更新。假如不这么做,进货信息表、进货明细表和商品信息表 3 表中的数据就会不统一,这确实有点麻烦。现在,能否实现当向进货信息表中插入一条进货记录时自动去更新商品信息表和进货信息表相关信息呢? 能够实现这种特殊的业务规则最优的解决方案就是采用触发器。触发器是一种特殊的存储过程,并且也具有事务的功能。它在多表之间执行特殊的业务规则或保持复杂的数据逻辑关系,确保数据的完整性,它是约束无法替代的。

8.2.2　触发器的基本概念

1. 什么是触发器?

触发器是在对表进行插入、更新和删除操作时自动执行的存储过程。也就是说,触发器是一种特殊的存储过程,用于保证数据完整性,触发器不能被显式地调用,而是在向表里插入记录、更新记录或删除记录时被自动激活。所以,触发器可以用来对表实施复杂的完整性约束,当触发器所保护的数据发生变化时,触发器会自动被激活,从而防止对数据的不正确修改。

触发器通常用于强制业务规则,它是一种高级约束,可以定义比用 CHECK 约束更为复杂的约束,可执行复杂的 SQL 语句(IF/WHILE/ELSE),可引用其他表的列。触发器是通过事件进行触发而被执行的,而存储过程可以通过存储过程名字而被直接调用。当对某一表进行修改,诸如 UPDATE、INSERT、DELETE 这些操作时, SQL Server 就会自动执行触发器所定义的 SQL 语句,从而确保对数据的处理必须符合由这些 SQL 语句所定义的规则,由此触发器可分为以下几种。

(1) INSERT 触发器:当向表中插入数据时触发,自动执行触发器所定义的 SQL 语句。

(2) UPDATE 触发器：当更新表中某列、多列时触发，自动执行触发器所定义的 SQL 语句。

(3) DELETE 触发器：当删除表中记录时触发，自动执行触发器所定义的 SQL 语句。

约束和触发器作为实现数据完整性的两种主要机制，在特殊情况下各有优势。触发器的主要好处在于，它们可以包含使用 T-SQL 代码的复杂处理逻辑。因此，触发器可以支持约束的所有功能，但它在所给出的功能上并不总是最好的方法。一般来说，实体完整性应该在最低级别上通过索引进行强制，这些索引或是主键和唯一约束的一部分，或是在约束之外独立创建的。假如约束的功能已经可以满足应用程序的功能需要，那么域完整性应通过 CHECK 约束进行强制，而参照完整性则应通过外键约束进行强制。

2. 触发器的作用

触发器的作用包括如下几方面。

(1) 触发器可以实现对数据库中相关表级联操作。触发器可以侦测数据库内的操作，并自动地级联影响整个数据库的相关内容。例如，某个表上的触发器中包含有对另一表的数据操作(插入、删除、修改)；而该操作又导致该表上的触发器触发。

如果在触发器表上存在约束，则在执行 INSERT、UPDATE 及 DELETE 触发器执行前检查这些约束，如果不满足约束，则不执行 INSERT、UPDATE 及 DELETE 触发器。即是说，触发器执行是迟后于约束的，或者说在约束满足的前提下触发器才能执行。一般来说，使用约束比使用触发器效率更高。

(2) 触发器可以强制执行比使用 CHECK 定义的约束更为复杂的约束。与 CHECK 约束不同，触发器可以引用其他表中的列。例如，当向销售明细表中插入一条销售记录时，查看对应商品信息表(GoodsInfo)列 StopUse(停止使用否)，如果停止使用则商品不能销售。

当约束所支持的功能无法满足应用程序的功能要求时，触发器就变得极为重要了。

① 除非 REFERENCES 子句定义了级联引用操作，否则 FOREIGN KEY 约束只能以与另一列中的值完全匹配的值来验证列值。

② CHECK 约束只能根据逻辑表达式或同一表中的另一列来验证列值。如果应用程序要求根据另一个表中的列验证列值，则必须使用触发器。

③ 约束只能通过标准的系统错误信息传递错误信息。如果应用程序要求使用(或能从中获益)自定义信息和较为复杂的错误处理，则必须使用触发器。

(3) 触发器可以改变相关表中的数据，并根据相关表中数据的变化进行相应的操作。

(4) 一个表中的多个同类触发器(INSERT、UPDATE 或 DELETE)允许采取多个不同的对策，以响应同一个修改。

另外，在实际应用中还有一些特定的业务规则，也是触发器应用的一个主要方面。

3. INSERTED 表与 DELETED 表的作用

SQL Server 为每个触发器创建了两个特殊的表：插入表(INSERTED)和删除表(DELETED)。这是两个逻辑表，并且这两个表由系统管理，存储在内存中。

这两个表的结构与被该触发器作用的表有相同的表结构。这两个表动态驻留在内存中，当触发器工作完成时，它们也被删除。这两个表主要保存因用户操作而被影响到的原数据值或新数据值。另外这两个表是只读的，即用户不能向其写入内容，但可以引用表的数据，例如可用语句查看表中的信息：SELECT * FROM INSERTED。

(1) INSERTED 表。用于存储 INSERT 和 UPDATE 语句所影响的行的副本，即在 INSERTED

表中临时保存了被插入或被更新后的记录行。在执行 INSERT 或 UPDATE 语句时，新加行被同时添加到 INSERTED 表中。由此可以从 INSERTED 表中检查插入的数据是否满足业务需求。如果不满足，就可以向用户报告错误消息，并回滚撤销操作。

(2) DELETED 表。用于存储 DELETE 或 UPDATE 语句所影响的行的副本。即在 DELETED 表中临时保存了被删除或被更新前的记录行。在执行 DELETE 或 UPDATE 语句时，数据行从触发器表中删除，并传输到 DELETED 表中。由此可以从 DELETED 表中检查删除的数据行是否能删除。如果不能，就可以回滚撤销此操作，因为触发器本身就是一个特殊的事务单元。

更新(UPDATE)语句类似于在删除之后执行插入：首先旧行被复制到 DELETED 表中，然后新行被复制到触发器表和 INSERTED 表中。

综上所述，INSERTED 表和 DELETED 表用于临时存放对表中数据行的修改信息，它们在具体的增加、删除、更新操作时的情况见表 8-3。

表 8-3　INSERTED 表和 DELETED 表

修改操作	INSERTED 表	DELETED 表
增加(INSERT)记录时	存放新增加的记录	…
删除(DELETE)记录时	…	存放被删除的记录
更新(UPDATE)记录时	存放用于更新的新记录	存放更新前的记录

触发器的主要作用是实现由主键和外键所不能保证的参照完整性和数据的一致性。

4. INSTEAD OF 触发器和 AFTER 触发器

SQL Server 2005 触发时机上提供了两种触发器：INSTEAD OF 触发器和 AFTER 触发器。这两种触发器差别在于它们被激活的时机不同。

(1) INSTEAD OF 触发器用于代替引起触发器执行的 T-SQL 语句，非触发器内的语句。除此之外，INSTEAD OF 触发器也可以用于视图，用来扩展视图可以支持的更新操作。

(2) AFTER 触发器在一个 INSERT、UPDATE 或 DELETE 语句之后执行，进行约束检查等动作都将在 AFTER 触发器被激活之前发生。AFTER 触发器只能用于表。

一个表或视图的每个修改动作(INSERT、UPDATE 或 DELETE)都可以运行一个 INSTEAD OF 触发器，一个表的每个修改动作都可以有多个 AFTER 触发器。

5. 触发器的执行过程

如果一个 INSERT、UPDATE 或 DELETE 语句违反了约束，那么 AFTER 触发器就不会执行，因为对约束的检查是在 AFTER 触发器被激活之前发生的，所以 AFTER 触发器不能超越约束。

INSTEAD OF 可以取代激活它们的操作来执行。它在 INSERTED 表和 DELETED 表刚刚建立，其他任何操作还没有发生之前被执行。因为 INSTEAD OF 触发器在约束之前执行，所以它可以对约束进行一些预处理。

8.2.3　创建触发器

1. 使用 SSMS 创建触发器

【任务 2-2】使用 SSMS 创建触发器。

操作步骤如下。

(1) 在 SSMS 上，展开【服务器】|【数据库】|【表】节点，选中要在其上创建触发器的表(如 PurchaseDetails)，展开【表】节点，选中【触发器】文件夹，单击鼠标右键，弹出快捷菜单，如图 8.10 所示。

图 8.10　SSMS 创建触发器

(2) 在弹出的快捷菜单中，选择 新建触发器(N)... 选项，出现如图 8.11 所示的窗口，在右面的窗口中输入触发器的 T-SQL 语句，单击 执行(X) 按钮，即可创建触发器。

图 8.11　利用 SSMS 管理平台 SQL Query 标签页创建触发器

2. 使用 SSMS 实现表之间的级联操作

【任务 2-3】在进货明细表(PurchaseDetails)和进货信息表(PurchaseInfo)中实现级联更新和级联删除操作，即当删除主表(PurchaseInfo)中某进货单时，会自动删除从表(PurchaseDetails)相应的商品信息。

使用级联实现表之间的数据完整性和一致性比使用触发器更快捷。

操作步骤如下。

(1) 在 SSMS 上，展开【服务器】|【数据库】|【表】节点，选中要在其上创建触发器的表，如 PurchaseInfo，，单击鼠标右键，弹出快捷菜单，选择 修改(Y) 选项，出现【表设计器】界面，右击表中的任意列，选择 关系(H)... 选项，或单击【表设计器】上 关系按钮，

如图 8.12 所示。

(2) 出现如图 8.13 所示的【外键关系】对话框，在右面【INSERT 和 UPDATE 规范】的【更新规则】和【删除规则】中选择【层叠】选项，单击【关闭】按钮回到【表设计器】界面，保存对表所做的修改，至此完成对表的级联操作。

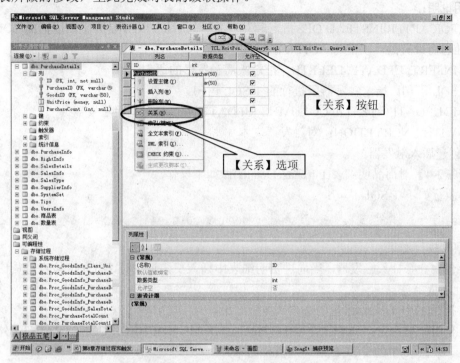

图 8.12　利用 SSMS 创建表之间的级联界面

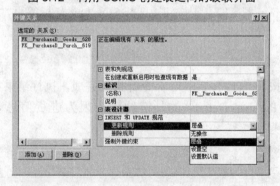

图 8.13　利用 SSMS 创建表之间级联

特别提醒：

用此方法实现级联更新和删除时，要注意该修改和删除数据后无出错提示，否则进行误操作后难以恢复。

3. 使用 T-SQL 语句创建触发器

使用 CREATE TRIGGER 语句以命令方式创建触发器，其常用语法结构如下：

```
CREATE TRIGGER <触发器名>
ON <{表名|视图名>[WITH ENCRYPTION]
```

```
{FOR|AFTER|INSTEAD OF} {[INSERT],[UPDATE],[DELETE]}
AS
    [IF UPDATE(列名) | IF COLUMNS_UPDATED()]
        SQL 语句
```

使用说明：

(1) FOR|AFTER|INSTEAD OF：指定触发器激活的时机，FOR 是为了和以前的 SQL Server 版本相兼容而设置的，功能与 AFTER 触发器一样。

(2) INSERT, UPDATE, DELETE：指定激活触发器的语句。

(3) SQL 语句：指定触发器所执行的 T-SQL 语句。

(4) IF UPDATE(列名) | IF COLUMNS_UPDATED()：指定列级触发器。

(5) WITH ENCRYPTION：对触发器文本加密。

1) 创建插入触发器

【任务 2-4】对商品明细表(PurchaseDetails)做如下操作。

(1) 执行如下 T-SQL 语句：

```
INSERT PurchaseDetails VALUES('P0004','G010001',1.6,100)
```

观察其执行结果。

(2) 建立一个插入触发器，当向进货明细表中插入一条记录时，首先应检查进货信息表中是否有此进货单信息。

(3) 执行(1)中 T-SQL 语句，观察其执行结果。

(4) 使用如下命令：ALTER TABLE PurchaseDetails NOCHECK CONSTRAINT <外键约束名>|ALL，观察(1)中的 T-SQL 语句的执行结果。

操作步骤如下。

(1) 在 SSMS 上单击 新建查询(N) 按钮，打开 SQL Query 标签页，在该标签页中输入如下 T-SQL 命令行。

```
INSERT PurchaseDetails VALUES('P0004','G010001',1.6,100)
```

(2) 单击 执行(X) 按钮，(1)中 T-SQL 命令行执行完成，执行结果如图 8.14 所示。插入记录失败的原因是违反 PurchaseDetails 的外键约束，因为进货信息表(PurchaseInfo)中没有"P0004"号的进货单信息。

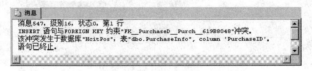

图 8.14　任务 2-4(1)的执行结果

(3) 在 SQL Query 标签页中继续输入如下 T-SQL 命令行。

```
IF EXISTS(SELECT name FROM sysobjects WHERE name=
                'Tri_INSERT_PurchaseGoods' AND type='TR')
DROP TRIGGER Tri_INSERT_PurchaseGoods
GO
CREATE TRIGGER Tri_INSERT_PurchaseGoods
ON PurchaseDetails
```

```
AFTER INSERT
AS
IF ((SELECT PurchaseID FROM INSERTED) NOT IN (SELECT PurchaseID
        FROM PurchaseInfo) OR (SELECT GoodsID FROM INSERTED) NOT IN
        (SELECT GoodsID FROM GoodsInfo))
    BEGIN
    ROLLBACK TRANSACTION
    RAISERROR('在进货信息表中没有该进货单或在商品信息表没有该商品信息',16,1)
    END
```

(4) 单击 **执行(X)** 按钮，(3)中 T-SQL 命令行执行完成，执行结果如图 8.15 所示。在左边的【对象资源管理器】的 PurchaseDetails 表的触发器文件夹下有一个名为 Tri_INSERT_PurchaseGoods 的触发器。

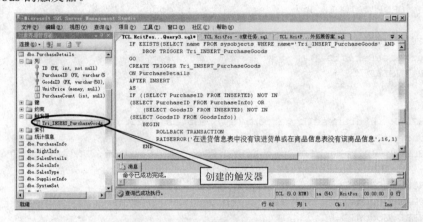

图 8.15　任务 2-4(3)的执行结果

(5) 在 SQL Query 标签页中继续输入如下 T-SQL 命令行。

```
INSERT PurchaseDetails VALUES('P0004','G010001',1.6,100)
```

(6) 单击 **执行(X)** 按钮，(5)中 T-SQL 命令行执行完成，插入记录失败。触发器仍然没有工作。

(7) 在 SQL Query 标签页中继续输入如下 T-SQL 命令行。

```
ALTER TABLE PurchaseDetails NOCHECK CONSTRAINT ALL
```

(8) 单击 **执行(X)** 按钮。在 SQL Query 标签页选中任务中(1)的插入语句，单击 **执行(X)** 按钮，其执行结果如图 8.16 所示。触发器被激活，就此得出如下结论：约束是超越触发器先起作用的。

图 8.16　任务 2-4(7)的执行结果

特别提醒：

(1) 本例触发器中使用一回滚事务 ROLLBACK TRAN 和错误处理语句 RAISERROR()。

(2) 第(7)步中的外键约束名可以是进货明细表中的实际的两个外键约束名。

(3) 本例给出了约束与触发器执行的时机，读者可上机练习体会。

(4) 根据实际情况给出一个插入记录并执行成功，读者可上机练习。

(5) 练习完成后把步骤(7)中的 T-SQL 语句中的 "NOCHECK" 改变为"CHECK"，再执行。

【任务 2-5】在向商品明细表(PurchaseDetails)插入一条记录时，实现对商品信息表(GoodsInfo)和进货信息表(PurchaseInfo)的自动更新。

操作步骤如下。

(1) 在 SSMS 上单击 新建查询(N)按钮，打开 SQL Query 标签页，在该标签页中输入如下 T-SQL 命令行。

```
IF EXISTS(SELECT name FROM sysobjects WHERE name='Tri_Insert_PurchaseGoods')
        DROP TRIGGER Tri_Insert_PurchaseGoods
GO
CREATE TRIGGER Tri_Insert_PurchaseGoods
ON PurchaseDetails
AFTER INSERT
AS
BEGIN
  DECLARE @PurchaseID varchar(10),@GoodsID varchar(10),@UnitPrice
  money,@PurchaseCount int
  SELECT  @PurchaseID=PurchaseID,@GoodsID=GoodsID,@UnitPrice=UnitPrice,
        @PurchaseCount=PurchaseCount
  FROM INSERTED
  UPDATE GoodsInfo SET LastPurchasePrice=Price
  WHERE GoodsID=@GoodsID
  UPDATE GoodsInfo SET StoreNum=StoreNum+@PurchaseCount,Price=@UnitPrice
  WHERE GoodsID=@GoodsID
  UPDATE PurchaseInfo
  SET PurchaseMoney=PurchaseMoney+@UnitPrice*@PurchaseCount
  WHERE PurchaseID=@PurchaseID
 END
```

(2) 单击 执行(X)按钮，创建触发器成功。

(3) 同样输入如下 T-SQL 命令行，测试触发器的功能。

```
INSERT PurchaseDetails VALUES('P0003','G010001',1.6,100)
```

(4) 同样输入如下 T-SQL 命令行，测试 3 表中数据的一致性。

```
SELECT GoodsID,GoodsName,Price,StoreNum,LastPurchasePrice FROM GoodsInfo
WHERE GoodsID='G010001'
SELECT * FROM PurchaseDetails
WHERE GoodsID='G010001' AND PurchaseID='P0003'
SELECT * FROM PurchaseInfo
WHERE PurchaseID='P0003'
```

测试结果如图 8.17 所示。

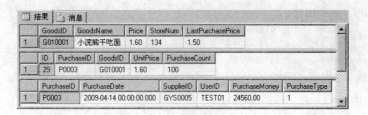

图 8.17 任务 2-5 的执行结果

2) 创建删除触发器

【任务 2-6】在对商品进货明细表(PurchaseDetails)删除一条记录时，实现对商品信息表(GoodsInfo)和进货信息表(PurchaseInfo)的自动更新。

步骤如下。

(1) 在 SSMS 上单击 新建查询(N)按钮，打开 SQL Query 标签页，在该标签页中输入如下 T-SQL 命令行。

```sql
IF EXISTS(SELECT name FROM sysobjects WHERE name='Tri_Delete_PurchaseGoods')
    DROP TRIGGER Tri_Delete_PurchaseGoods
GO
CREATE TRIGGER Tri_Delete_PurchaseGoods
ON PurchaseDetails
AFTER DELETE
AS
BEGIN
   DECLARE @PurchaseID varchar(10),@GoodsID varchar(10)
   DECLARE @UnitPrice money,@PurchaseCount int
   DECLARE @SourcePrice money,@NewPrice money
   SELECT  @PurchaseID=PurchaseID,@GoodsID=GoodsID,@UnitPrice=UnitPrice,
        @PurchaseCount=PurchaseCount
   FROM DELETED
   SELECT @SourcePrice=LastPurchasePrice,@NewPrice=Price
   FROM GoodsInfo
   WHERE GoodsID=@GoodsID
   UPDATE GoodsInfo SET StoreNum=StoreNum-@PurchaseCount,Price=@SourcePrice,
        LastPurchasePrice=@NewPrice
   WHERE GoodsID=@GoodsID
   UPDATE PurchaseInfo
   SET PurchaseMoney=PurchaseMoney-@UnitPrice*@PurchaseCount
   WHERE PurchaseID=@PurchaseID
END
```

(2) 单击 执行(X)按钮，创建触发器成功。

(3) 在 SQL Query 标签页，继续输入如下 T-SQL 命令行。

```sql
DELETE PurchaseDetails
WHERE PurchaseID='P0003' AND GoodsID='G010001'
```

(4) 单击 执行(X)按钮，执行该命令行成功。

(5) 在 SQL Query 标签页，继续输入如下测试命令行。

```sql
SELECT GoodsID,GoodsName,Price,StoreNum,LastPurchasePrice FROM GoodsInfo
```

```
WHERE GoodsID='G010001'
SELECT * FROM PurchaseDetails
WHERE GoodsID='G010001' AND PurchaseID='P0003'
SELECT * FROM PurchaseInfo
WHERE PurchaseID='P0003'
```

测试结果如图 8.18 所示。

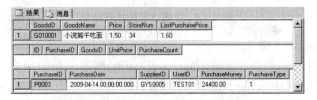

图 8.18　任务 2-6 的执行结果

课堂练习：

(1) 在向销售明细表(SalesDetails)插入一条记录时，实现对商品信息表(GoodsInfo)和销售信息表(SalesInfo)的自动更新。

(2) 在对销售明细表(SalesDetails)删除一条记录时，实现对商品信息表(GoodsInfo)和销售信息表(SalesInfo)的自动更新(本题可作为课外拓展题)。

3) 创建 INSTEAD OF 触发器

【任务 2-7】在进货信息表(PurchaseInfo)和进货明细表(PurchaseDetails)中：

(1) 分别插入一条和两条记录，执行如下 T-SQL 命令行。

```
INSERT INTO PurchaseInfo(PurchaseID,PurchaseDate,SupplierID,UserID)
VALUES('P0004',getdate(),'GYS0001','TEST01')
INSERT INTO PurchaseDetails(PurchaseID,GoodsID,UnitPrice,PurchaseCount)
VALUES('P0004','G010001',1.6,20)
INSERT INTO PurchaseDetails(PurchaseID,GoodsID,UnitPrice,PurchaseCount)
VALUES('P0004','G010002',10,10)
```

(2) 执行如下 T-SQL 语句。

```
DELETE FROM PurchaseInfo WHERE PurchaseID='P0004'
```

观察其执行结果。

(3) 建立一个删除触发器，当删除进货信息表中记录时，首先要删除进货明细表相关进货商品信息。

(4) 执行(2)中 T-SQL 语句，观察其执行结果。

(5) 执行如下语句：

```
ALTER TABLE PurchaseDetails NOCHECK CONSTRAINT ALL
```

观察(2)中 T-SQL 语句的执行结果。

操作步骤如下：

(1) 在 SSMS 上单击 新建查询(N) 按钮，打开 SQL Query 标签页，在该标签页中输入如下本任务(1)的命令行。

(2) 单击 执行(X) 按钮，(1)中 T-SQL 命令行执行完成，但执行本任务(2)中的语句时删除记录不成功，其执行结果如图 8.19 所示。删除记录失败的原因是违反进货明细表(PurchaseDetails)

的外键约束，因为进货明细表含有进货信息表中含有"P0004"相关的进货信息。

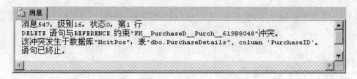

图 8.19 任务 2-7(2)的执行结果

(3) 在 SQL Query 标签页中继续输入如下 T-SQL 命令行。

```
IF EXISTS(SELECT name FROM sysobjects WHERE name='Tri_Delete_PurchaseGoods')
        DROP TRIGGER Tri_Delete_PurchaseGoods
GO
CREATE TRIGGER Tri_Delete_PurchaseGoods
ON PurchaseInfo
AFTER DELETE
AS
BEGIN
    DECLARE @PurchaseID varchar(10)
    SELECT  @PurchaseID=PurchaseID FROM DELETED
    DELETE FROM PurchaseDetails
    WHERE PurchaseID=@PurchaseID
END
```

(4) 单击 **执行(X)** 按钮，触发器 Tri_Delete_PurchaseGoods 创建完成。

(5) 选中(2)的删除语句，单击 **执行(X)** 按钮，删除记录仍然失败，原因同步骤(2)。

(6) 在 SQL Query 标签页中继续输入如下 T-SQL 语句。

```
ALTER TABLE PurchaseDetails NOCHECK CONSTRAINT ALL
```

(7) 选中该语句，单击 **执行(X)** 按钮。在 SQL Query 标签页选中任务中(2)的删除语句，单击 **执行(X)** 按钮，触发器被激活工作，但删除记录不完全成功，这是因为商品信息表中商品"G010002"的信息没有恢复，追究其原因是触发器 Tri_Delete_PurchaseGoods 没有对进货明细表中的商品进行筛选，而仅把要删除的第一条记录"G010001"做了修改还原操作，解决这些问题必须在触发器 Tri_Delete_PurchaseGoods 使用游标，逐条删除进货明细表中的记录，如图 8.20 所示。

"G010001"原来库存数量为 34，前后统一；"G010002"原来的数量为 3，现在却为 13，没有恢复到原来的值。

	GoodsID	GoodsName	Price	StoreNum	LastPurchasePrice
1	G010001	小浣熊干吃面	1.50	34	1.60
2	G010002	法式小面包	9.60	13	10.00

图 8.20 任务 2-7(7)的执行结果

(8) 执行如下 T-SQL 语句恢复商品信息表中"G010002"的数据。

```
UPDATE GoodsInfo
SET Price=10,StoreNum=3,LastPurchasePrice=9.6
WHERE GoodsID='G010002'
```

(9) 实现前后数据更新的统一，修改 Tri_Delete_PurchaseGoods 触发器内容如下。

```
IF EXISTS(SELECT name FROM sysobjects WHERE name='Tri_Delete_PurchaseGoods')
        DROP TRIGGER Tri_Delete_PurchaseGoods
GO
CREATE TRIGGER Tri_Delete_PurchaseGoods
ON PurchaseDetails
AFTER DELETE
AS
BEGIN
   DECLARE @PurchaseID varchar(10),@GoodsID varchar(10)
   DECLARE @UnitPrice money,@PurchaseCount int
   DECLARE @SourcePrice money,@NewPrice money
   DECLARE SelectGoodsID_Cursor CURSOR                      --声明游标
   FOR
   SELECT PurchaseID,GoodsID,UnitPrice,PurchaseCount FROM DELETED
   OPEN SelectGoodsID_Cursor                                --打开游标
   FETCH NEXT FROM SelectGoodsID_Cursor INTO
       @PurchaseID,@GoodsID,@UnitPrice,@PurchaseCount        --读取游标
   WHILE (@@FETCH_STATUS=0)
       BEGIN
           SELECT @SourcePrice=LastPurchasePrice,@NewPrice=Price
           FROM GoodsInfo
           WHERE GoodsID=@GoodsID
           UPDATE GoodsInfo SET StoreNum=StoreNum-@PurchaseCount,
                   Price=@SourcePrice,LastPurchasePrice=@NewPrice
           WHERE GoodsID=@GoodsID
           UPDATE PurchaseInfo
           SET PurchaseMoney=PurchaseMoney-@UnitPrice*@PurchaseCount
           WHERE PurchaseID=@PurchaseID
           FETCH NEXT FROM SelectGoodsID_Cursor INTO
            @PurchaseID,@GoodsID,@UnitPrice,@PurchaseCount
       END
   CLOSE SelectGoodsID_Cursor                               --关闭游标
   DEALLOCATE SelectGoodsID_Cursor                          --释放游标
END
```

至此，才真正实现对主表(PurchaseInfo)和从表中数据删除操作的数据统一。

特别提醒：

(1)对进货信息表中数据的删除，影响到进货明细表的数据删除；对进货明细表的数据删除又要影响到商品信息表的数据更新；对进货明细表的数据插入，又影响到商品信息表的更新。这些都是相当复杂的过程，实际应用时要综合考虑才行。

(2) 如果要想在约束没有"NOCHECK"的情况下删除进货明细表的信息，那么只有把触发器建立成"INSTEAD OF"触发器。

【任务 2-8】在进货信息表(PurchaseInfo)中创建一个 INSTEAD OF 触发器，实现当删除进货信息表中信息时自动删除进货明细表(PurchaseDetails)中相关信息，并更新商品信息表(GoodsInfo)中相关信息。

操作步骤如下。

(1) 执行任务 2-7(1)中的插入语句,向进货信息表和进货明细表分别插入一条和两条记录。

```
INSERT INTO PurchaseInfo(PurchaseID,PurchaseDate,SupplierID,UserID)
VALUES('P0004',getdate(),'GYS0001','TEST01')
INSERT INTO PurchaseDetails(PurchaseID,GoodsID,UnitPrice,PurchaseCount)
VALUES('P0004','G010001',1.6,20)
INSERT INTO PurchaseDetails(PurchaseID,GoodsID,UnitPrice,PurchaseCount)
VALUES('P0004','G010002',10,10)
```

(2) 在 SSMS 上单击 新建查询(N) 按钮,打开 SQL Query 标签页,在该标签页中输入如下
T-SQL 命令行。

```
IF EXISTS(SELECT name FROM sysobjects
        WHERE name='Tri_DelInsteadOf_PurchaseGoods')
        DROP TRIGGER Tri_DelInsteadOf_PurchaseGoods
GO
/*创建触发器 Tri_DelInsteadOf_PurchaseGoods*/
CREATE TRIGGER Tri_DelInsteadOf_PurchaseGoods
ON PurchaseInfo
INSTEAD OF DELETE
AS
BEGIN
    DECLARE @PurchaseID varchar(10)
    SELECT@PurchaseID=PurchaseID FROM DELETED
    DELETE FROM PurchaseDetails
    WHERE PurchaseID=@PurchaseID        --先删除从表 PurchaseDetails 信息
    DELETE FROM PurchaseInfo            --再删除主表 PurchaseInfo 信息
    WHERE PurchaseID=@PurchaseID
END
```

(3) 单击 执行(X) 按钮,该删除触发器创建成功。

(4) 执行任务 2-7(2)的删除语句。

```
DELETE FROM PurchaseInfo WHERE PurchaseID='P0004'
```

(5) 步骤(4)语句执行后,进货信息表和进货明细表中信息插入和删除操作正确;商品信息
表中相关数据处理结果如图 8.21 所示,前后一致。

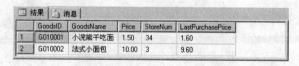

图 8.21　任务 2-8(5)的执行结果

特别提醒:

(1) 本任务中,代替该触发器的"代替"二字应做如下理解,用触发器中的 T-SQL 语句代
替引起触发器工作的删除语句,千万注意触发器中的 T-SQL 语句必须实现先对从表信息的删
除,后对主表信息的删除操作,不能仅删除从表中相关信息。

(2) 在任务 8-7 和 2-8 中创建 AFTER DELETE 和 INSTEAD OF DELETE 触发器,需要考
虑两个触发器的执行时机。

同一个表如果存在约束、AFTER 和 INSTEAD OF 触发器，则在 INSTEAD OF 触发器触发器执行后，AFTER 触发器执行前检查约束。如果违反约束，则回滚 INSTEAD OF 触发器，而不执行 AFTER 触发器。

4) 创建更新触发器

【任务 2-9】在进货信息表(PurchaseInfo)中创建一个更新(UPDATE)触发器，实现当更新进货明细表(PurchaseDetails)时自动更新进货信息表，并更新商品信息表(GoodsInfo)中相关信息。

操作步骤如下。

(1) 执行任务 2-7(1)中的插入语句,向进货信息表和进货明细表分别插入一条和两条记录。

```
INSERT INTO PurchaseInfo(PurchaseID,PurchaseDate,SupplierID,UserID)
VALUES('P0004',getdate(),'GYS0001','TEST01')
INSERT INTO PurchaseDetails(PurchaseID,GoodsID,UnitPrice,PurchaseCount)
VALUES('P0004','G010001',1.6,20)
INSERT INTO PurchaseDetails(PurchaseID,GoodsID,UnitPrice,PurchaseCount)
VALUES('P0004','G010002',10,10)
```

(2) 在 SQL Query 标签页中继续输入如下 T-SQL 命令行。

```
IF EXISTS(SELECT name FROM sysobjects WHERE name='Tri_Update_PurchaseGoods')
    DROP TRIGGER Tri_Update_PurchaseGoods
GO
CREATE TRIGGER Tri_Update_PurchaseGoods
ON PurchaseDetails
AFTER UPDATE
AS
BEGIN
    DECLARE @PurchaseID varchar(10),@GoodsID varchar(10)
    DECLARE @SourcePrice money,@NewPrice money
    DECLARE @SourcePurchaseCount int,@NewPurchaseCount int
    SELECT @PurchaseID=PurchaseID,@GoodsID=GoodsID,@SourcePrice=UnitPrice,
    @SourcePurchaseCount=PurchaseCount FROM DELETED
    SELECT @NewPrice=UnitPrice,@NewPurchaseCount=PurchaseCount
    FROM INSERTED
    UPDATE GoodsInfo
    SET StoreNum=StoreNum+@NewPurchaseCount-@SourcePurchaseCount,
        Price=@NewPrice,LastPurchasePrice=@SourcePrice
    WHERE GoodsID=@GoodsID
    UPDATE PurchaseInfo
    SET PurchaseMoney=PurchaseMoney+@NewPrice*@NewPurchaseCount-
        @SourcePrice*@SourcePurchaseCount
    WHERE PurchaseID=@PurchaseID
END
```

(3) 单击 执行(X) 按钮，该删除触发器创建成功。

(4) 在 SQL Query 标签页，继续输入如下 T-SQL 语句。

```
UPDATE PurchaseDetails
SET UnitPrice=12,PurchaseCount=30
WHERE GoodsID='G010002' AND PurchaseID='P0004'
```

执行该语句成功。

(5) 在 SQL Query 标签页，继续输入如下 T-SQL 命令行，查询更新后各表相关信息。

```
SELECT GoodsID,GoodsName,Price,StoreNum,LastPurchasePrice FROM GoodsInfo
WHERE  GoodsID='G010002' OR  GoodsID='G010001'
SELECT * FROM PurchaseInfo
WHERE  PurchaseID='P0004'
SELECT * FROM PurchaseDetails
WHERE  PurchaseID='P0004'
```

执行该命令行成功，得到如图 8.22 所示的信息。

	GoodsID	GoodsName	Price	StoreNum	LastPurchasePrice
1	G010001	小浣熊干吃面	1.60	54	1.50
2	G010002	法式小面包	12.00	33	9.60

	PurchaseID	PurchaseDate	SupplierID	UserID	PurchaseMoney	PurchaseType
1	P0004	2009-08-08 14:06:11.607	GYS0001	TEST01	392.00	1

	ID	PurchaseID	GoodsID	UnitPrice	PurchaseCount
1	50	P0004	G010001	1.60	20
2	51	P0004	G010002	12.00	30

图 8.22　任务 8-9 步骤(5)的执行结果

(6) 为保持数据库表中执行任务 2-9 中各个操作前后的数据一致性，执行如下命令行，恢复任务 2-9 之前的信息。

```
DELETE PurchaseInfo              --删除 PurchaseInfo 插入的数据
WHERE PurchaseID='P0004'
UPDATE GoodsInfo                 --还原 G010002 的原始数据
SET Price=10,StoreNum=3,LastPurchasePrice=9.6
WHERE GoodsID='G010002'
```

特别提醒：

(1) 从学习触发器知识开始，到此已经创建了几个触发器，这些触发器都在工作，读者不要停用任一触发器，否则每个任务操作会引起数据不一致。

(2) 在修改主从关系表中的主键时，使用 AFTER 或 INSTEAD OF 的更新触发器无法实现更新主键。这个问题留给读者思考，这里就不再赘述了。在这种情况下，最好使用 INSERT 和 UPDATE 级联。不提倡在约束能够实现数据完整性情形下，使用触发器实现相同的任务。

(3) 本任务难度不小，读者可上机体会。

5) 创建列级触发器

在通常情况下，用户对表所做的修改只局限在表中的某些列上，而且用户经常需要判断在某些列上的数据是否发生了修改，并在数据被修改时做出相应的反映，这种形式的触发器被称为列级触发器。列级触发器主要针对某些列实现监控，建立列级触发器的语法如下：

```
CREATE TRIGGER <触发器名>
ON <表名或视图名>
FOR INSERT, UPDATE
[WITH ENCRYPTION]
AS
IF  <UPDATE(列名)|COLUMNS_UPDATED()>   --判断指定的某列是否经过了修改
    SQL 语句
```

【任务 2-10】在进货明细表(PurchaseDetails)中创建一个列级更新触发器,实现当更新进货明细表的商品进货数量(PurchaseCount)时, 自动更新进货信息表(PurchaseInfo)和商品信息表(GoodsInfo)中相关信息。

操作步骤如下。

(1) 执行任务 2-7(1)中的插入语句,向进货信息表和进货明细表分别插入一条和两条记录。

(2) 在 SQL Query 标签页中继续输入如下 T-SQL 命令行。

```
/*禁用 Tri_Update_PurchaseGoods,避免该更新触发器工作*/
DISABLE TRIGGER Tri_Update_PurchaseGoods ON PurchaseDetails
IF EXISTS(SELECT name FROM sysobjects WHERE name='Tri_Update_Column_
PurchaseGoods')
    DROP TRIGGER Tri_Update_Column_PurchaseGoods
GO
CREATE TRIGGER Tri_Update_Column_PurchaseGoods
ON PurchaseDetails
AFTER UPDATE
AS
    IF UPDATE(PurchaseCount)
    BEGIN
        DECLARE @PurchaseID varchar(10),@GoodsID varchar(10)
        DECLARE @UnitPrice money
        DECLARE @SourcePurchaseCount int,@NewPurchaseCount int
        SELECT @PurchaseID=PurchaseID,@GoodsID=GoodsID,
        @UnitPrice=UnitPrice,@SourcePurchaseCount=PurchaseCount
        FROM DELETED
        SELECT @NewPurchaseCount=PurchaseCount FROM INSERTED
        UPDATE GoodsInfo
        SET StoreNum=StoreNum+@NewPurchaseCount-@SourcePurchaseCount
        WHERE GoodsID=@GoodsID
        UPDATE PurchaseInfo
        SET PurchaseMoney=PurchaseMoney+@UnitPrice*
        (@NewPurchaseCount-@SourcePurchaseCount)
        WHERE PurchaseID=@PurchaseID
    END
```

(3) 单击 执行(X) 按钮,该触发器创建成功。

(4) 在 SQL Query 标签页,继续输入如下 T-SQL 语句。

```
UPDATE PurchaseDetails
SET PurchaseCount=30
WHERE GoodsID='G010002' AND PurchaseID='P0004'
```

执行该语句成功。

(5) 在 SQL Query 标签页,继续输入如下 T-SQL 命令行,查询更新后各表相关信息。

```
SELECT GoodsID,GoodsName,Price,StoreNum,LastPurchasePrice FROM GoodsInfo
WHERE GoodsID='G010002' OR GoodsID='G010001'
SELECT * FROM PurchaseInfo
WHERE PurchaseID='P0004'
SELECT * FROM PurchaseDetails
WHERE PurchaseID='P0004'
```

执行该命令行成功，得到如图 8.23 所示的信息。

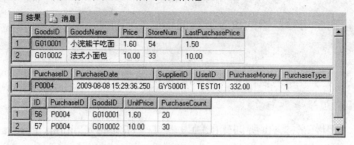

图 8.23　任务 2-10(5)的执行结果

(6) 为保持数据库表中执行任务 8-9 中各个操作前后的数据一致性，执行如下命令行，恢复任务 8-9 之前的信息。

```
DELETE PurchaseInfo           --删除 PurchaseInfo 插入的数据
WHERE PurchaseID='P0004'
UPDATE GoodsInfo              --还原 G010002 的原始数据
SET StoreNum=3
WHERE GoodsID='G010002'
```

 特别提醒：

"IF UPDATE(PurchaseCount)" 可以使用 "IF (COLUMNS_UPDATED() & 5)>0" 代码代替。其中 "5" 表示第 5 列（PurchaseCount）。

"COLUMNS_UPDATED()" 返回 varbinary 位模式，它指示表或视图中插入或更新了哪些列。例如，表 t1 包含列 C1、C2、C3、C4 和 C5。若要验证列 C2、C3 和 C4 是否已全部更新（使用具有 UPDATE 触发器的表 t1），请遵循使用 "IF(COLUMNS_UPDATED()&14)>0"，其中 "14" 表示第 2 列至第 4 列更新了数据；若要测试是否只更新了列 C2，请指定 "& 2"。

8.2.4　触发器的删除

删除触发器有两种方式：一种是使用 SSMS 的界面方式，另一种为使用 T-SQL 语句的命令方式。

1. 使用 SSMS 的界面方式删除触发器

【任务 2-11】使用 SSMS 的界面方式删除触发器。

使用 SSMS 删除触发器步骤如下。

(1) 在 SSMS 上，展开【服务器】|【数据库】|【表】节点，选中要在其上删除触发器的表，展开【表】节点，选中【触发器】文件夹，单击鼠标右键，弹出快捷菜单，如图 8.24 所示。

(2) 选择 删除(D) 选项，即可删除触发器。

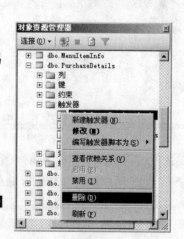

图 8.24　删除触发器

2. 使用 T-SQL 语句的命令方式禁用/启用触发器

使用 T-SQL 语句禁用触发器的命令方式的语法结构如下。

```
DISABLE TRIGGER  <触发器名>[,...n]|ALL ON <表名>
```

使用 T-SQL 语句启用触发器的命令方式的语法结构如下。

```
ENABLE TRIGGER  <触发器名>[,...n]|ALL ON <表名>
```

【任务 2-12】禁用任务 2-10 所创建的触发器 Tri_Update_Column_PurchaseGoods，启用任务 8-9 的所创建的触发器 Tri_Update_PurchaseGoods。

操作步骤如下。

(1) 在 SSMS 上单击 新建查询(N) 按钮，打开 SQL Query 标签页，在该标签页中输入如下 T-SQL 命令行。

```
DISABLE TRIGGER Tri_Update_Column_PurchaseGoods ON PurchaseDetails
ENABLE TRIGGER Tri_Update_PurchaseGoods ON PurchaseDetails
```

(2) 单击 执行(X) 按钮，触发器禁用/启用完毕。

3. 使用 T-SQL 语句的命令方式删除触发器

使用 T-SQL 语句删除触发器的命令方式的语法结构如下：

```
DROP TRIGGER  <触发器名>[,...n]
```

【任务 2-13】删除任务 2-9、任务 2-10 所创建的触发器。

Tri_Update_Column_PurchaseGoods， Tri_Update_PurchaseGoods。

步骤如下。

(1) 在 SSMS 上单击 新建查询(N) 按钮，打开 SQL Query 标签页，在该标签页中输入如下 T-SQL 命令行。

```
DROP TRIGGER Tri_Update_Column_PurchaseGoods,Tri_Update_PurchaseGoods
```

(2) 单击 执行(X) 按钮，两触发器删除完毕。

本 章 小 结

本章讲述了数据库开发中最主要的部分——存储过程。由于存储过程几乎可以实现任何功能，因此，熟练使用存储过程，对于数据库开发人员和管理人员非常重要。通过本章学习，应该比较熟练地掌握如下内容。

(1) 用户创建和删除存储过程的语句。

(2) 自定义存储过程中输入、输出参数的定义与使用。

(3) 存储过程的执行方式以及输入、输出参数的引用顺序。

(4) 参数默认值的使用。

(5) 错误处理 RAISERROR 语句的正确使用。

(6) 触发器相关知识。

本章介绍了触发器的概念和作用、INSERTED 表和 DELETED 表、触发器的创建和删除。

触发器是一种特殊的存储过程,不由用户直接调用。当有操作影响到触发器保护的数据时,触发器就会自动触发执行。触发器主要有 INSERT 触发器、UPDATE 触发器和 DELETE 触发器 3 种。触发器可以强制进行比使用 CHECK 约束定义的约束更为复杂的逻辑检查,但是如果约束的功能已经可以满足应用程序的功能需求时,就应该使用约束而不是触发器,并且约束优先于触发器执行。

触发器一般都需要使用临时表: INSERTED 表和 DELETED 表,它们存放了被删除或插入记录行副本。本章没有介绍触发器的修改知识,因为触发器的修改实质等同于先删除后创建。

习　题

一、选择题

1. 有关存储过程的参数默认值,说法正确的是(　　)。
  A. 输入参数必须有默认值
  B. 带默认值的输入参数,方便用户使用
  C. 带默认值的输入参数,用户不能再传入参数,只能采用默认值
  D. 输出参数不可以带默认值

2. 有关存储过程的说法,(　　)是错误的。
  A. 它可作为一个独立的数据库对象并作为一个单元供用户在应用程序中调用
  B. 存储过程可以传入和返回(输出)参数值
  C. 存储过程必须带参数,要么是输入参数,要么是输出参数
  D. 存储过程提高了执行效率

3. 查阅 SQL Server 帮助,EXEC sp_helpindex GoodsInfo 的功能为(　　)。
  A. 查看表 GoodsInfo 的约束信息
  B. 查看表 GoodsInfo 的列的信息
  C. 查看表 GoodsInfo 的索引信息
  D. 查看表 GoodsInfo 的存放位置信息

4. 运行以下语句,输出结果是(　　)。

```
USE HcitPos
GO
CREATE PROC PROC_HcitPos
(@GoodsID varchar(8)=NULL)
AS
IF @GoodsID IS NULL
    BEGIN
        PRINT '你没有给出商品的编号'
    END
SELECT * FROM GoodsInfo WHERE GoodsID=@GoodsID
GO
EXEC PROC_HcitPos
```

  A. 编译错误
  B. 调用存储过程 PROC_HcitPos 出错

    C. 显示：你没有给出商品的编号

    D. 显示空的商品信息记录集

5. 一个表上可以创建多个触发器，那么下面说法不正确的是(　　)。

    A. 一个表的每个动作(INSERT、DELETE 和 UPDATE)都可以有多个 FOR 或 AFTER 触发器

    B. 一个表的每个修改动作(INSERT、DELETE 和 UPDATE)都可以有多个 AFTER 触发器

    C. 一个表的每个修改动作(INSERT、DELETE 和 UPDATE)都可以运行一个 INSTEAD OF 触发器

    D. 一个表的每个修改动作(INSERT、DELETE 和 UPDATE)都可以运行多个 INSTEAD OF 触发器

6. 创建触发器语句中的 WITH ENCRYPTION 参数的作用是(　　)。

    A. 加密触发器文本

    B. 加密定义触发器的数据库

    C. 加密定义触发器的数据库中的数据

    D. 以上都不对

7. 下列有关触发器的说法，错误的是(　　)。

    A. 触发器是一种特殊的存储过程，它可以包含 IF、WHILE、CASE 等复杂的 T-SQL 语句

    B. 使用触发器需要两步：先创建触发器，然后调用触发器

    C. 如果检测到修改的数据不满足业务规则，触发器可以回滚撤销操作

    D. 使用触发器可以创建比 CHECK 约束更复杂的高级约束

8. 当执行 UPDATE 语句时，系统将自动创建(　　)逻辑表。

    A. temp　　 B. DELETED　　 C. INSERTED　　 D. DELETED 和 INSERTED

9. UPDATE 触发器能够对下列(　　)修改进行检查。

    A. 修改数据库的名称

    B. 修改表中的某行数据或某列数据

    C. 仅修改表中的某列数据

    D. 修改表的结构

10. 下列语句在 GoodsInfo 上创建一个 TriGoods 触发器，何时可以触发触发器，以下说法正确的是(　　)。

```
CREATE TRIGGER TriGoods
ON GoodsInfo
FOR UPDATE,INSERT
AS
    IF (SELECT MAX(Price) FROM INSERTED)>2000
        BEGIN
            ...
        END
```

    A. 当查询 Price 列的数据时

    B. 当插入一行数据时或当 GoodsInfo 表中的任一列被更新时

    C. 当插入多行数据时触发器会出现错误

    D. 以上都不对

11. 如果销售信息表(SalesInfo)和销售明细表(SalesDetails)之间没有创建关系，希望创建删除触发器，以实现级联删除操作，当删除销售信息表中某销售单的记录时，会自动删除销售明细表中该销售单的相关记录，有关该删除触发器的说法正确的是(　　)。

　　A. 该触发器应被设置在 SalesDetails 中，当 SalesDetails 中信息被删除时，也能够删除 SalesInfo 表的相应行

　　B. 该触发器应被设置在 SalesDetails 表中，当 SalesInfo 某销售单号被删除时，也能够删除 SalesDetails 表中的相应行

　　C. 如果两表中已存在 INSERT 和 UPDATE 级联，触发器也能够正常工作

　　D. 以上都不对

12. 一个表上可以建立多个名称不同、类型各异的触发器，每个触发器可以由 3 个动作来引发，但是每个触发器最多能绑定于(　　)表上。

A. 1　　　　　　　B. 2　　　　　　　C. 3　　　　　　　D. 4

二、课外拓展

1. 创建一个带有复杂 SELECT 语句的简单存储过程。对商品信息表(GoodsInfo)、销售信息表(SalesInfo)、销售明细表(SalesDetails)创建存储过程 Proc_GoodsInfo_SalesDetails，实现查询所有商品的编号、名称、销售价格、库存数量、销售数量、盘点单号、盘点日期和盘点人 ID，并执行该存储过程。

2. 创建一个带有输入/输出参数的存储过程。对盘点明细表(CheckDetails)创建的存储过程名为 Proc_GoodsInfo_checkTotalMoney，当输入商品编号时，实现查询该商品总余额，创建并执行该存储过程。

3. 在销售信息表(SalesInfo)中创建一个 INSTEAD OF 触发器，实现当删除销售信息表中信息时自动删除进货明细表(SalesDetails)中相关信息，并更新商品信息表(GoodsInfo)中相关信息。

第9章 数据库备份与安全管理操作

本章目标

- 理解数据库备份和恢复的基本知识。
- 掌握数据备份、分离、附加、导入/导出的方法。
- 理解数据库安全管理的基础知识。
- 掌握登录账户、用户、数据库角色管理方法。
- 掌握用户和角色的权限管理方法。

任务描述

本章主要任务描述见表9-1。

表9-1　本章任务描述

任务编号	子任务	任务描述
任务1		在 SQL Server 2005 中使用 SSMS 和 T-SQL 语句对数据备份
	任务1-1	创建磁盘备份设备的物理备份名为 "E:\Backup\HcitPos"，逻辑备份设备名为 "HcitPos_Backup"
	任务1-2	使用 T-SQL 语句的存储过程 sp_addumpdevice，创建磁盘备份设备的物理备份，物理设备名为 "E:\Backup\HcitPos\HcitPos.bak"，逻辑备份设备名为 "HcitPos_Backup"
	任务1-3	删除任务1-2创建的磁盘备份设备
	任务1-4	使用 T-SQL 语句的存储过程 sp_dropdevice 删除前面刚创建的磁盘备份设备
	任务1-5	使用 SSMS 备份数据库 "HcitPos"，要求备份类型为 "完整备份"，备份组件为主文件组 PRIMARY，备份设备为任务 1-2 创建的 "HcitPos_Backup"
	任务1-6	使用 T-SQL 语句新建备份设备 HcitPos_Backup1，并完成对 HcitPos 的完整备份
	任务1-7	使用 SSMS 还原数据库 "HcitPos"
	任务1-8、1-9	使用 T-SQL 语句恢复 HcitPos 数据库的完整备份 HcitPos_Backup
	任务1-10、1-11	分离数据库 HcitPos，附加刚才分离的数据库 HcitPos

任务编号	子任务	任务描述
	任务 1-12	假如 Access 数据库的路径为："F:\新数据库教材\教材图片\第 9 章图\wwwlink.mdb"，将 wwwlink.mdb 数据库导入成 SQL Server 2005 中 wwwlink 数据库
	任务 1-13	导出 SQL Server 数据库 HcitPos，现要求导出成 Access 数据库 HcitPos.mdb
任务 2		在 SQL Server 2005 中使用 SSMS 和 T-SQL 语句实现验证模式、登录名、用户权限与角色的管理
	任务 2-1	创建一个 SQL Server 账户，具有访问数据库 HcitPos 的能力
	任务 2-2	创建名为"SQLLogin"的登录，初始密码为"12345"，并指定默认数据库为 HcitPos；将名为"SQLLogin"的登录密码修改为"123"
	任务 2-3	创建 Windows 用户的登录名 WinLogin(对应于 Windows 用户为 WinLogin)，并指定默认数为 HcitPos
	任务 2-4	删除登录名 SQLLogin
	任务 2-5、2-10	查看当前服务器上的所有登录账户名信息
	任务 2-6	使用 SSMS 创建一个新的数据库用户账户"tcl"(如果已经在创建登录账户时创建了它，则可以对其进行权限设置)
	任务 2-7	创建与"SQLLogin"的登录名关联的数据库用户，数据库用户名为 SQLUser；创建与"SQLLogin"的登录名同名的数据库用户
	任务 2-8	创建与 Windows 用户的登录名 WinLogin(对应于 Windows 用户为 WinLogin)对应的数据库用户名，数据库用户名为 WinUser
	任务 2-9	删除数据库用户 SQLUser
	任务 2-9	针对任务 2-6 中对数据库 HcitPos 创建的用户账户"tcl"进行权限设置
	任务 2-11	使用 T-SQL 语句授予用户"SQLUser"对数据库 HcitPos 的商品信息表(GoodsInfo)、进货信息表(PurchaseInfo)查询和删除权限
	任务 2-12	使用 T-SQL 语句拒绝用户"SQLUser"对数据库 HcitPos 中的商品信息表(GoodsInfo)插入和更新权限
	任务 2-13	使用 T-SQL 语句取消用户"SQLUser"对数据库 HcitPos 中的商品信息表(GoodsInfo)删除权限
	任务 2-14	在 SSMS 上对 HcitPos 数据库用户角色进行管理。如果数据库 HcitPos 的用户 SQLUser 和 WinUser 不存在，请先建立
	任务 2-15	使用 T-SQL 管理登录账户、数据库用户和角色

9.1　数据库备份

【任务 1】在 SQL Server 2005 中使用 SSMS 和 T-SQL 语句对数据进行备份。

　　尽管数据库系统中采取了各种保护措施来防止数据库安全性、完整性被破坏，保证事务的正确执行，但是计算机系统中硬件的故障、软件的错误、操作员的失误以及恶意的破坏仍是不可避免的。这些故障轻则造成运行事务非正常中断，影响数据库中数据的正确性，重则破坏数据库，使数据库中全部或部分数据丢失。因此数据库管理系统必须具有把数据库从错误状态恢复到某一已知的正确状态的功能，这就依赖于数据库的备份与恢复机制。

　　数据库备份就是为数据库创建一个副本，以便在系统发生故障、破坏或操作失误时还原数据库，降低损失。

9.1.1　数据库备份的种类

SQL Server 提供了 3 种常用的数据库备份方式,通过这 3 种方式,开发人员可以设计多种备份方案,包括完整备份、差异备份和事务日志备份。

(1) 完整备份。完整备份整个数据库,不仅包括表、视图、触发器和存储过程等数据库对象,而且还包括事务日志部分。完整备份的对象既可以是数据库,也可以是文件或文件组。通常情况下,一个数据库应用系统包括多个数据文件和事务日志文件,所以执行一次完整备份需要很大的磁盘空间和较长的时间。依靠完整备份可以重新恢复整个数据库。如果还原目标中已经存在的数据库,还原操作将会覆盖现有的数据库;如果不存在数据库,还原操作将会创建数据库。

(2) 差异备份。差异备份是备份最近一次完整备份之后数据库中发生改变的部分,最近一次完整备份称为差异备份的"基准备份"。差异备份的对象也是数据库、文件和文件组。

(3) 事务日志备份。只针对事务日志文件的备份称为事务日志备份。在执行完整备份或差异备份时,如果仍然存在未提交的事务,那么在恢复数据库备份后,就必须通过恢复事务日志备份将数据库恢复到故障点或特定的时间点状态。

9.1.2　备份设备

数据库备份设备是用来存储备份数据的存储介质。当建立一个备份设备时,要给该设备分配一个逻辑备份名和物理备份名。物理备份名主要用来供操作系统对备份设备进行管理,通常物理备份设备是指在硬盘上以文件形式存储数据库备份的完整路径名,如"E:\Backup\HcitPos\HcitPos.bak"。逻辑备份名是物理备份名的别名,通常比物理备份名更能简单、有效地描述备份设备的特征,它被永久地记录在 SQL Server 的系统表中。如物理备份名"E:\Backup\HcitPos\HcitPos.bak"的逻辑备份名可以是"HcitPos_Backup"。

常用的备份设备类型包括磁盘备份设备和磁带备份设备。

1. 使用 SSMS 创建磁盘备份设备

【任务 1-1】 创建磁盘备份设备的物理备份名为"E:\Backup\HcitPos",逻辑备份设备名为"HcitPos_Backup"。

操作步骤如下。

(1) 在 SSMS 的【对象资源管理器】中展开【服务器对象】的子节点【备份设备】,单击鼠标右键,弹出快捷菜单,如图 9.1 所示。

图 9.1　新建备份设备

(2) 选择 新建备份设备(N)... 选项，打开【备份设备】对话框。在【设备名称】本框中输入 HcitPos_Backup；在不存在磁带机的情况下，【目标】选项自动选中【文件】单选按钮，在【文件】单选选项对应的文本框中输入文件路径和名称"E:\Backup\ HcitPos\HcitPos.bak"，如图 9.2 所示。

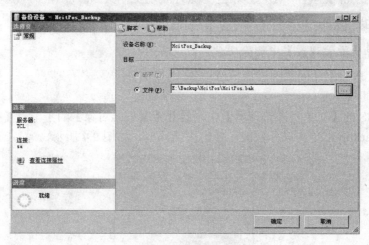

图 9.2　定义备份设备

(3) 单击 确定 按钮，创建备份设备，创建成功后自动关闭【备份设备】对话框，返回 SSMS 窗口，在【备份设备】节点下新增加了名为"HcitPos_Backup"的子节点，如图 9.3 所示。

图 9.3　【对象资源管理器】中的备份设备

2. 使用存储过程 sp_addumpdevice 创建磁盘备份设备

SQL Server 提供了存储过程 sp_addumpdevice 用来创建备份设备，该存储过程语法结构如下。

```
sp_addumpdevice 'device_type' , 'logical_name', 'physical_name'
```

使用说明：

(1) device_type：设备类型(disk|tape)，"disk"表示磁盘，"tape"表示磁带。

(2) logical_name：逻辑磁盘备份设备名。

(3) physical_name：物理磁盘备份设备名。

【任务 1-2】使用 T-SQL 语句的存储过程 sp_addumpdevice，创建磁盘备份设备的物理备份，物理设备名为"E:\Backup\HcitPos\HcitPos.bak"，逻辑备份设备名为"HcitPos_Backup"。

操作步骤如下。

(1) 在 SSMS 上单击  新建查询(N) 按钮，打开 SQL Query 标签页，在该标签页中输入如下 T-SQL 命令行。

```
EXEC sp_addumpdevice 'disk','HcitPos_Backup','E:\Backup\HcitPos\HcitPos.bak'
```

(2) 单击 执行(X) 按钮，创建磁盘设备成功。

3. 在【对象资源管理器】中删除磁盘备份设备

【任务 1-3】删除刚才创建的磁盘备份设备。

操作步骤如下。

(1) 在 SSMS 的【对象资源管理器】中，展开【服务器对象】的子节点【备份设备】。在节点 HcitPos_Backup 上单击鼠标右键，弹出快捷菜单，如图 9.4 所示。

图 9.4　删除备份设备

(2) 选择 删除(D) 选项，打开【删除对象】对话框。单击 确定 按钮，删除备份设备。

4. 使用存储过程 sp_dropdevice 删除磁盘备份设备

SQL Server 提供了存储过程 sp_dropdevice 用来删除备份设备，该存储过程语法结构如下。

```
sp_dropdevice  'logical_name' , 'delfile'
```

使用说明：

(1) logical_name：逻辑磁盘备份设备名。

(2) delfile：表示是否同时删除磁盘备份物理设备名。

【任务 1-4】使用 T-SQL 语句的存储过程 sp_dropdevice 删除前面刚创建的磁盘备份设备。

操作步骤如下。

(1) 在 SSMS 上单击 新建查询(N) 按钮，打开 SQL Query 标签页，在该标签页中输入如下 T-SQL 命令行。

```
EXEC sp_dropdevice 'HcitPos_Backup','delfile'
```

(2) 单击 执行(X) 按钮，删除磁盘设备成功。

9.1.3 使用 SSMS 备份数据库

使用 SSMS 备份数据库的关键是设置如下几个项。

(1) 选择要备份的数据库。

(2) 选择备份类型(完整备份、差异备份或事务日志备份)。

(3) 选择备份组件(数据库、文件和文件组)。

(4) 选择备份设备或备份目标文件。

【任务 1-5】使用 SSMS 备份数据库"HcitPos"，要求备份类型为"完整备份"，备份组件为主文件组 PRIMARY，备份设备为任务 1-2 创建的"HcitPos_Backup"。

操作步骤如下。

(1) 在【对象资源管理器】中展开【数据库】节点，在 HcitPos 节点上单击鼠标右键，弹出快捷菜单，如图 9.5 所示。

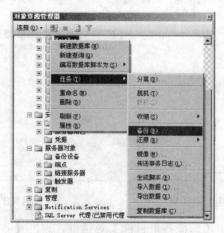

图 9.5　备份数据库

(2) 选择 任务 (T) 选项，继续选择 备份 (B)... 选项，打开【备份数据库-HcitPos】对话框，如图 9.6 所示。

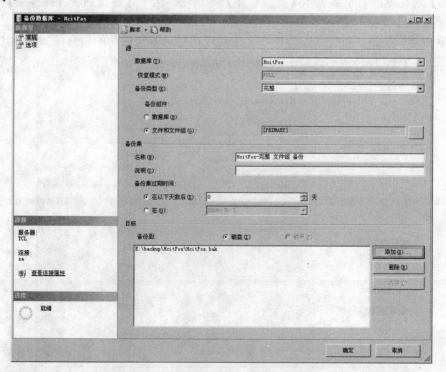

图 9.6　【备份数据库-HcitPos】对话框

(3)【备份类型】默认为"完整",单击该下拉列表框还可以从打开的下拉列表中选择"差异"或"事务日志"选项,此处选择"完整"选项。

(4)【备份组件】默认为"数据库"(如果备份类型为"事务日志",【备份组件】自动为"事务日志"文件)。选中 文件和文件组(F)... (或 数据库(D)...)单选按钮,系统自动打开【选择文件和文件组】对话框,选中全部项目,如图 9.7 所示。

(5)单击 确定 按钮,关闭【备份文件和文件组】对话框,返回【备份数据库-HcitPos】对话框。在【备份数据库-HcitPos】对话框中,单击 添加(A) 按钮,打开【选择备份目标】对话框,选中【备份设备】(或【文件名】,输入文件路径及备份文件名)单选按钮,在下拉列表框中选择 HcitPos_Backup,如图 9.8 所示。

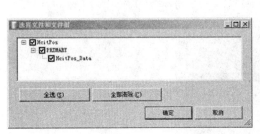

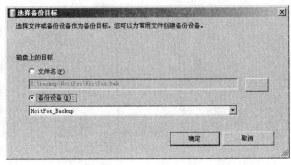

图 9.7 【选择文件和文件组】对话框　　　　　图 9.8 选择备份设备

(6)单击 确定 按钮,关闭【选择备份目标】对话框,返回【备份数据库-HcitPos】对话框,在【目标】文本中显示 HcitPos_Backup。

(7)在【备份数据库-HcitPos】对话框中,单击窗口左上角的 选项页,在【备份数据库-HcitPos】对话框的右半部显示【覆盖媒体】等选项。选中【备份到现有媒体集】的【覆盖所有现有备份集】单选按钮,如图 9.9 所示。

(8)单击 确定 按钮,执行备份操作。完成后成功显示备份成功的信息,如图 9.10 所示。

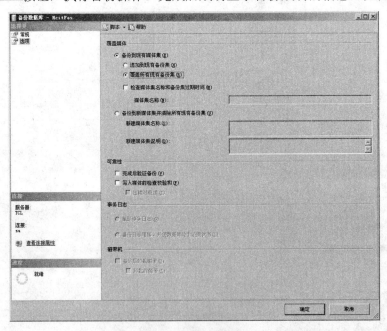

图 9.9 选择备份媒体

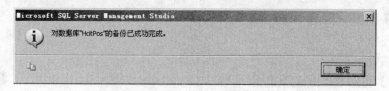

图 9.10　备份成功

特别提醒：

如果备份不成功，请核实备份设备名及备份设备的物理文件名"HcitPos.bak"。

9.1.4　使用 T-SQL 语句执行备份

备份数据库可以使用 BACKUP DATABASE 语句完成，使用 T-SQL 备份数据库，根据不同的备份类型，有不同的备份格式，备份整个数据库的基本语法结构如下。

```
BACKUP DATABASE <数据库名> TO <备份设备>[,…n]
或 BACKUP DATABASE <数据库名> TO DISK = <备份设备的物理文件的路径和文件各>[,…n]
```

备份特定的文件或文件组的基本语法结构如下。

```
BACKUP DATABASE <数据库名>
FILE[FILEGROUP]=<文件或文件组> TO <备份设备>[,…n]
```

备份一个事务日志的基本语法结构如下。

```
BACKUP DATABASE LOG <数据库名>
TO <备份设备|物理备份名>[,…n]
```

【任务 1-6】使用 T-SQL 语句新建备份设备 HcitPos_Backup1，并完成对 HcitPos 的完整备份。

```
EXEC sp_addumpdevice 'disk','HcitPos_Backup1','E:\Backup\HcitPos\HcitPos1.bak'
BACKUP DATABASE HcitPos TO HcitPos_Backup1
```

或(直接指定备份文件名)：

```
BACKUP DATABASE HcitPos TO DISK='E:\Backup\HcitPos\HcitPos1.bak'
```

该语句执行结果如图 9.11 所示。

图 9.11　任务 1-6 执行结果

特别提醒：

第二种备份方法较好，不需要指定备份的逻辑设备，直接指定备份的物理设备名，这在高级语句编程中非常有用。

9.1.5　使用 SSMS 还原数据库

使用 SSMS 还原数据库的关键是设置如下几项。
(1) 选择要还原的目标数据库。
(2) 选择原设备和原数据库。

(3) 选择备份集。

(4) 选择还原方式。

(5) 选择恢复状态。

【任务 1-7】使用 SSMS 还原数据库"HcitPos"。

步骤如下。

(1) 在【对象资源管理器】中展开【数据库】节点，在 HcitPos 节点上单击鼠标右键，弹出快捷菜单，如图 9.12 所示。

图 9.12　还原数据库

(2) 选择 任务 (T) 选项，继续选择 还原 (R) 选项，再选择 数据库 (D) 选项，打开【还原数据库-HcitPos】对话框，如图 9.13 所示。

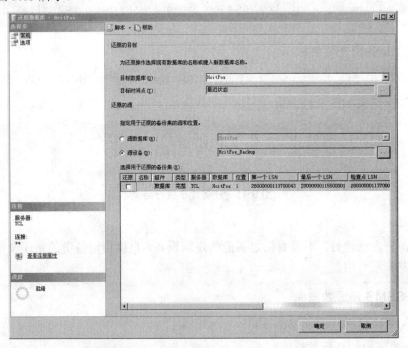

图 9.13　【还原数据库-HcitPos】对话框

(3) 在【目标数据库】的下拉列表中选择 HcitPos，选中【源设备】单选按钮，单击 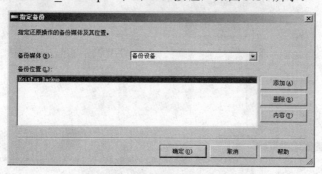 按钮，打开【指定备份】对话框，在【备份媒体】下拉列表框中选择"备份设备"选项，单击 添加(A) 按钮，添加备份设备 HcitPos_Backup，单击 确定 按钮，如图 9.14 所示。

图 9.14　【指定备份】对话框

(4) 再单击 确定 按钮，关闭【指定备份】对话框，返回【还原数据库-HcitPos】对话框。在【选择用于还原的备份集】列表框中显示以前做过的备份集，选中最近的一次备份集，如图 9.15 所示。

(5) 在【还原数据库-HcitPos】对话框中，单击左上角的 选项，在该对话框的右半部分显示【还原选项】等选项，选中【覆盖现有数据库】复选框，【恢复状态】使用默认选项，如图 9.16 所示。

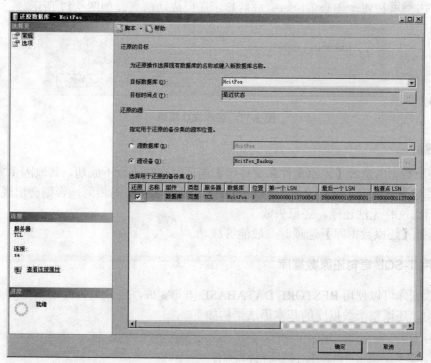

图 9.15　选择备份集

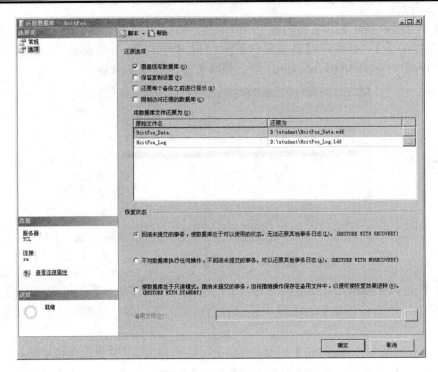

图 9.16　选择还原选项和恢复

(6) 单击 确定 按钮，还原备份。完成后显示还原成功信息，如图 9.17 所示。

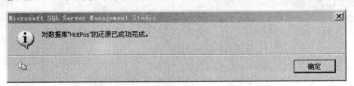

图 9.17　还原成功信息

🧙 **特别提醒：**

(1) 还原数据库选择【还原文件和文件组】选项时有时还原不成功，其原因主要是原来备份的数据库登录名和登录密码必须与还原的数据库登录名和密码相同，否则会出现错误提示，说明事务日志文件无法还原，还原失败。

(2) 选择【还原数据库】选项时一般能够成功。

9.1.6　使用 T-SQL 语句还原数据库

还原数据库可以使用 RESTORE DATABASE 语句完成，还原数据库根据不同类型有不同的语法结构。还原整个数据库的基本语法结构如下。

```
RESTORE DATABASE <数据库名> FROM <备份的逻辑设备|DISK=物理文件名>
[WITH MOVE<逻辑数据文件>TO<逻辑数据文件>[,…n]]
```

还原特定的文件或文件组的基本语法结构如下。

```
RESTORE DATABASE <数据库名>
FILE[FILEGROUP]=<文件或文件组> FROM <备份的逻辑设备|DISK=物理文件名>
[WITH MOVE<逻辑数据文件>TO<逻辑数据文件>[,…n]]
```

还原一个事务日志的基本语法结构如下。

```
RESTORE DATABASE LOG <数据库名>
FROM <备份的逻辑设备|物理备份名>[WITH MOVE<日志逻辑数据文件>]
```

【任务 1-8】使用 T-SQL 语句恢复 HcitPos 数据库的完整备份 HcitPos_Backup。

```
RESTORE DATABASE HcitPos FROM HcitPos_Backup
```

或(直接指定备份文件名):

```
RESTORE DATABASE HcitPos FROM DISK='E:\BAckup\HcitPos\HcitPos.bak'
```

该语句执行备份不成功,需要在备份时对日志备份执行如下语句。

```
BACKUP LOG HcitPos TO HcitPos_Backup
WITH NORECOVERY    --对日志备份增加的子句
```

或(直接指定备份文件名):

```
BACKUP LOG HcitPos TO DISK='E:\Backup\HcitPos\HcitPos.bak'
WITH NORECOVERY    --对日志备份增加的子句
```

执行结果如图 9.18 所示。

图 9.18　任务 1-8 还原成功信息

【任务 1-9】使用 T-SQL 语句恢复 HcitPos 数据库的完整备份 HcitPos_Backup,并将主数据文件"HcitPos_Data.mdf"和日志文件"HcitPos_Log.ldf"移动到 C 盘根目录下。

```
RESTORE DATABASE HcitPos FROM HcitPos_Backup
WITH MOVE 'HcitPos_Data' TO 'C:\HcitPos_Data.mdf',
MOVE 'HcitPos_Log' TO 'C:\HcitPos_Log.ldf'
```

或(直接要指定备份文件名)

```
RESTORE DATABASE HcitPos FROM DISK='E:\Backup\HcitPos\HcitPos.bak'
WITH MOVE 'HcitPos_Data' TO 'C:\HcitPos_Data.mdf',
MOVE 'HcitPos_Log' TO 'C:\HcitPos.Log.ldf'
```

特别提醒:

```
WITH MOVE 'HcitPos_Data' TO 'C:\HcitPos_Data.mdf',MOVE 'HcitPos_Log' TO
'C:\HcitPos_Log.ldf'
```

不能书写成:

```
WITH MOVE 'HcitPos_Data' TO 'C:\HcitPos_Data.mdf',WITH MOVE 'HcitPos_Log' TO
'C:\HcitPos_Log.ldf'
```

多了一个"WITH"。

9.1.7　移动数据库

使用删除数据库操作删除 SQL Server 2005 的数据库,将同时删除数据库的物理文件,有时希望保留物理文件，以便在其他计算机上使用，例如，把教师计算机上的数据库移动到学生自己的计算机上查看数据库内容，此时需要使用移动数据库的操作。

移动数据库分两步进行，首先是分离数据库，然后是附加数据库，分离数据库是从服务器中移去逻辑数据库，但不会删除数据库文件，附加数据库将会创建一个新的数据库，并使用已有的数据库文件和事务日志文件中的数据。

1. 分离数据库

【任务 1-10】分离数据库 HcitPos。

操作步骤如下。

(1) 在【对象资源管理器】中展开【数据库】节点，在 HcitPos 节点上单击鼠标右键，弹出快捷菜单，如图 9.19 所示。

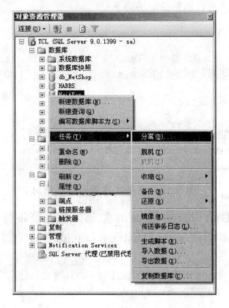

图 9.19　分离数据库

(2) 选择【任务】|【分离】选项，弹出【分离数据库】对话框，如图 9.20 所示，单击 确定 按钮，分离数据库成功。在【对象资源管理器】中 HcitPos 数据库消失。

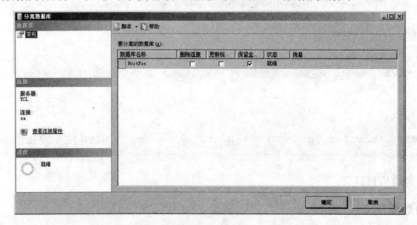

图 9.20　【分离数据库】对话框

2. 附加数据库

【任务 1-11】附加刚才分离的数据库 HcitPos。

操作步骤如下。

(1) 在【对象资源管理器】中展开【数据库】节点，单击鼠标右键，弹出快捷菜单，如图 9.21 所示。

图 9.21　附加数据库

(2) 选择 附加(A)... 选项，弹出【附加数据库】对话框，如图 9.22 所示。

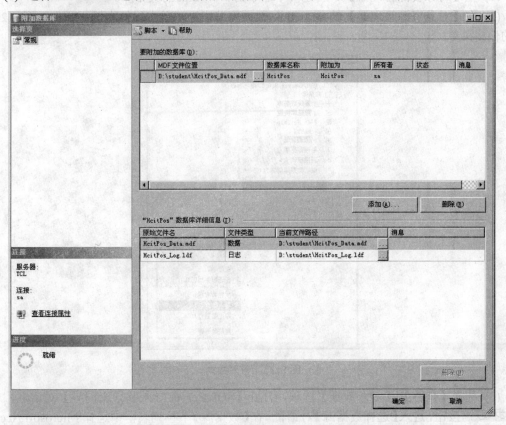

图 9.22　【附加数据库】对话框

(3) 单击 添加(D)... 按钮，选择附加数据库所在位置的主数据库文件 HcitPos_Data.mdf，返回【附加数据库】对话框，单击 确定 按钮，附加数据库成功，在【对象资源管理器】中 HcitPos 数据库又出现了。

特别提醒:

SQL Server 2000 中分离的数据库在 SQL Server 2005 中附加后不能创建关系图,但可以使用 SQL Server 2000 中创建的关系图。

9.1.8 导入/导出数据

SQL Server 2005 提供了一种简单、直观的方式来实现 SQL Server 2005 数据库或其他种类数据库(如 Microsoft Access、Oracle、Excel 等)之间的数据导入与导出操作。本节以 SQL Server 数据库与 Access 数据库之间的数据导入或导出为例,介绍 SQL Server 2005 导入和导出数据的使用方法。

1. 导入数据

【任务 1-12】假如 Access 数据库的路径为:"F:\新数据库教材\教材图片\第 9 章图\wwwlink.mdb",将 wwwlink.mdb 数据库导入成 SQL Server 2005 中 wwwlink 数据库。

操作步骤如下。

(1) 在【对象资源管理器】中新建一个名字为 wwwlink 的数据库。

(2) 在【对象资源管理器】的 wwwlink 数据库节点上,单击鼠标右键,弹出如图 9.23 所示的快捷菜单。

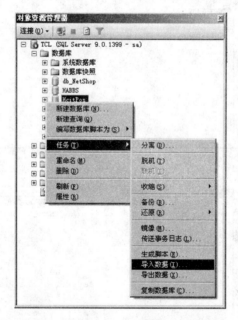

图 9.23 导入数据

(3) 选择【任务】|【导入数据】选项,打开【SQL Server 导入和导出向导】对话框,单击 下一步(N) > 按钮,进入【选择数据源】对话框。在【数据源】下拉列表框中选择 Microsoft Access,在【文件名】文本框中输入 wwwlink.mdb 所在的路径及名称,如图 9.24 所示。

(4)单击 下一步(N) > 按钮,进入【选择目标】对话框,在【目标】下拉列表框中选择 SQL Native Client,在【服务器名称】下拉列表框中选择数据库任务 TCL(随计算机名称而变化),在【数据库】下拉列表框中选择 wwwlink(如果此数据库不存在,单击右边的 新建(E)... 按钮新建数据库 wwwlink),【身份验证】采用默认的【使用 Windows 身份验证】,如图 9.25 所示。

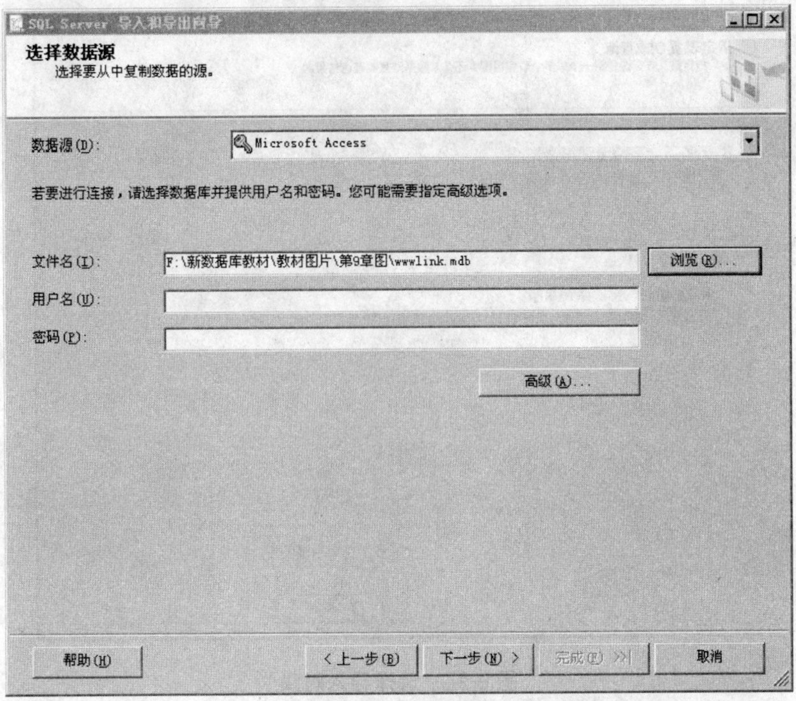

图 9.24　选择数据源

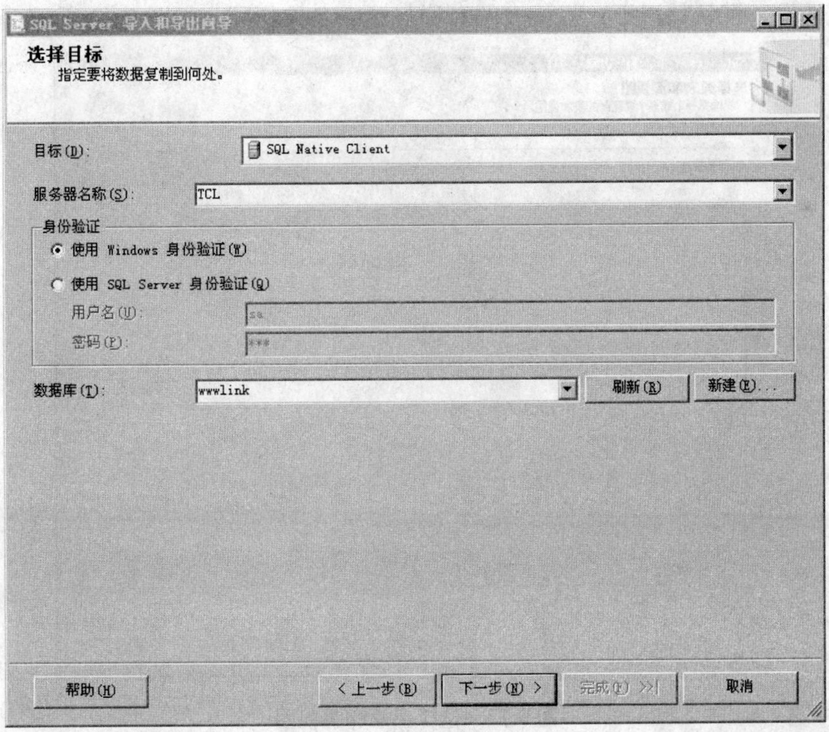

图 9.25　选择目标

(5) 单击 下一步(N) > 按钮，进入【指定表复制或查询】对话框，选中【复制一个或多个表或视图的数据】单选按钮，如图 9.26 所示。

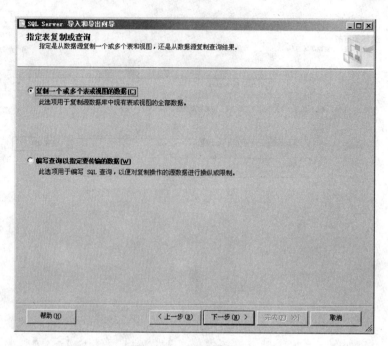

图 9.26　选择导入对象

(6) 单击 下一步(N) > 按钮，进入【选择源表和源视图】对话框，在【表和视图】列表框中，选中 link 复选框，默认情况下，目标表的名称与源表名称相同，如图 9.27 所示。

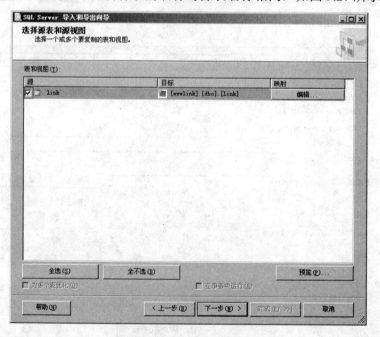

图 9.27　选择源表和源视图

(7) 单击 下一步(N) > 按钮，进入【保存并执行包】对话框，选中【立即执行】复选框，如果要保存 SSIS(SQL Server 集成服务)包，以便以后执行，则选中【保存 SSIS 包】复选框和 SQL Server 单选按钮，如图 9.28 所示。

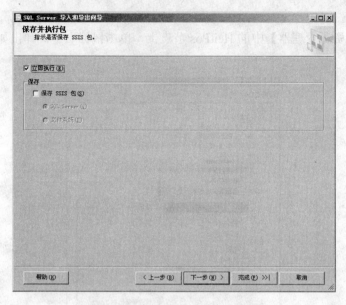

图 9.28 【保存并执行包】对话框

(8) 单击 下一步(N) > 按钮，进入【完成该向导】对话框。在此对话框中显示前面的设置，单击 完成(F) 按钮，执行导入操作，并显示执行步骤及执行状态，完成后如图 9.29 所示。

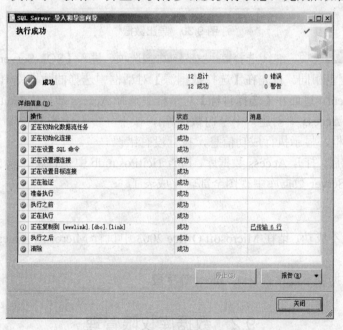

图 9.29 执行成功

(9) 单击 关闭 按钮，关闭【SQL Server 导入和导出向导】对话框。

导入成功后，应在【对象资源管理器】中看到数据库 wwwlink 节点的表和视图。

2. 导出数据

前面介绍了导入数据的方法，现在介绍将 SQL Server 数据库导出成 Access 数据库。

【任务 1-13】导出 SQL Server 数据库 HcitPos，现要求导出成 Access 数据库 HcitPos.mdb。

操作步骤如下。

(1) 在【对象资源管理器】中的 HcitPos 节点上，单击鼠标右键，弹出如图 9.30 所示的快捷菜单。

图 9.30　导出数据

(2) 选择 任务 (T) 选项，继续选择 导出数据 (X)... 选项，进入【SQL Server 导入和导出向导】对话框，操作过程也相同。首先在【选择数据源】对话框中选择的数据库 HcitPos，【数据源】为 SQL Native Client，进而在【选择目标】对话框中选择 Access 数据库 HcitPos.mdb(如果不存在就在 Microsoft Access 中创建一个空白数据库)，接下一步与任务 1-12 相似，最后必须出现【执行成功】对话框，显示执行成功信息，执行没有错误。

(3) 导出完成后，打开 Access 数据库，检查 HcitPos.mdb 中是否存在原 SQL Server 数据库中表息，原 SQL Server 数据库中视图全部转化成表了。

特别提醒：

(1) 导出如果不成功，请在 Microsoft Office 2003 中执行 Microsoft Access 创建一个空白数据库。

(2) 导出的数据表不能含有 text、ntext 等字段。

9.2　数据库权限管理

【任务 2】在 SQL Server 2005 中使用 SSMS 和 T-SQL 语句实现验证模式、登录名、用户权限与角色的管理。

　　数据库建立之后，数据的安全就显得尤为重要，对于一个数据库管理员来说，安全性就意味着他必须保证那些具有特殊数据访问权限的用户能够登录 SQL Server，并且能够访问数据，以及对数据库对象实施各种权限范围内的操作；同时，他还要防止所有的非授权用户的非法操作。正是基于这些，SQL Server 提供了既有效又容易的安全管理模式，这种安全管理模式是建立在安全身份验证和访问许可等机制上的。

SQL Server 2005 中通过在 Windows NT 域级、Windows NT 计算机级、SQL Server 数据库服务器级和数据库级实施安全策略，构建了一个层次结构的安全体系，为 SQL Server 2005 数据库的安全提供了保障。SQL Server 2005 的安全层次结构如图 9.31 所示。

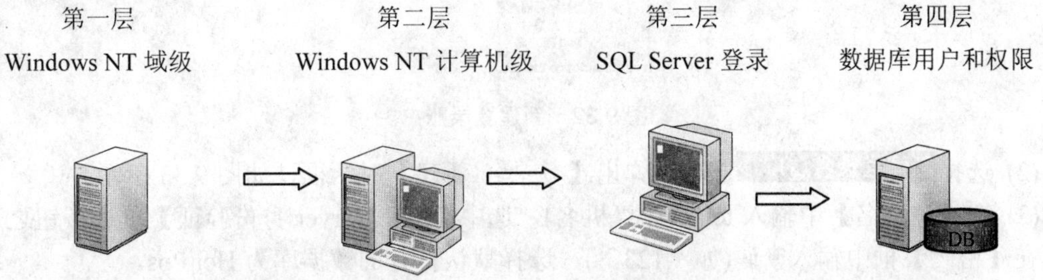

第一层	第二层	第三层	第四层
Windows NT 域级	Windows NT 计算机级	SQL Server 登录	数据库用户和权限

图 9.31　SQL Server 2005 安全层次结构

9.2.1　安全身份验证

为了保证 SQL Server 的安全，用户在访问 SQL Server 时必须提供正确的账户和密码。在 SQL Server 中，可存放多个数据库，每个数据库可以设置不同的访问账户和权限。

身份验证模式有如下两种。

(1) Windows 身份验证。如果 Windows 的当前用户在 SQL Server 中被赋予权限，则可以直接登录 SQL Server，而不需要再次输入账户和密码。需要注意的是，Windows 当前用户才可选择这种身份验证模式，如果要以其他 Windows 账户登录 SQL Server，只有先用该账户登录 Windows，然后选择以 Windows 身份验证模式登录 SQL Server。

(2) SQL Server 身份验证。由 SQL Server 管理的账户与操作系统无关。每次登录时都需要输入账户和密码。

9.2.2　创建登录账户

不管使用哪种验证模式，用户都必须先具备有效的用户登录账户。SQL Server 有 3 个默认的用户登录账户：sa、BUILTIN\Administrator 和 guest。sa 是系统管理员(system administrator)的简称，是一个特殊的用户，在 SQL Server 系统和所有数据库中拥有所有的权限。SQL Server 还为 Windows 系统管理员提供了一个默认的用户账户 BUILTIN\Administrator，这个账户在 SQL Server 系统和所有数据库中也拥有所有的权限。而 guest 账户为默认访问系统的用户账户。

1. 利用 SSMS 可以创建、管理 SQL Server 登录账户

【任务 2-1】创建一个 SQL Server 账户，具有访问数据库 HcitPos 的能力。

操作步骤如下。

(1) 在 SSMS 上，单击 TCL 服务器下的【安全性】节点。右键单击【登录名】节点，弹出快捷菜单，如图 9.32 所示。

图 9.32　新建登录账户

(2) 选择 新建登录名(N)... 选项，弹出【登录名-新建】对话框，如图 9.33 所示。

(3) 在【登录名】中输入 tcl(本计算机名)，选中【SQL Server 身份验证】单选按钮之后，还须在【密码】框中输入密码(如"123")，选择默认打开的数据库为 HcitPos。

(4) 在对话框的左上角单击 服务器角色，在该对话框的右半部分显示【服务器角色】选项，可以查看或修改登录名在固定服务器角色中的成员身份。

(5) 在对话框的左上角单击 用户映射。列表框列出了【映射到此登录名的用户】，选中左边的复选框设定该登录账户可以访问的数据库以及账户在各个数据库中对应的用户名。

(6) 在对话框的左上角单击 安全对象，安全对象是 SQL Server 数据库引擎授权系统控制对其进行访问的资源，如图 9.33 所示，单击 添加(A) 按钮，可对不同对类型的对象进行安全授权或拒绝。

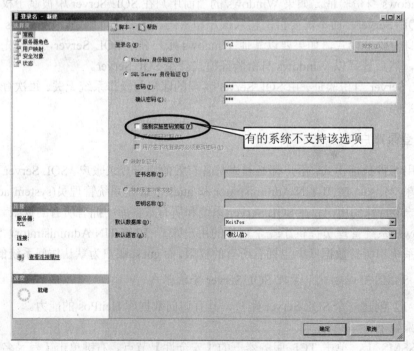

图 9.33　新建用户登录对话框

(7) 设置完成后，单击 确定 按钮，即可完成登录账户的创建操作。

(8) 查看数据库用户。展开 HcitPos|【安全性】|【用户】节点，查看登录账户 tcl 映射到数

据库 HcitPos 中的用户为 tcl，如图 9.34 所示。

图 9.34 数据库 HcitPos 中的用户 tcl

2.利用 T-SQL 语句创建、管理 SQL Server 登录账户

在 SQL Server 2005 中提供了 CREATE LOGIN、ALTER LOGIN 和 DROP LOGIN 语句进行登录名的创建、修改和删除操作。以前版本使用的管理登录名的系统存储过程，在 SQL Server 2005 中可继续使用，但不建议使用。

1) 新建和修改登录名

创建 SQL Server 登录名，使用 CREATE LOGIN 语句，基本语法结构如下。

```
CREATE LOGIN <登录名>
WITH <选项>[, …n]
```

修改 SQL Server 登录名，使用 ALTER LOGIN 语句，基本语法结构如下。

```
ALTER LOGIN <登录名>
WITH <修改项>[, …n]
```

【任务 2-2】创建名为 SQLLogin 的登录，初始密码为"12345"，并指定默认数据库为 HcitPos；将名为"SQLLogin"的登录密码修改为"123"。

```
CREATE LOGIN SQLLogin
WITH PASSWORD='12345',DEFAULT_DATABASE=HcitPos
GO
ALTER LOGIN SQLLogin
WITH PASSWORD='123'
```

【任务 2-3】创建 Windows 用户的登录名 WinLogin(对应于 Windows 用户为 WinLogin，要求为非计算机管理员)，并指定默认数据为 HcitPos。

```
CREATE LOGIN [TCL\WinLogin] FROM WINDOWS
WITH DEFAULT_DATABASE=HcitPos
```

特别提醒：

(1) "[]" 括号不能少，TCL 为计算机名，WinLogin 是用【控制面板】的用户账户建立的 Windows 用户名。

(2) DEFAULT_DATABASE 两单词之间有下划线 "_"。

(3)通过 FROM WINDOWS 指定创建 Windows 用户登录名。

2) 删除登录名

使用 DROP LOGIN 语句删除登录名，其基本语法结构如下。

```
DROP LOGIN <登录名>
```

【任务 2-4】删除登录名 SQLLogin。

```
DROP LOGIN SQLLogin
```

特别提醒：

(1) 不能删除正在使用的登录名。

(2) 可以删除数据库用户映射的登录名。

3) 查看登录信息

使用存储过程 sp_helplogin 查看登录账户的信息。

【任务 2-5】查看当前服务器上的所有登录账户名信息。

```
EXEC sp_helplogin
```

9.2.3 用户管理

在数据库中，一个用户或工作组取得合法的登录账户，只表明该账户通过了 Windows 身份验证或者 SQL Server 身份验证，但不能表明其可以对数据库数据和对象进行某种或者某些操作，只有当他同时拥有了用户账户后，才能访问数据库。

数据库用户唯一标识一个用户，用户对数据库访问权限及对数据库对象的所有关系都是通过用户账户来控制的。用户账户总是基于数据库的，即两个不同的数据库可以有两个相同的用户账户，并且一个登录账户也总是与一个或多个数据库用户账户相对应的。例如在任务 2-1 中，数据库 HcitPos 和 Northwind 各自拥有一个"tcl"用户，但两者却拥有同一个登录账户"tcl"。

在创建登录用户时，创建的数据库用户无法对许多数据库对象进行权限设置，现对数据库 HcitPos 的用户账户"tcl"进行各种权限的设置。

1. 使用 SSMS 管理数据库用户

【任务 2-6】使用 SSMS 创建一个新的数据库用户账户"tcl"(如果已经在创建登录账户时创建了它，则可以对其进行权限设置)。

操作步骤如下。

(1) 在 SSMS 上，展开【数据库】|HcitPos|【安全性】|【用户】节点，在【用户】节点上单击鼠标右键，弹出快捷菜单，如图 9.35 所示。

图 9.35　新建用户

(2) 选择 新建用户(N)... 选项，弹出【数据库用户-新建】对话框，如图 9.36 所示。在【用户名】框中输入 tcl(可以与登录名不同)，在【登录名】下拉列表框中选择已经创建的登录名 tcl，最后单击 确定 按钮，可完成对数据库用户的创建。

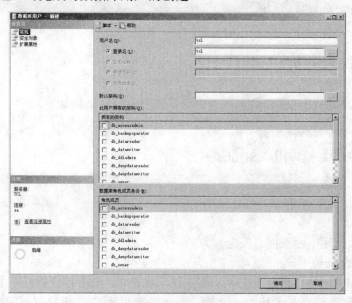

图 9.36　新建用户对话框

另外在 SSMS 中也可以查看或删除数据库用户，方法是展开某一数据库节点，选中【用户】节点下的某个用户，单击鼠标右键，在弹出的快捷菜单中选择 删除(D) 选项，即可删除数据库用户。

2. 使用 T-SQL 语句管理数据库用户

SQL Server 2005 提供了 CREATE USER、ALTER USER 和 DROP USER 语句进行数据库用户的创建、修改和删除操作。以前版本使用的管理数据库用户的系统存储过程，在 SQL Server 2005 中可继续使用，但不建议使用。

1) 新建和修改数据库用户

创建 SQL Server 数据库用户，使用 CREATE USER 语句，其基本语法结构如下。

```
CREATE USER  <数据库用户名>[{FOR|FROM}
{LOGIN <登录名>}|WITHOUT LOGIN]
```

修改 SQL Server 登录名，使用 ALTER LOGIN 语句，其基本语法结构如下。

```
ALTER USER <数据库用户名>
WITH <修改项>[, …n]
```

【任务 2-7】创建与 SQLLogin 的登录名关联的数据库用户，数据库用户名为 SQLUser；创建与 SQLLogin 登录名同名的数据库用户。

```
USE HcitPos
GO
CREATE USER SQLUser          --与登录名不同名
FOR LOGIN SQLLogin
GO
CREATE USER SQLLogin    --与登录名同名
```

【任务 2-8】创建与 Windows 用户的登录名 WinLogin(对应于 Windows 用户为 WinLogin)，对应的数据库用户名，数据库用户名为 WinUser。

```
CREATE USER WinUser FOR LOGIN [TCL\WinLoign]
```

🃏 **特别提醒：**

"[]" 括号不能少，"TCL" 为计算机名。

2) 删除数据库用户名

使用 DROP USER 语句删除数据库用户名，其基本语法结构如下。

```
DROP USER <数据库用户名>
```

【任务 2-9】删除数据库用户 SQLUser。

```
DROP USER SQLUser
```

🃏 **特别提醒：**

(1) 不能从数据库中删除拥有安全对象的用户。

(2) 不能删除 guest 用户。

(3) 删除时如果出现"消息 15138，级别 16，状态 1，第 1 行，数据库主体在该数据库中拥有架构，无法删除"，先使用"`DROP SCHEMA <架构名>`"，再执行删除操作。

3) 查看数据库信息

使用存储过程 sp_helpuser 查看登录账户的信息。

【任务 2-10】查看当前服务器上的所有登录账户名信息。

```
USE HcitPos
GO
EXEC sp_helpuser
```

9.2.4 权限管理

权限用来指定授权用户可以使用数据库对象和这些授权用户可以对这些数据库对象进行的操作。用户在登录到 SQL Server 之后，其用户账户所归属的 Windows 组或角色所被赋予的权限决定了该用户能够对哪些数据对象执行哪些操作，以及能够访问、修改哪些数据。在每个数据库中，用户的权限独立于用户账户和用户在数据库中的角色，每个数据库都有自己独立的权限系统，在 SQL Server 中包括 3 种类型的权限：对象权限、语句权限和预定义权限。

(1) 对象权限。表示对特定的数据库对象(即表、视图、字段和存储过程)的操作许可，它决定了能对表、视图等数据库对象执行哪些操作。如果用户想要对某一对象进行操作，其必须具有相应的操作权限。表和视图权限用来控制用户在表和视图上执行增、删、改、查语句的能力。字段权限用来控制用户在单个字段上执行的改、查和参照(References)操作的能力。存储过程权限用来控制用户执行 EXECUTE 语句的能力。

(2) 语句权限。表示对数据库的操作权限，也就是说，创建数据库或者创建数据库中的其他内容所需要的权限类型称为语句权限。只有 sysadmin、db_owner 和 db_securityadmin 角色成员才能授予语句权限，可用于语句权限的 T-SQL 语句及其含义如下。

① CREATE DATABASE：创建数据库。

② CREATE TABLE：创建表。

③ CREATE VIEW：创建视图。

④ CREATE RULE：创建规则。

⑤ CREATE DEFAULT：创建默认值对象。

⑥ CREATE PROCEDURE：创建存储过程。

⑦ CREATE INDEX：创建索引。

⑧ BACKUP DATABASE：备份数据库。

⑨ BACKUP LOG：备份事务日志。

(3) 预定义权限。它是指系统安装以后有些用户和角色不必授权就具有的权限。其中角色包括固定服务器角色和固定数据库角色，用户包括数据库对象的所有者。

使用 SSMS 管理权限可通过两种途径：面向单用户和面向数据库对象的许可设置，来实现对语句权限和对象权限的管理，从而实现对用户权限的设定。

1. 使用 SSMS 对用户的权限进行设置

【任务 2-11】针对任务 2-6 中对数据库 HcitPos 创建的用户账户"tcl"进行权限设置。

操作步骤如下：

(1) 在 SSMS，上展开【数据库】|HcitPos|【安全性】|【用户】节点，在用户 tcl 上单击鼠标右键，弹出快捷菜单，从弹出的快捷菜单中选择【属性】选项，则出现【数据库用户-tcl】对话框，单击 安全对象 ，出现如图 9.37 所示的对话框。

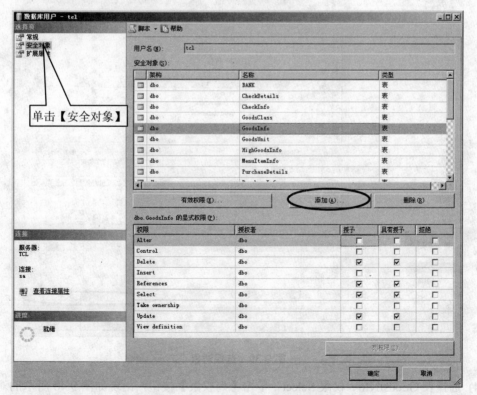

图 9.37 【数据库用户-tcl】对话框

(2) 在该对话框中单击 添加(A) 按钮，则弹出【添加对象】对话框，如图 9.38 所示。选中其中某一单选按钮，并单击 确定 按钮，则出现相应的【选择对象】对话框，【选择对象】对话框可以显示用户当前数据库中的所有对象，包括表、视图和存储过程等，同时也给出了针对该对象能够进行的操作，通过单击其中的空白方格来完成权限设置。

(3) 选择【特定类型的所有对象】单选钮后，出现如图 9.38 所示的对话框，继续选择【表】，单击 确定 按钮，出现如图 9.39 所示的对话框。

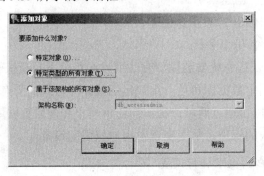

图 9.38 【添加对象】对话框

(3) 继续选择【表】，则出现如图 9.39 所示的对话框，通过单击具有授予权限列中的空白方格来完成对数据库中表的权限设置。

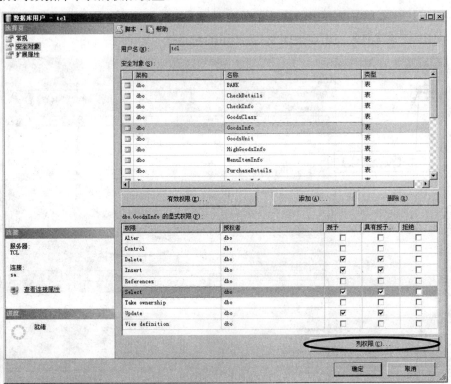

图 9.39 选择对象

(4) 选择表 GoodsINfo、权限 Select，单击【列权限】按钮，出现如图 9.40 所示的对话框，在该对话框中可以选择用户哪些列具有操作权限。最后单击 确定 按钮，即可完成权限设置。

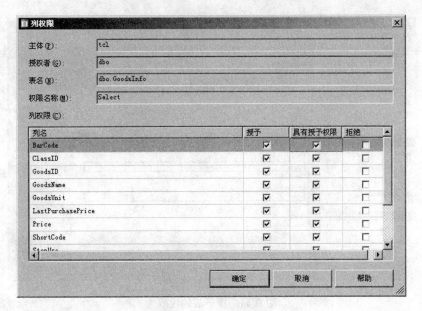

图 9.40　设置列权限

2. 使用 T-SQL 管理用户权限

使用 T-SQL 语句 GRANT、DENY 和 REVOKE 实现对数据库用户的权限管理。

1) 使用 GRANT 授予权限

GRANT 授予权限的基本语法结构如下。

```
GRANT <permission> ON <object> TO <user>
```

使用说明：

(1) permission:可以是相应对象的有效权限的组合。可以使用 ALL(表示所有权限)来代替权限组合。

(2) object：可以是表|视图|列|存储过程等被授予的对象。

(3) user:被授予的一个或多个用户或组。

【任务 2-12】使用 T-SQL 语句授予用户"SQLUser"对数据库 HcitPos 中的商品信息表 (GoodsInfo)、进货信息表(PurchaseInfo)查询和删除权限。

```
USE HcitPos
GO
GRANT SELECT,DELETE ON GoodsINfo TO SQLUser
GRANT SELECT,DELETE ON PurchaseInfo TO SQLUser
```

该语句执行成功后，GoodsInfo 表和 PurchaseInfo 表的权限属性如图 9.41 所示。

2) 使用 DENY 拒绝权限

DENY 拒绝权限的基本语法结构如下。

```
DENY <permission> ON <object> TO <user>
```

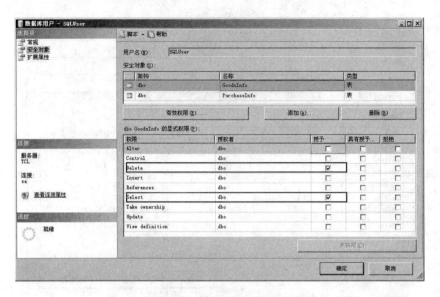

图 9.41 授予表的权限 1

参数同 GRANT 语句。

【任务 2-13】使用 T-SQL 语句拒绝用户"SQLUser"对数据库 HcitPos 中的商品信息表(GoodsInfo)插入和更新权限。

```
USE HcitPos
GO
DENY INSERT,UPDATE ON GoodsInfo TO SQLUser
```

该语句执行成功后，GoodsInfo 表的权限属性如图 9.42 所示。

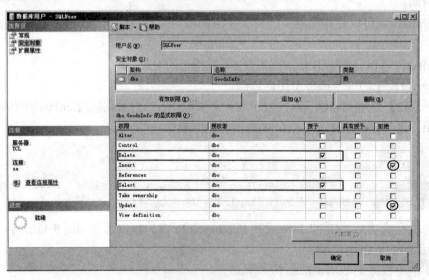

图 9.42 授予表的权限 2

3) 使用 REVOKE 取消权限

REVOKE 取消权限的基本语法结构如下。

```
REVOKE <permission> ON <object> TO <user>
```

参数同 GRANT 语句。

【任务 2-14】使用 T-SQL 语句取消用户"SQLUser"对数据库 HcitPos 中的商品信息表(GoodsInfo)删除(DELETE)权限。

```
USE HcitPos
GO
REVOKE DELETE ON GoodsInfo TO SQLUser
```

该语句执行成功后，GoodsInfo 表的权限属性如图 9.43 所示。

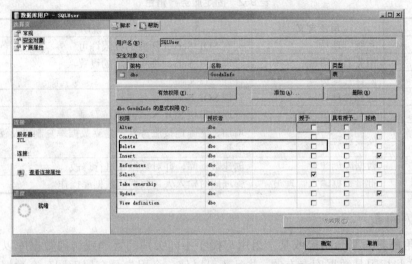

图 9.43　授予表的权限 3

9.2.5　角色管理

角色是 SQL Server 2005 引进的用来集中管理数据库和服务器权限的概念。数据库管理员将操作数据库的权限赋予角色，然后将角色再赋给数据库用户或登录账户，从而使用数据库用户或登录账户拥有了相应的权限。在 SQL Server 中有两种角色，即服务器角色和数据库角色。

在创建登录账户时可以对服务器角色进行设置。在创建数据库用户时可以对数据库角色进行设置。

好多读者觉得角色这个概念十分难理解，打个比方：有 10 个演员 $x_1 \sim x_{10}$ 都可以扮演同一个角色 A，可以对 $x_1 \sim x_{10}$ 这 10 个演员进行 A 角色的任务培训，不必单独培训。那么假如有 10 个用户 $user_1 \sim user_{10}$ 具有相同的权限，把这个相同的权限定义为一个角色 A，对角色 A 进行权限设置，那么这 10 个用户 $user_1 \sim user_{10}$ 都具有角色 A 所具有的权限，不必再为每个用户逐个定义权限了。

又如，学校的信息管理系统里有 3 种类型的用户：管理员、教师和学生。只需在数据库中定义 3 种角色：管理员角色(A)、教师角色(T)和学生角色(S)。全体管理员就是 A 角色的角色成员，全体教师就是 T 角色的角色成员，全体学生就是 S 角色的角色成员。在数据库设计时把所有的用户纳入到不同的角色中，作为角色成员处理，只需对角色 A、T 和 S 进行权限设置，而不必对所有用户进行权限设置。

SQL Server 中角色分为两种：服务器角色和数据库角色。

1. 服务器角色

服务器角色是指根据 SQL Server 的管理任务以及这些任务相对的重要性等级，来把具有 SQL Server 管理职能的用户划分为不同的用户组，每一组所具有的管理 SQL Server 的权限都是 SQL Server 内置的，即不能对其进行添加、修改和删除，只有向其中加入用户或者其他角色。服务器角色存在于各个数据库之中，要想加入用户，该用户必须有登录账户以便加入到角色中，SQL Server 2005 中提供了 8 种常用的固定服务器角色，其具有含义见表 9-2。

表 9-2　固定服务器角色

角色	角色含义	说明
sysadmin	系统管理员	拥有 SQL Server 所有的权限许可
serveradmin	服务器管理员	管理 SQL Server 服务器端的设置
diskadmin	磁盘管理员	管理磁盘文件
processadmin	进程管理员	管理 SQL Server 系统进程
securityadmin	安全管理员	管理和审核 SQL Server 系统登录
setupadmin	安装管理员	增加、删除连接服务器，建立数据库复制以及管理扩展存储过程
dbcreator	数据库创建者	创建数据库，并对数据库进行修改
blkadmin	批量数据输入管理员	管理同时输入大量数据的数据库操作

2. 数据库角色

数据库角色是为某一用户或某一组用户授予不同级别的管理或访问数据库以及数据库对象的权限，这些权限是数据库专有的，并且还可以使一个用户具有属于同一个数据库的多个角色。SQL Server 提供了两种类型的数据库角色：固定的数据库角色和用户自定义的数据库角色。

(1) 固定的数据库角色。固定的数据库角色是指 SQL Server 已经定义了这些角色所具有的管理、访问数据库的权限，而且 SQL Server 管理者不能对其所具有的权限进行任何的修改。SQL Server 中的每一个数据库都有一组固定的数据库角色，在数据库中使用固定的数据库角色可以将不同级别的数据库管理工作分给不同的角色，从而有效地实现工作权限的传递，SQL Server 提供了 10 种常用的固定的数据库角色来授予组合数据库级管理员的权限，这些固定的数据库角色信息存储在系统表 sysusers 中。这些固定的数据库角色的具体含义见表 9-3。

表 9-3　固定的数据库角色

角色	说明
public	每个数据库用户都属于 public 数据库角色，当尚未对某个用户授予或拒绝对安全对象的特定权限时，该用户将继承授予该安全对象的 public 角色的权限
db_owner	可以执行数据库的所有配置和维护活动
db_accessadmin	可以增加或者删除数据库用户、工作组和角色
db_ddladmin	可以在数据库中运行任何数据定义语句(DDL)命令
db_securityadmin	可以修改角色成员身份和管理权限
db_backupoperator	可以备份和恢复数据库
db_datawriter	能够增加、修改和删除表中的数据，但不能进行查询操作
db_datareader	能且仅能对数据库中的任何表执行查询操作，从而读取所有表的信息
db_denydatareader	不能读取数据库中任何表中的数据
db_denydatawriter	不能对数据库中的任何表执行增加、修改和删除操作

在固定的数据库角色中，public 是一个特殊的数据库角色，数据库的每个用户都是 public 角色中的成员。在每一个数据库中都包含 public 角色，不能删除 public 角色。

(2) 用户自定义数据库角色。创建用户自定义数据库角色就是创建一组用户，这些用户具有相同的一组许可。如果一组用户需要执行在 SQL Server 中指定的一组操作，并且不存在对应的 Windows 组，或者没有管理 Windows 用户账户许可，就可以在数据库建立一个用户自定义的数据库角色。用户自定义的数据库角色有两种：标准角色和应用程序角色。

标准角色通过对用户权限等级的认定而将用户划分为不同的用户组，使用户总是相对于一个或多个角色的，从而实现管理的安全性。所有的固定数据库角色或 SQL Server 管理者自定义的某一角色都是标准角色。

应用程序角色是一种比较特殊的角色。要想让某些用户只能通过特定的应用程序间接地存取数据库中的数据而不能直接存取数据库数据，就应该考虑使用应用程序角色。当某一用户使用了应用程序角色时，他便放弃了已被赋予的所有数据库专有权限，他所拥有的只是应用程序角色设置的角色。通过应用程序角色，以可控制方式来限制用户的语句或者对象许可。

3. 角色管理

1) 管理服务器角色

在 SSMS 上，展开指定的服务器，单击【安全性】节点，然后单击【服务器角色】，在右边的页框中单击所要的角色(如 dbcreator)，单击鼠标右键，从弹出的快捷菜单中选择【属性】选项，则出现【服务器角色属性】对话框，如图 9.44 所示。

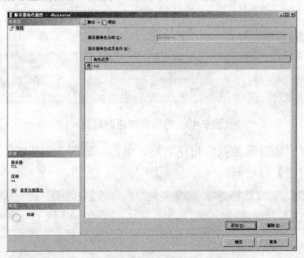

图 9.44　【服务器角色属性】对话框

在该对话框中可看到属于该角色的成员。单击 添加(D)... 按钮，则弹出【添加成员】对话框，其中，可以选择添加新的登录账户作为该服务器角色成员，单击 删除(E) 按钮，就可以从服务器角色中删除选定的账户。

2) 管理数据库角色

(1) 使用 SSMS 管理数据库角色。

【任务 2-15】在 SSMS 上对 HcitPos 数据库用户角色进行管理。如果数据库 HcitPos 的用户 SQLUser 和 WinUser 不存在，请先建立。

① 建立一个数据库角色 TclRole，把用户 SQLUser 和 WinUser 添加成角色成员。

② 对角色 TclRole 授予对商品信息表(GoodsInfo)增、删、改、查权限。

操作步骤如下。

① 展开指定的服务器及指定的数据库，单击【安全性】节点，然后右键单击【数据库角色】图标，从弹出的快捷菜单中选择 新建数据库角色(N)... 选项，则出现【数据库角色-新建】窗口，如图 9.45 所示。

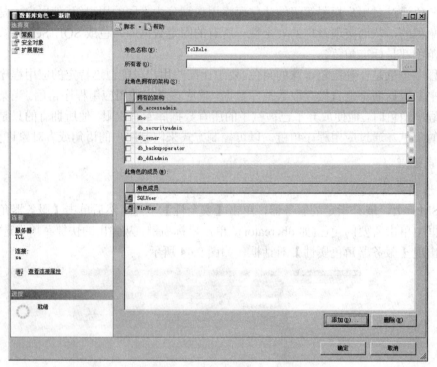

图 9.45　数据库角色的建立

② 在名称文本框中输入该数据库角色名称，单击 添加(D)... 按钮，出现如图 9.46 所示的【选择数据库用户或角色】对话框。

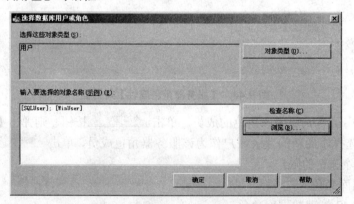

图 9.46　【选择数据库用户或角色】对话框

③ 单击 浏览(B)... 按钮，出现如图 9.47 所示【查找对象】对话框，选择用户 SQLUser 和 WinUser，单击 确定 按钮，添加完角色成员。

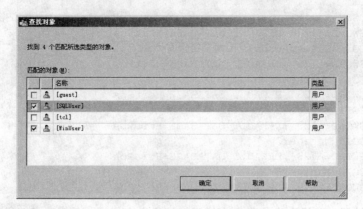

图 9.47　【查找对象】对话框

④ 赋予角色权限。在(1)的【数据库角色-新建】对话框中单击 安全对象，如图 9.48 所示，单击 添加(D)... 按钮，可以按对用户设置权限的步骤设置角色权限，单击 确定 按钮，角色的权限设置完毕。

在数据库角色成员中的所有用户都具有该角色的权限了，不需要一个一个地对数据库用户设置权限。

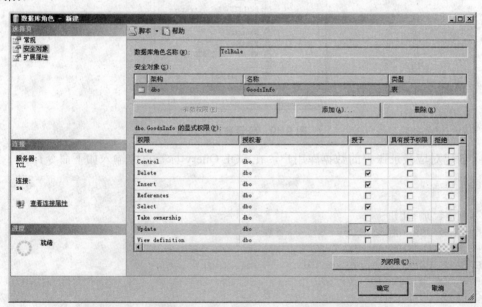

图 9.48　数据库角色权限设置

(2) 使用 T-SQL 管理数据库角色。

【任务 2-16】使用 T-SQL 管理登录账户、数据库用户和角色。

这里不再给出具体的语句结构，以任务形式给出更容易理解。

操作步骤如下。

① 在 SSMS 上单击 新建查询(N)按钮，出现 SQL Query 标签页。

② 创建登录账户，在 SQL Query 标签页中输入如下命令行。

```
USE master
GO
```

```
CREATE LOGIN Admin1                    --具有管理员权限,HcitPos 为默认数据库
WITH PASSWORD='123',DEFAULT_DATABASE=HcitPos
CREATE LOGIN Salesperson1  --两个销售人员
WITH PASSWORD='123',DEFAULT_DATABASE=HcitPos
CREATE LOGIN Salesperson2
WITH PASSWORD='123',DEFAULT_DATABASE=HcitPos
CREATE LOGIN Manager1          --三部门经理
WITH PASSWORD='123',DEFAULT_DATABASE=HcitPos
CREATE LOGIN Manager2
WITH PASSWORD='123',DEFAULT_DATABASE=HcitPos
CREATE LOGIN Manager3
WITH PASSWORD='123',DEFAULT_DATABASE=HcitPos
```

③ 单击✔按钮,分析命令行是否有错误,如果没有错误,单击 执行(X) 按钮执行,执行的结果创建 6 个登录账户,如图 9.49 所示。

图 9.49　登录账户的创建

④ 创建对应登录账户的数据库用户,在 SQL Query 标签页中输入如下命令行。

```
USE HcitPos
GO
--创建数据库用户
CREATE USER Admin1User       --管理员用户
FOR LOGIN Admin1
CREATE USER Salesperson1User    --销售人员用户
FOR LOGIN Salesperson1
CREATE USER Salesperson2User
FOR LOGIN Salesperson2
CREATE USER Manager1User          --经理人员用户
FOR LOGIN Manager1
CREATE USER Manager2User
FOR LOGIN Manager2
CREATE USER Manager3User
FOR LOGIN Manager3
```

⑤ 单击✔按钮,分析命令行是否有错误,如果没有错误,单击 执行(X) 按钮执行,执行的结果在数据库 HcitPos 中创建 6 个数据库用户,如图 9.50 所示。

图 9.50　数据库用户的创建

⑥ 对表 GoodsInfo 和 PurchaseDetails 为管理员 Admin1User 授予增、删、改、查和创建表的权限，在 SQL Query 标签页中输入如下命令行。

```
GRANT SELECT,UPDATE,DELETE,INSERT ON GoodsInfo  TO Admin1User
GRANT SELECT,UPDATE,DELETE,INSERT ON PurchaseDetails  TO Admin1User
GRANT CREATE TABLE TO Admin1User
```

⑦ 单击 按钮，分析命令行是否有错误，如果没有错误，单击 执行(X) 按钮执行，如图 9.51、图 9.52 所示。

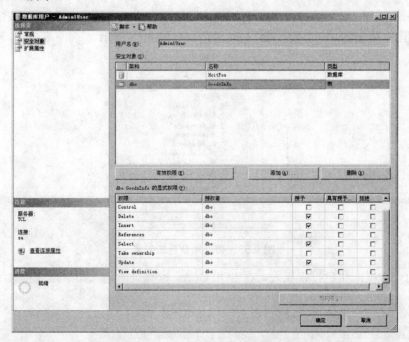

图 9.51　数据库用户的权限设置 1

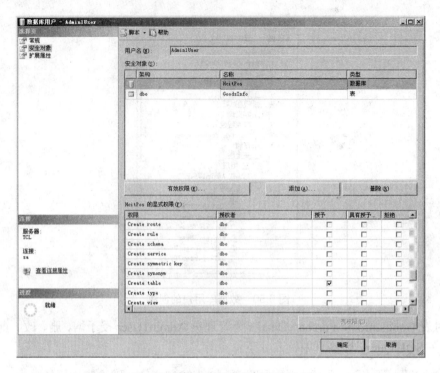

图 9.52　数据库用户的权限设置 2

⑧ 增加两个数据库角色，在 SQL Query 标签页中输入如下命令行。

```
CREATE ROLE SalespersonRole                    --销售角色
CREATE ROLE ManagerRole         --经理角色
```

⑨ 单击✓按钮，分析命令行是否有错误，如果没有错误，单击 执行(X) 按钮执行，执行的结果在数据库 HcitPos 中创建两个数据库角色，如图 9.53 所示。

图 9.53　数据库角色的创建

⑩ 对两个数据库角色授权权限，在 SQL Query 标签页中输入如下命令行。

```
GRANT SELECT,INSERT ON GoodsInfo TO SalespersonRole
GRANT SELECT,INSERT ON PurchaseDetails TO SalespersonRole
--对表 GoodsInfo 和 PurchaseDetails 授予经理角色查询权限
GRANT SELECT ON GoodsInfo TO ManagerRole
GRANT SELECT ON PurchaseDetails TO ManagerRole
```

⑪ 单击✔按钮，分析命令行是否有错误，如果没有错误，单击 **执行(X)** 按钮执行，执行的结果在数据库 HcitPos 中为两个数据库角色授予权限。

⑫ 为两个数据库角色添加角色成员，在 SQL Query 标签页中输入如下命令行。

```
EXEC sp_addrolemember 'SalespersonRole','Salesperson1User'
EXEC sp_addrolemember 'SalespersonRole','Salesperson2User'
EXEC sp_addrolemember 'ManagerRole','Manager1User'
EXEC sp_addrolemember 'ManagerRole','Manager2User'
EXEC sp_addrolemember 'ManagerRole','Manager3User'
```

⑬ 单击✔按钮，分析命令行是否有错误，如果没有错误，单击 **执行(X)** 按钮执行，执行的结果在数据库 HcitPos 中为两个数据库角色添加角色成员，如图 9.54 所示(另一角色成员图中没有给出)。

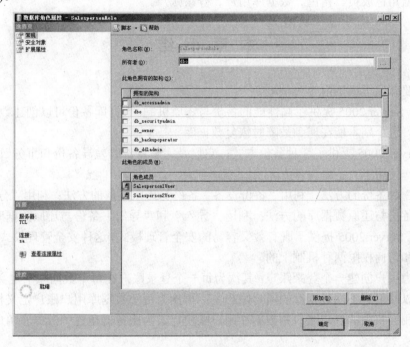

图 9.54　数据库角色的成员

⑭ 删除上面建立的数据角色成员、角色、数据库用户、登录账户，在 SQL Query 标签页中输入如下命令行。

```
--删除角色必须先删除其角色成员
EXEC sp_droprolemember 'ManagerRole', 'Manager1User'
EXEC sp_droprolemember 'ManagerRole', 'Manager2User'
EXEC sp_droprolemember 'ManagerRole', 'Manager3User'
EXEC sp_droprolemember 'SalespersonRole', 'Salesperson1User'
EXEC sp_droprolemember 'SalespersonRole', 'Salesperson2User'
--删除角色
DROP ROLE SalespersonRole
DROP ROLE ManagerRole
--删除数据库用户
DROP USER Admin1User
DROP USER Salesperson1User
```

```
DROP USER Salesperson2User
DROP USER Manager1User
DROP USER Manager2User
DROP USER Manager3User
--删除登录账户
DROP LOGIN  Admin1
DROP LOGIN  Salesperson1
DROP LOGIN  Salesperson2
DROP LOGIN  Manager1
DROP LOGIN  Manager2
DROP LOGIN  Manager3
```

⑮ 单击 ✔ 按钮，分析命令行是否有错误，如果没有错误，单击 ❗执行(X) 按钮执行，执行后删除了数据角色成员、角色、数据库用户、登录账户。

本 章 小 结

本章主要介绍了如下内容。

(1) SQL Server 2005 提供了高性能的备份与还原机制。数据库备份可以创建数据库内存在的数据副本，这个副本能在遇到故障时恢复数据库。

SQL Server 2005 提供了 3 种备份方式，它们是完整备份、差异备份和事务日志备份。备份与还原操作使用了"备份设备"。

介绍了 3 种备份的方法：利用"备份设备"备份与还原数据的方法；利用"分离"与"附加"数据库备份与还原数据库的方法；利用"导入"和"导出"备份与还原数据库的方法。

(2) SQL Server 2005 提供了既有效又容易的安全管理模式，这种安全管理模式是建立在安全身份验证和访问权限两种机制上的。

首先要为用户创建一个登录账户；其次为每一个登录账户在每个数据库中定义账户，一个登录账户可以映射到不同数据库的用户账户上；再次为每个数据库用户账户定义权限。

把具有相同权限的登录账户和数据库用户账户定义为服务器角色和数据库角色。

习　　题

一、选择题

1. (　　)备份最耗费时间。
　　A. 数据库完整备份　　　　　　　　B. 数据库差异备份
　　C. 事务日志备份　　　　　　　　　D. 文件和文件组备份

2. 备份数据库不仅要备份用户定义的数据库，还备份系统数据库，这些系统数据库是(　　)。
　　A. master 数据库　　　　　　　　　B. msdb 数据库
　　C. model 数据库　　　　　　　　　D. 以上都是

3. 做文件和文件组备份，最好做(　　)备份。
　　A. 数据库备份　　　　　　　　　　B. 数据库差异备份
　　C. 事务日志备份　　　　　　　　　D. 文件和文件组备份

4. 在 SQL Server 2005 中权限不是可分(　　)类别。
   A. 对象权限　　　　　　　　　　B. 语句权限
   C. 隐含权限　　　　　　　　　　D. 管理员权限

5. 为了把设计好的 SQL Server 数据库复制一份，以下说法不正确的是(　　)。
   A. 直接复制数据库文件
   B. 把数据库文件从 SQL Server 中分离出来
   C. 复制分离后的数据库文件
   D. 将文件附加到 SQL Server 上

6. (　　)可以对数据库中的表数据执行修改操作。
   A. 服务器管理管理操作　　　　　B. UPDATE 语句
   C. 导入导出数据　　　　　　　　D. SELECT 语句

二、课外拓展

1. 创建一个登录账户，并允许该登录账户访问 master 数据库和用户数据库 HcitPos。

2. 为用户数据库 HcitPos 创建一个用户账户和一个角色。

3. 对 HcitPos 数据库进行完整性备份。

4. 把 HcitPos 数据库导出成 Access 数据库(注意含有 text、ntext 字段的表)。

附录 **A** 实 验 内 容

实验一　注册服务器与创建数据库

1. 实验目的

- 熟悉 SSMS 环境
- 掌握注册服务器的过程
- 了解 Microsoft SQL Server 中系统数据库的数据
- 创建数据库

2. 实验内容

- 使用联机丛书
- 注册服务器
- 创建数据库

3. 实验步骤

实验步骤如下。

(1) 在任务栏上，单击【开始】|【程序】|Microsoft SQL Server 2005|【文档与教程】|【SQL Server 联机丛书】命令。

(2) 在控制台树中，查看 SQL Server 联机丛书的组织结构。

(3) 在【SQL Server 联机丛书】右面的【常用信息】选项卡的列表中单击【SQL Server 2005 联机丛书入门】，然后查看入门的内容。

(4) 在树中，展开【使用 SQL Server 联机丛书】，之后单击【索引】，在【筛选依据】选择分类信息。

(5) 在【查找】文本框输入相关分类信息中的细节内容。

(6) 在【查找】文本框输入"系统数据库"，了解系统数据库知识，并在 SQL Server 管理平台中查看系统表 sysdatabases 、sysusers、sysobjects 中的数据(这些表都是隐藏的，但可查看其内容)。

在新建查询中输入如下命令行：

```
USE master
SELECT * FROM sysobjects
```

即可查看 sysobjects 中的信息。

(7) 如果想查看系统对象，则需要做如下操作。

【对象资源管理器】的【数据库】节点包含系统对象，如系统数据库。

(8) 使用 SSMS 注册服务器的方法。

在主菜单中，单击【视图】|【已注册的服务器】命令，右击【数据库引擎】节点，选择【新建】|【服务器注册】选项，出现【新建服务器注册】对话框，在【常规】选项卡的【服务器名称】中选择【<浏览更多 ...>】，在【本地服务器】选项卡中选择【服务器引擎】，从中选择一个服务器，单击【确定】按钮，返回上级【新建服务器注册】对话框，单击【测试】按钮，出现【新建服务器注册】信息提示，单击【确定】按钮，返回，单击【保存】按钮，完成服务器注册，这时在【已注册的服务器】中出现用户要建立的服务器，但注意对于远程服务器建立，略有不同，注册是否成功，要看测试是否成功。

(9) 创建数据库。

创建数据库 HcitPos_XX，其要求如下：主数据文件的逻辑文件名为"HcitPos_XX_Data"，物理文件名为"HcitPos_XX_Data.mdf"，存放在 C 盘根目录下，初始大小 20MB，最大文件大小 100MB，文件大小按 10%增长；日志文件的逻辑文件名为"HcitPos_XX_Log"，物理文件名为"HcitPos_XX_Log.ldf"，存放在 C 盘根目录下，初始大小 5MB，文件大小按 1MB 增长。

查看创建数据库的帮助信息，用如下 T-SQL 语句创建数据库 HcitPos_XX。

```
CREATE DATABASE HcitPos_XX
ON
(
NAME=HcitPos_XX_Data,
FILENAME='E:\HcitPos_XX_Data.mdf',
SIZE=20,
MAXSIZE=100,
FILEGROWTH=10%
)
LOG ON
(
NAME=HcitPos_XX_Log,
FILENAME='E:\HcitPos_XX_Log.ldf',
SIZE=5,
FILEGROWTH=1
)
```

查看所建的数据库的属性，看是否与自己创建的各项参数要求相同。

(10) 删除数据库。

使用 T-SQL 语句删除刚创建的数据库。

```
DROP DATABASE HcitPos_XX
```

(11) 查看所建的数据库的属性。

① 右击数据库 HcitPos_XX 节点，选择【属性】选项，查看数据库的属性，是否与自己创建的各项参数要求相同。

② 使用 sp_helpdb，查看数据库的属性。

```
sp_helpdb HcitPos_XX
```

注：XX 为学生学号或其他。

书写实验报告，记录使用 SSMS 注册服务器和创建数据库的过程与总结。

实验二　使用 SSMS 创建表

1. 实验目的

● 继续掌握创建和管理数据库的方法
● 掌握创建用户定义数据类型的方法
● 掌握使用 SSMS 创建表的方法

2. 实验内容

● 创建用户自定义数据类型
● 创建表
● 在表中输入和修改数据，体会数据类型的意义

3. 实验步骤

(1) 使用 SSMS 的 SQL Query 标签页。如果实验一没有做或因其他原因没有创建数据库 HcitPos_XX，按下列要求创建一个数据库 HcitPos，要求：主数据文件的逻辑文件名为 "HcitPos_Data"，物理文件名为 "HcitPos_Data.mdf"，存放在 C 盘根目录下，初始大小 20MB，最大文件大小 100MB，文件大小按 10%增长；日志文件的逻辑文件名为 "HcitPos_Log"，物理文件名为 "HcitPos_Log.ldf"，存放在 C 盘根目录下，初始大小 5MB，文件大小以按 1MB 增长。

(2) 使用 SQL Query 标签页，编写执行语句删除 HcitPos 数据库，然后编写执行语句按要求重建 HcitPos 数据库，执行存储过程 sp_helpdb 查看 HcitPos 数据库的属性。

(3) 创建用户自定义数据类型 PostCode，定长 6 个字符，允许空值。

(4) 使用 SSMS 创建供应商信息表(SupplierInfo)，表的结构见表实验 1。

表实验 1　供应商信息表(SupplierInfo)

序号	列名	数据类型	长度	列名含义	说明
1	SupplierID	varchar	20	供应商编号	主键
2	SupplierName	varchar	50	供应商名称	非空
3	Address	varchar	255	联系地址	默认值 "地址不详"
4	LinkMan	varchar	10	联系人	
5	Mobile	varchar	20	手机	检查约束(11 位数字字符)
6	EMail	varchar	50	电子邮件	检查约束(含 "@" 符号)
7	PostCode	PostCode	6	邮政编码	

(5) 在 SupplierInfo 表中输入和修改数据，体会数据类型的意义；然后删除该表。

(6) 使用 SQL Query 标签页创建进货明细表(PurchaseDetails)，表的结构见表实验 2。

表实验 2　进货明细信息表(PurchaseDetails)

序号	列名	数据类型	长度	列名含义	说明
1	ID	int		编号	主键 标识列
2	SupplierID	varchar	20	供应商编号	外键 SupplierInfo(SupplierID)
3	GoodsName	varchar	50	商品名称	非空
4	UnitPrice	money		单价(实际)	默认值 0，大于等于 0
5	PurchaseCount	int		进货数量	默认值 0，大于等于 0

(7)为 PurchaseDetails 增加一计算列 PurchaseMoney(进货金额)，使用公式得到 UnitPrice(单价)和 PurchaseCount(进货数量)的积，然后输入测试数据。

(8) 在 SSMS 中生成 HcitPos 数据库重建对象的脚本。右击 HcitPos 数据库，选择【编写数据库脚本为】|【CREATE 到】|【新查询编辑器窗口】选项，即可在【新查询编辑器】窗口中显示数据库 HcitPos 创建的脚本，接下来保存其脚本文本，要求文件的扩展名为"*.sql"。

(9) 在 SSMS 中生成 HcitPos 数据库对象脚本。右击 HcitPos 数据库，选择【任务】|【生成脚本】选项，在【脚本向导】中单击【下一步】按钮，在【选择数据库】对话框中选择 HcitPos 数据库，单击【下一步】按钮，在【选择脚本选项】中选择相应项(表和用户自定义数据类型)，单击【下一步】按钮，在【选择对象类型】对话框中选择【表】，单击【下一步】按钮，在【选择用户自定义数据类型】对话框中【用户自定义数据类型】，然后单击【下一步】按钮，单击【完成】按钮，即可查看为对象 SupplierInfo 表和 PurchaseDetails 表创建的脚本文本，接下来保存其脚本文本，要求文件的扩展名为".sql"。

书写实验报告，记录实验过程和编写执行的语句。

注：练习内容可能太多，可分配在其他时间练习或分两次实验。

实验三　使用 T-SQL 语句创建表

1. 实验目的

● 继续理解与掌握使用 T-SQL 语句创建数据库的方法

● 掌握与使用 T-SQL 语句创建表的方法

2. 实验内容

● 继续学习使用 T-SQL 语句创建数据库

● 使用 T-SQL 语句创建表并保存 T-SQL 语句脚本等

● 向表中插入测试数据，观察其是否满足表中约束要求

3. 实验步骤

任务 1

从 Microsoft SQL Server 2005 的 SSMS 中，单击【新建查询】按钮，在 SQL Query 标签页中输入如下 T-SQL 语句，创建数据库 HcitPos。

```
SET NOCOUNT ON
USE master
GO
IF EXISTS (SELECT name FROM sys.Databases WHERE name='HcitPos')
DROP TABLE HcitPos
GO
CREATE DATABASE HcitPos
on
(NAME=HcitPos_Data,
 FILENAME='C:\HcitPos_Data.mdf',
 SIZE=10,
 FILEGROWTH=10%
)
LOG ON
(NAME=HcitPos_Log,
 FILENAME='C:\HcitPos_Log.ldf',
 SIZE=5,
 FILEGROWTH=1
)
GO
```

执行上述 T-SQL 语句。

任务 2

在 SQL Query 标签页中继续输入如下 T-SQL 语句命令行。

```
USE HcitPos
GO
IF EXISTS(SELECT*FROM systypes WHERE name=N'PostCode')
    DROP TYPE PostCode
GO
EXEC sp_addtype 'PostCode', 'char(6)','null'
GO
IF EXISTS(SELECT*FROM sysobjects WHERE name='SupplierInfo')
    DROP TABLE SupplierInfo
GO
CREATE TABLE SupplierInfo
(
    SupplierID varchar(20) CONSTRAINT PK_SupplierInfo PRIMARY KEY(SupplierID),
    SupplierName varchar(50) NOT NULL,
    Address varchar(255) CONSTRAINT DF_SupplierInfo_Address
    DEFAULT ('地址不详'),
    Linkman nchar(10),
    Mobile char(11),
    EMail varchar(50),
    PostCode PostCode,
    CONSTRAINT CK_SupplierInfo_EMail CHECK((EMail LIKE '%@%')),
    CONSTRAINT CK_SupplierInfo_PostCode
    CHECK(PostCode LIKE '[0-9][0-9][0-9][0-9][0-9[0-9]'),
    CONSTRAINT CK_SupplierInfo_ Mobile
    CHECK(Mobile LIKE
    '[0-9][0-9][0-9][0-9][0-9][0-9][0-9][0-9][0-9][0-9][0-9]')
```

```
)
GO
IF EXISTS(SELECT name FROM sysobjects WHERE name='PurchaseDetails')
  DROP TABLE PurchaseDetails
GO
CREATE TABLE PurchaseDetails
(
    ID int IDENTITY(1,1) CONSTRAINT PK_PurchaseDetails PRIMARY KEY(ID),
    SupplierID varchar(20)
    CONSTRAINT  FK_PurchaseDetails_SupplierInfo  REFERENCES  SupplierInfo
(SupplierID),
    GoodsName varchar(50) NOT NULL,
    UnitPrice money CONSTRAINT DF_PurchaseDetails_UnitPrice DEFAULT 0,
    PurchaseCount int CONSTRAINT DF_PurchaseDetails_PurchaseCount  DEFAULT 0,
    PurchaseMoney  AS UnitPrice*PurchaseCount,
    CONSTRAINT CK_PurchaseDetails_PurchaseCount CHECK((PurchaseCount>=0)),
    CONSTRAINT CK_PurchaseDetails_UnitPrice CHECK((UnitPrice>=0))
)
GO
```

创建实验二中的供应商信息表(SupplierInfo)和进货明细表(PurchaseDetails)，注意如下 3 点。

(1) 两表中的空约束、主键约束、外键约束、检查约束和默认约束。

(2) 自定义数据类型 PostCode。

(3) 计算列 PurchaseMoney。

任务 3

(1) 在 SSMS 中向两表中手工插入测试数据，观察插入数据的要求。

(2) 保存上述所建立的 T-SQL 语句，其文件名为"实验三.sql"。

书写实验报告，记录调试好的命令语句，做一个总结。

实验四 实现表中数据完整性

1. 实验目的

● 巩固掌握创建表的命令

● 掌握与使用 CREATE TABLE 语句创建约束的命令

● 通过插入测试数据，加深理解各种约束的意义

2. 实验内容

● 按要求使用 CREATE TABLE 语句创建带约束的表

● 插入测试数据

● 禁用/启用约束

3. 实验步骤

背景说明：在 HcitPos 数据库中，要求增加雇员信息表(EmployeeInfo)、部门信息表(DepartmentInfo)和工作情况表(WorkInfo)，使用它们进行内部管理：表 EmployeeInfo 存储雇员

代号(4 位字符，唯一)、身份证(18 个字符)、名字(最长 20 个字符)和工资等信息；表 DepartmentInfo 存储部门的部门号(2 个字符，唯一)、部门名称(30 个字符)等信息；表 WorkInfo 每一行表示某雇员在某部门工作经历及其开始工作的时间和备注。

(1) 在 SQL Query 标签页写出创建这 3 个表的 SQL 语句并执行，具体要求：为各表创建主键约束；工资的值大于 0；身份证号唯一；表 WorkInfo 中的雇员号、部门号分别参照 EmployeeInfo、DepartmentInfo 表中的雇员号、部门号，并且当删除某雇员时该雇员在表 WorkInfo 中的所有信息自动被删除。

```
USE HcitPos
GO
CREATE TABLE EmployeeInfo          --创建 EmployeeInfo 表
(
    EmpID char(4) CONSTRAINT PK_EmployeeInfo PRIMARY KEY,
    EmpName varchar(20),
    IDCard char(18) UNIQUE DEFAULT '未知',
    Salary smallmoney CONSTRAINT CK_Salary CHECK(salary>=0)
)
GO
CREATE TABLE DepartmentInfo          --创建 DepartmentInfo 表
(
    DepID char(2) CONSTRAINT PK_DepartmentInfo PRIMARY KEY,
    DepName varchar(30)
)
GO
CREATE TABLE WorkInfo               --创建 WorkInfo 表
(
    EmpID char(4),
    DepID char(2),
    StartDate smalldatetime,
    Memo text,
    CONSTRAINT PK_WorkInfo PRIMARY KEY(EmpID,DepID),
    CONSTRAINT FK_EmpID FOREIGN KEY(EmpID)
    REFERENCES EmployeeInfo(EmpID) ON DELETE CASCADE,
    CONSTRAINT FK_DepID FOREIGN KEY(DepID) REFERENCES DepartmentInfo(DepID),
)
```

表的级联操作说明如下。

① ON DELETE{CASCADE|NO ACTION}：指定当创建的表中的行具有引用关系并且从父表中删除该行所引用的行时，要对该行采取的操作。默认设置为 NO ACTION。

如果指定 CASCADE，则从父表中删除被引用的行时，也将从引用表中删除具有引用关系的行。如果指定 NO ACTION，SQL Server Mobile 将返回一个错误，并且回滚父表中所引用行上的删除操作。

② ON UPDATE{ CASCADE|NO ACTION}：指定当创建的表中的行具有引用关系并且在父表中更新该行所引用的行时，要对该行采取的操作。默认设置为 NO ACTION。

如果指定 CASCADE，则在父表中更新被引用的行时，也将在引用表中更新具有引用关系的行。如果指定 NO ACTION，SQL Server 将返回一个错误，并且回滚父表中所引用行上的更新操作。

(2) 执行存储过程。

```
sp_helpconstraint <表名>
```

查看各个表上约束的情况，注意 CHECK、FOREIGN KEY 约束的状态(status_enabled 列)。例如:

```
EXEC sp_helpconstraint EmployeeInfo
```

(3) 插入测试数据，注意违反约束的数据。

```
INSERT EmployeeInfo values('0102', 'pro', '123456789012345679',10.5)
```

(4) 禁用/启用表的约束。
语法提示:

```
ALTER TABLE <表名> NOCHECK|CHECK CONSTRAINT <all|约束名>
```

注意只能禁用 CHECK、FOREIGN KEY 约束。

```
ALTER TABLE EmployeeInfo NOCHECK CONSTRAINT CK_Salary
```

执行存储过程 sp_helpconstraint <表名>，查看 CHECK、FOREIGN KEY 约束的状态。查看到 CK_Salary 的 status_enabled 的值为 "Enabled"。

(5) 试着向表中插入违反 CHECK、FOREIGN KEY 约束的测试数据。

```
INSERT EmployeeInfo values('0102','pro','123456789012345679',10.5)
INSERT EmployeeInfo values('0103','pro','123456789012345679',-10.5)
INSERT EmployeeInfo values('0104','pro','123456789012345680',-10.5)
ALTER TABLE EmployeeInfo NOCHECK CONSTRAINT CK_Salary
INSERT EmployeeInfo values('0104','pro','123456789012345680',10.5)
```

从执行结果看，第一条插入语句违反表的主键约束，因为(3)中已经插入了一条雇员号为 "0102" 的记录；第二条插入语句违反表的唯一键约束，因为(3)中已经插入了一条身份证号为 "123456789012345679" 的记录；第三条插入语句违反表的列 Salary 的检查约束，要求其值大于等于 0；第四条插入语句没有违反约束，插入成功。

(6) 请先思考：假如要删除这 3 个表，应首先删除哪个表？然后实验得出结论。先删除从表，后删除主表。

```
DROP TABLE WorkInfo, DepartmentInfo
DROP TABLE EmployeeInfo
```

书写实验报告，记录实验过程和编写执行的命令语句。

实验五　表的结构修改、删除

1. 实验目的

掌握修改表的命令

2. 实验内容

修改表

3. 实验步骤

修改表语法提示。

```
ALTER TABLE <表名>                                    --<表名>：要修改的基本表
[ADD <新列名> <数据类型> [ 完整性约束 ] ]              -- 增加新列和新的完整性约束条件
[ALTER COLUMN  <列名> <数据类型> ]                    --用于修改列数据类型
[DROP COLUMN  <列名>]                                 --删除列
[WITH NOCHECK] ADD CONSTRAINT <完整性约束名>]         --添加新约束
[ DROP <完整性约束名>]                                --删除指定的完整性约束条件
[NOCHECK|CHECK CONSTRAINT <约束名>                    --禁用或启用约束
```

步骤如下。

(1) 在 SQL Query 标签页打开实验五的.sql 脚本文件，并执行。

即执行下列 SQL 语句。

```
SET NOCOUNT ON
USE master
GO
IF EXISTS (SELECT name FROM sys.databases WHERE name='HcitPos')
DROP TABLE HcitPos
GO
CREATE DATABASE HcitPos
on
 (NAME=HcitPos_Data,
 FILENAME='C:\HcitPos_Data.mdf',
 SIZE=10,
 FILEGROWTH=10%
 )
LOG ON
 (NAME=HcitPos_Log,
 FILENAME='C:\HcitPos_Log.ldf',
 SIZE=5,
 FILEGROWTH=1
 )
GO
USE HcitPos
GO
CREATE TABLE EmployeeInfo        --创建 EmployeeInfo 表
 (
    EmpID char(4) NOT NULL,
    EmpName varchar(20),
 )
```

(2) 更改表 EmployeeInfo，以添加新列 Salary，数据类型为 int，写出语句并执行。

(3) 将表 EmployeeInfo 中 Salary 列的数据类型改为 smallmoney，写出语句并执行。

(4) 为表 EmployeeInfo 增加主键约束，主键为 EmpID 列。

(5) 首先执行语句：INSERT INTO EmployeeInfo VALUES('0001','张三',900.00)，然后编写

语句并执行，为表 EmployeeInfo 增加约束，保证 Salary 列上的取值大于 1 000.00，忽略已有数据。

(6) 编写语句并执行，删除第(5)步新增的约束。

(7) 编写语句并执行，删除 Salary 列。

(8) 编写 T-SQL 语句，实现将表 EmployeeInfo 重命名为 EmpInfo。实现改名的 T-SQL 语法结构为：

```
EXEC sp_rename <源表名>,<目标表名>
```

注意表名要带单引号。

(9) 删除表 EmpInfo。

书写实验报告，记录实验过程和编写执行的命令语句。

实验六　数据修改

1. 实验目的

● 熟悉 INSERT、UPDATE、DELETE 语句的语法

● 用 INSERT、UPDATE、DELETE 语句实现数据的插入、修改和删除

2. 实验内容

根据需要编写 INSERT、UPDATE、DELETE 语句，并在 SSMS 的 SQL Query 标签页里执行、调试，并体会。

3. 实验步骤

(1) 准备：在【开始】菜单中的 SSMS 中单击【新建查询】按钮，在 SQL Query 标签页中打开实验准备.sql 脚本文件，并执行，实现创建数据库 HcitPos，并在库中创建表且插入数据。

以下(2)～(10)要求在 SSMS 中实现对数据的操作及编写满足数据操作要求的 T-SQL 语句，并调试执行。

(2) 向商品信息表(GoodsInfo)、进货信息表(PurchaseInfo)和进货明细表(PurchaseDetails)分别插入表实验 3、表实验 4、表实验 5 所示的数据。

表实验 3　商品信息表(GoodsInfo)表中的 3 条记录数据

GoodsID	ClassID	GoodsName	BarCode	GoodsUnit
G050003	SPLB05	美菱空调	8920319788301	3
G050004	SPLB05	美菱电视机	8920319788302	3
G050005	SPLB05	美菱电扇	8920319788302	3

表实验 4　向进货信息表(PurchaseInfo)插入 1 条记录

PurchaseID	PurchaseDate	SupplierID	USErID
P0004	GETDATE()	GYS0007	TEST03

表实验 5　向进货明细表(PurchaseDetails)插入 3 条记录

PurchaseID	GoodsID	UnitPrice	PurchaseCount
P0004	G050003	5 999.0	15
P0004	G050004	3 999.0	10
P0004	G050005	199.00	5

(3) 将进货明细表中"P0004"的商品编号为"G050003"的进货价格(UnitPrice)修改为"6 999.0"，进货数量(PurchaseCount)修改为 20。

(4) 统计进货明细表中进货单号为"P0004"的进货金额，更新进货信息表进货单号为"P0004"的进货金额(PurchaseMoney)。

(5) 将商品信息表中刚插入的商品价格和库存数量修改为进货明细表中相应的数据。

(6) 删除刚才插入商品信息表、进货信息表和进货明细表中的记录，注意删除数据时应先删除从表中的数据，后删除主表中的数据，否则无法删除应该删除的数据，这是因为 3 张表都存在外键约束。

书写实验报告，记录调试好的命令语句。

实验七　查询数据库(1)

1. 实验目的

● 熟悉 SQL Server 的 2005SQL Query 标签页查询环境

● 掌握基本的 SELECT 查询及相关子句的使用

● 学会在 SQL Query 标签页中调试 SQL 语句

2. 实验内容

单表的简单查询

3. 实验步骤

(1) 准备：在 Microsoft SQL Server 上单击【新建查询】按钮，在 SQL Query 标签页中打开实验准备.sql 脚本文件，并执行，实现创建数据库 HcitPos。

(2) SELECT 语句语法提示。

```
SELECT [ALL|DISTINCT] <目标列表达式> [，<目标列表达式>，…]
INTO <新表名>
FROM <表名或视图名> [，<表名或视图名>…]
[WHERE <条件表达式>]
[GROUP BY <列名1> [HAVING <条件表达式>]]
[ORDER BY <列名2>[ASC|DESC]]
```

(3) 在 SQL Query 标签页中输入以下练习中的 T-SQL，执行并查看结果。熟悉掌握单表的简单查询及相关子句的使用。

① 选择表中的若干列。

任务 1

查询全体供应商的编号、名称、联系人。

```
SELECT SupplierID,SupplierName,Linkman
FROM SupplierInfo
```

任务 2

查询所有商品的详细记录。

```
SELECT * FROM GoodsInfo
```

任务 3

查询所有商品类别号为"SPLB02"的商品的编号、名称、价格和库存数量,并且按中文列名输出。

```
SELECT GoodsID 商品编号,GoodsName 名称,Price 价格,StoreNum 库存数量
FROM GoodsInfo
```

② 选择表中的若干行。

任务 4

查询进货明细表中的商品编号和进货价格。(比较以下两条 SQL 语句的结果有什么不同,哪条是正确的?)

```
SELECT GoodsID,UnitPrice FROM PurchaseDetails
SELECT DISTINCT GoodsID,UnitPrice FROM PurchaseDetails
```

任务 5

查询进货日期在 2009 年 2 月到 2009 年 4 月的进货商品的进货单号、供应商编号、进货金额、进货月份和进货人 ID。

```
SELECT PurchaseID,SupplierID,PurchaseMoney,MONTH(PurchaseDate)
Month,USErID
FROM PurchaseInfo
WHERE YEAR(PurchaseDate)=2009 AND (MONTH(PurchaseDate) BETWEEN 2 AND 4)
```

任务 6

查询商品类别为"SPLB01"、"SPLB02"、"SPLB03"的所有商品编号、类别、名称和价格。(两种方法实现)。

```
SELECT GoodsID,ClassID,GoodsName,Price
FROM GoodsInfo
WHERE ClassID='SPLB01' OR ClassID='SPLB02' OR ClassID='SPLB03'
```

或

```
SELECT GoodsID,GoodsName,Price,
FROM GoodsInfo
WHERE ClassID IN('SPLB01','SPLB02','SPLB03')
```

任务 7

查询所有带"电"的商品的编号和名称。

```
SELECT GoodsID,GoodsName FROM GoodsInfo
WHERE GoodsName LIKE '%电%'
```

任务 8

查询没有提供电话号的供应商的编号、名称、联系人和联系电话(注意：这里的 IS 不能用"="代替)。

```
SELECT SupplierID,SupplierName,Linkman,Phone
FROM SupplierInfo
WHERE Phone IS NULL
```

③ 对查询结果排序[使用 ORDER BY 子句]。

任务 9

查询商品信息表中的全部记录，按照库存数量升序和价格的降序(在库存数量相同时)显示。

```
SELECT *  FROM GoodsInfo
ORDER BY StoreNum ASC,Price DESC
```

或

```
SELECT * FROM GoodsInfo
ORDER BY 11 ASC,9 DESC
```

④ 生成汇总数据(使用聚集函数)。

任务 10

查询商品总数。

```
SELECT COUNT(*) FROM GoodsInfo
```

任务 11

在商品销售明细表(SalesDetails)中查询"G010001"商品销售数量。

```
SELECT SUM(SalesCount) FROM SalesDetails
WHERE GoodsID='G010001'
```

任务 12

在商品销售明细表(SalesDetails)中查询"G010001"的最高销售金额、最低销售金额、平均销售金额。

```
SELECT MAX(UnitPrice*SalesCount) 最高销售金额,MIN(UnitPrice*SalesCount)
最低销售金额,AVG(UnitPrice*SalesCount) 平均销售金额
FROM SalesDetails
```

```
WHERE GoodsID='G010001'
```

⑤ 对查询结果进行分组(使用 GROUP BY 子句)。

任务 13

在商品销售明细表(SalesDetails)中查询每种商品的销售数量，包含商品编号和销售数量。

```
SELECT GoodsID 商品编号,SUM(SalesCount) 销售数量
FROM SalesDetails
GROUP BY GoodsID
```

任务 14

在商品销售明细表(SalesDetails)中查询商品的销售数量不少于 5 的商品编号和销售数量。

```
SELECT GoodsID 商品编号,SUM(SalesCount) 销售数量
FROM SalesDetails
GROUP BY GoodsID
HAVING SUM(SalesCount)>=5
```

(4) 实验练习题(SQL 语句写好后在 SQL Query 标签页中调试好，并写到实验报告中)

① 查询库存明细表(CheckDetails)的全部记录。

② 查询库存明细表(CheckDetails)中库存(盘点)数量超过 10 的商品信息,包含商品编号、库存数量。

③ 查询库存明细表(CheckDetails)中库存(盘点)数量在 10～20 之间的库存单(盘点)编号、商品编号和库存数量。

④ 查询库存明细表(CheckDetails)平均库存(盘点)数量。

⑤ 查询进货明细表(PurchaseDetails)，进货总数量高于 10 的商品编号和进货总数量。

⑥ 查询商品信息表(GoodsInfo)中商品类别是 "SPLB05" 的商品的编号、名称、价格和库存数量，查询结果按价格降序排列。

⑦ 查询商品信息表(GoodsInfo)中的商品的编号、名称、价格和库存数量，查询结果按库存数量升序排序，库存数量相同按价格升序排列。

⑧ 查询进货明细表(PurchaseDetails)中进货大于 1 次的商品的编号和进货总数量。

书写实验报告，记录实验过程和编写执行的语句。

实验八　查询数据库(2)

1. 实验目的

- 掌握和理解使用 GROUP BY 子句实现分组
- 练习和体会连接查询

2. 实验内容

编写 SELECT 语句，实现分组、多表连接查询。

3. 实验步骤

(1) 准备：在 Microsoft SQL Server 上单击【新建查询】按钮，在 SQL Query 标签页中打开实验准备.sql 脚本文件，并执行，实现创建数据库 HcitPos。

以下(2)～(9)要求编写满足查询要求的 SELECT 语句，并调试执行。

(2) 查询进货明细表(PurchaseDetails)中进货大于 1 次的商品编号、进货价格和进货数量(复习上一次实验)。

(3) 查询进货明细表中进货价格不低于 1000 的商品的编号、进货价格和进货数量。

(4) 在商品类别表(GoodsClass)和商品信息表(GoodsInfo)中，查询各种商品类别(ClassID)的商品信息，包含商品的类别、编号、名称、价格、库存数量。

(5) 在商品信息表、库存信息表(CheckInfo)和库存明细表(CheckDetails)中，查询商品的编号、名称、价格、库存数量、库存(盘点)数量、库存(盘点)单号、盘点人 ID(左外连接)。

(6) 在商品信息表、库存明细表中查询商品的编号、名称、价格、库存数量、库存(盘点)数量(左外连接和分组)。

特别注意：本题相当难。

(7) 查询销售金额排行前 5 名的商品的编号和销售金额。

(8) 查询销售金额排行前 5 名的商品的编号、名称和销售金额。

(9) 在库存明细表中查询与"G050001"为同一批盘点的商品盘点信息(自连接)。

书写实验报告，记录调试好的命令语句。

实验九　查询数据库(3)

1. 实验目的

● 巩固掌握连接查询

● 练习体会嵌套查询

2. 实验内容

编写 SELECT 语句，实现子查询。

3. 实验步骤

(1) 准备：在 Microsoft SQL Server 上单击【新建查询】按钮，在 SQL Query 标签页中打开实验准备.sql 脚本文件，并执行，实现创建数据库 HcitPos。

以下(2)～(9)要求编写满足查询要求的 SELECT 语句，并调试执行。

(2) 在供应商信息表(SupplierInfo)和进货信息表(PurchaseInfo)中，查询供应商名称为"淮安苏宁电器厂"的商品进货信息，包含商品的进货单号、供应商编号、进货金额、进货日期和进货人 ID。

(3) 在供应商信息表、进货信息表和进货明细表(PurchaseDetails)中，查询供应商名称为"淮安苏宁电器"的商品进货信息，包含商品的进货单号、商品编号、供应商编号、进货价格和进货数量。

(4) 在商品信息表(GoodsInfo)、商品类别表(GoodsClass)和计量单位表(GoodsUnit)中，查

询商品名称为"金一品梅"，类别名为"烟酒"，计量单位名为"条"的商品的编号、名称、类别号、计量单位号、价格和库存数量。

(5) 在商品信息表和进货明细表中查询没有进一次货的商品信息。

(6) 在商品信息表和销售明细表(SalesDetails)中查询没有销售过的商品信息。

(7) 在供应商信息表、进货信息表、进货明细表中，查询供应商名为"淮安苏宁电器"提供的商品的进货单号、商品编号、进货价格和进货数量。

(8) 查询平均销售数量比商品编号为"G010001"的商品的平均销售数量低的所有商品的编号和平均销售数量。

(9) 查询平均销售数量比商品编号为"G010001"的商品的平均销售数量低的所有商品的编号和名称。

书写实验报告，记录调试好的命令语句。

实验十　创建和使用视图与索引

1. 实验目的
- 掌握使用 SSMS 创建、删除视图的方法
- 掌握创建视图的 T-SQL 命令语句

2. 实验内容
- 使用 SSMS 创建、删除视图
- 使用 SSMS 加密视图的定义
- 在 SQL Query 标签页中使用命令语句创建和删除视图
- 在 SQL Query 标签页中使用命令语句创建、删除索引

3. 实验步骤

准备：在 Microsoft SQL Server 上单击【新建查询】按钮，在 SQL Query 标签页中打开实验准备.sql 脚本文件，并执行，实现创建数据库 HcitPos。

任务 1

使用 SSMS 创建数据库视图。

(1) 打开 SSMS 的【对象资源管理器】，在左边的目录树结构中展开 HcitPos 数据库节点，在【视图】节点上单击鼠标右键并选择【新建视图】选项，打开【查询设计器】窗口。

(2) 在弹出的【添加表】对话框中，添加表 GoodsInfo、GoodsClass、GoodsUnit，将 3 表添加到【关系图】窗格。

(3) 在【关系图】窗格对应的复选框中选择要在视图中显示的列：GoodsID、Class Name、GoodsName、UnitName、Price、StoreNum。

(4) 分别将 StoreNum 列的排序顺序设置为 1，排序类型升序；Price 列的排序顺序设置为 2，排序类型降序。

(5) 将列 ClassName 的筛选器设为 "＝'家用电器'"，并将"输出"对勾去掉。

(6) 保存视图，名为：View_GoodsInfo_ClassName_UnitName。

(7) 查看视图属性。

(8) 在【查询分析器】窗口中执行语句：SELECT * FROM View_GoodsInfo_ClassName_UnitName。查看结果。

任务 2

对视图文本进行加密。

(1) 打开 SQL Server 2005 的联机丛书中的主题"如何生成脚本"。

(2) 使用 SQL Server 联机丛书中的方法生成 View_GoodsInfo_ClassName_UnitName 视图的创建脚本。

(3) 将脚本保存为 View_GoodsInfo_ClassName_UnitName.sql。

(4) 在【查询分析器】窗口中，修改脚本 View_GoodsInfo_ClassName_UnitName.sql，只需在"AS"前加上"WITH ENCRYPTION"。

(5) 执行修订后的脚本来修改 View_GoodsInfo_ClassName_UnitName(先删除之)。

(6) 保存修改后的脚本。

(7) 查看视图属性，能否看到用于创建视图 View_GoodsInfo_ClassName_UnitName 的 CREATE VIEW 语句？

任务 3

在 SQL Query 标签页中使用 T-SQL 语句命令创建使用视图。

(1) 编写 T-SQL 语句并执行，实现建立商品类别为"SPLB03"的商品信息的视图 View_SPLB03，实现查询商品的编号、类别号、名称、价格和库存数量。

(2) 查询该视图。

(3) 执行语句：sp_helptext View_SPLB03，查看建立视图 View_SPLB03 的文本。

(4) 执行语句：DROP VIEW View_SPLB03，删除视图。

(5) 重新建立 View_SPLB03 视图，加密视图定义。再执行 sp_helptext View_SPLB03。

(6) 删除视图 View_SPLB03，重新建立视图，并要求通过该视图进行的更新操作只涉及"SPLB03"类商品的信息。

(7) 执行语句：

```
UPDATE View_SPLB03 SET Price=Price+10 WHERE ClassID='SPLB01'
```

能否执行成功？

(8) 执行语句：

```
INSERT View_SPLB03(GoodsID,ClassID,GoodsName,Price,StoreNum)
values('G010004','SPLB01','森达皮鞋',455.5,10)
```

能否执行成功？将"SPLB01"改为"SPLB03"呢？

(9) 通过视图删除刚才插入的记录。

(10) 删除视图 View_SPLB03，去掉 WITH CHECK OPTION，重建，再试第(7)步。

任务 4

(1) 为商品信息表(GoodsInfo)的条形码(BarCode)列创建一个唯一性非聚集索引 IX_GoodsInfo_BarCode，并按降序排列。

(2) 为销售明细表(SalesDetails)的销售单号和商品编号创建唯一性非聚集索引 IX_SalesDetails_SalesID_GoodsID。

(3) 删除索引 IX_ SalesDetails_SalesID_GoodsID、IX_GoodsInfo_BarCode。

书写实验报告，记录实验过程和编写执行的语句。

实验十一　T-SQL 高级编程

1. 实验目的

- 掌握使用 IF...ELSE、WHILE 和 CASE...END 的方法
- 掌握游标的声明、打开、读取、关闭和释放方法

2. 实验内容

- 学会使用流程控制语句设计程序
- 学会使用游标操作表的数据

3. 实验步骤

准备：从【开始】菜单中的 Microsoft SQL Server 2005 中单击【新建查询】按钮，在 SQL Query 标签页中打开实验准备.sql 脚本文件，并执行，实现创建数据库 HcitPos。

任务 1

(1) 使用 WHILE 语句，编写一段语句，当执行如下语句时，向商品信息表(GoodsInfo)中插入两条记录，判断插入记录是否成功，如果成功，显示"插入记录成功"，否则显示"插入记录不成功"。

在本例中，我们先假定商品的编号分别为"G050001"、"G050002"，然后再执行编写的程序段。

```
INSERT INTO GoodsInfo
(GoodsID,ClassID,GoodsName,BarCode,GoodsUnit,Price,StopUse,StoreNum)
VALUES('G050001','SPLB05','海尔电冰箱','8920319788331','3',3200,1,13)
INSERT INTO GoodsInfo
(GoodsID,ClassID,GoodsName,BarCode,GoodsUnit,Price,StopUse,StoreNum)
VALUES('G050002','SPLB05','海尔电脑', '8920319788332','3',1324,1,11)
```

(2) 编写一段 T-SQL 语句，查询商品信息表(GoodsInfo)商品编号为"G050003"的商品信息，使用 IF…ELSE 语句，判定 StopUSE(表示可使用，表示不可使用)的值，如果为 0，显示"可使用"，否则显示"不可使用"。

(3) 编写一段 T-SQL 语句，查询商品信息表(GoodsInfo)的商品信息，使用 CASE...END 语句，判定 StopUSE 的值，如果为 0，显示"可使用"，否则显示"不可使用"，查询结果显示商品的编号、类别号、名称、价格、库存数量和可使用情况(StopUSE)。查询结果如图 lab1 所示。

(4) 删除刚才插入的两条记录。

	编号	类别号	名称	价格	库存数...	可使用
1	G010001	SPLB01	小浣熊干吃面	1.50	34	可使用
2	G010002	SPLB01	法式小面包	10.00	3	可使用
3	G010003	SPLB01	康师傅方便面	3.50	10	可使用
4	G020001	SPLB02	金一品梅	145.00	1	可使用
5	G020002	SPLB02	紫南京	280.00	4	可使用
6	G020003	SPLB02	洋酒蓝色经典	210.00	3	可使用
7	G020004	SPLB02	三星双沟	220.00	2	可使用
8	G030001	SPLB03	森达皮鞋	450.00	29	可使用
9	G030002	SPLB03	意尔康皮鞋	180.00	10	可使用
10	G050001	SPLB05	美的电冰箱	2345.00	0	可使用
11	G050002	SPLB05	三星电视机	1220.00	23	可使用
12	G050003	SPLB05	海尔电冰箱	3200.00	13	不可使用
13	G050004	SPLB05	海尔电脑	1324.00	11	不可使用

图 lab1　任务 1(3)查询结果

任务 2

编写一段 T-SQL 语句，实现商品销售的排名星级情况，要求销售金额在 4 000 元以上为五星级；在(含)2 000 元以上，4 000 元以下为四星级；在(含)500 元以上，2 000 元以下为三星级；在(含)200 元以上，500 元以下为二星级；在 200 元以下为一星级；在以下为"○"星级。查询包含的信息为商品的编号、名称、销售价格、销售数量、销售金额和星级，并要求星级从高到低。查询结果如图 lab2 所示。

	商品编号	名称	价格	数量	销售金额	星级
1	G050001	美的电冰箱	2345.00	2	4690.00	★★★★★
2	G050002	三星电视机	1220.00	2	2440.00	★★★★
3	G020001	金一品梅	145.00	5	725.00	★★
4	G030001	森达皮鞋	450.00	1	450.00	★
5	G010002	法式小面包	10.00	7	70.00	○
6	G010001	小浣熊干吃面	1.50	16	24.00	○

图 lab2　任务 2 查询结果

任务 3

创建一个游标实现查询商品信息表(GoodsInfo)中商品类别号为"SPLB01"的所有商品的编号、类别号、名称、价格和库存数量信息，并要求使用完游标后及时关闭和释放。使用游标读取表中数据如图 lab3 所示。

	编号	类别号	名称	价格	库存数量
1	G010001	SPLB01	小浣熊干吃面	1.50	34

	编号	类别号	名称	价格	库存数量
1	G010002	SPLB01	法式小面包	10.00	3

	编号	类别号	名称	价格	库存数量
1	G010003	SPLB01	康师傅方便面	3.50	10

编号	类别号	名称	价格	库存数量

图 lab3　任务 3 查询结果

书写实验报告，注意记录调试好的命令语句，写出实验体会。

实验十二 管理事务

1. 实验目的

- 了解事务的 ACID 属性
- 掌握事物的工作原理
- 掌握定义事务的方法
- 了解锁的操作

2. 实验内容

- 使用 BEGIN TRANSACTION 和 COMMIT TRANSACTION 语句定义事务
- 查询全局变量@@TRANCOUNT 确定活动事务的数量
- 使用 sp_lock 系统存储过程查看锁定信息

3. 实验步骤

从【开始】菜单中的 Microsoft SQL Server 2005 中单击【新建查询】按钮，在 SQL Query 标签页中打开实验准备.sql 脚本文件，并执行，实现创建数据库 HcitPos。

任务 1

(1) 清除 SQL Query 查询窗口(新建查询 1)，然后编写以下语句，注意 BEGIN TRAN 语句后跟着 UPDATE 语句，但是没有出现相应的 COMMIT TRAN 或 ROLLBACK TRAN 语句。这里使用 SELECT 和 PRINT 语句来显示事务的进行。

```
USE HcitPos
SET NOCOUNT ON
BEGIN TRANSACTION
PRINT '事务数：'
SELECT @@TRANCOUNT
PRINT '在 UPDATE 前：'
SELECT GoodsName FROM GoodsInfo WHERE GoodsID='G050002'
UPDATE GoodsInfo SET GoodsName='三星液晶电视' WHERE GoodsID='G050002'
PRINT '在 UPDATE 后：'
SELECT GoodsName FROM GoodsInfo WHERE GoodsID='G050002'
PRINT '事务数：'
SELECT @@TRANCOUNT
```

(2) 执行并查看结果，如图 lab4 所示。UPDATE 语句提交了吗？

没有，事务的完成必须有 COMMIT TRAN 语句。全局变量@@TRANCOUNT 的值是 1，表明这个会话发出了一个 BEGIN TRAN 语句。

(3) 新建另一个查询，执行如下 T-SQL 语句。

```
SELECT GoodsName FROM GoodsInfo WHERE GoodsID='G050002'
```

其他事务能够查询或更新上个事务改变后的数据吗？

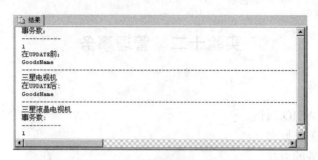

图 lab4　事务操作 1

不能，事务(第一个查询中)仍然是活动的，仍然保持着它所获得的锁。直到事务提交或回滚，事务能够查询或更新上个事务改变后的数据，如图 lab5 所示。

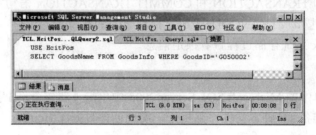

图 lab5　事务操作 2

(4) 切换到第一个查询窗口，输入 COMMIT TRANSACTION，然后选中并执行它，从而完成事务，使事务改变是永久性的。

(5) 切换到第二个查询窗口，查询的结果如图 lab6 所示。

图 lab6　事务操作 3

任务 2

(1) 在查询命令窗口里输入以下语句。

```
USE HcitPos
SET NOCOUNT ON
BEGIN TRANSACTION
PRINT '事务数：'
SELECT @@TRANCOUNT
PRINT '在 UPDATE 前：'
SELECT GoodsName FROM GoodsInfo WHERE GoodsID='G050002'
UPDATE GoodsInfo SET GoodsName='三星电视机' WHERE GoodsID='G050002'
PRINT '在 UPDATE 后：'
SELECT GoodsName FROM GoodsInfo WHERE GoodsID='G050002'
```

```
PRINT '事务数:'
SELECT @@TRANCOUNT
ROLLBACK TRAN                --回滚事务
PRINT '回滚情况:'
SELECT GoodsName FROM GoodsInfo WHERE GoodsID='G050002'
PRINT '事务数:'
SELECT @@TRANCOUNT
```

(2) 执行并查看结果，查看的结果如图 lab7 所示。

UPDATE 语句所做的修改没有永久地存储在数据库中。事务回滚，所以撤销事务执行期间所作的任何改变。

事务已经完成。ROLLBACK TRAN 语句完成事务，并释放事件获得的所有锁。

(3) 执行如下语句，还原数据库表的信息。

```
UPDATE GoodsInfo SET GoodsName='三星电视机' WHERE GoodsID='G050002'
```

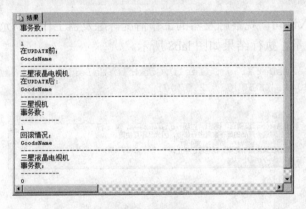

图 lab7　事务操作 4

任务 3

编写事务处理的 T-SQL 语句，实现第 7 章课外拓展 2 的模拟银行转账业务。

任务 4

嵌入触发器的事务。

(1) 执行如下 T-SQL 语句，向商品信息表(GoodsInfo)插入两条记录，注意 StopUse 列值为 1，为"不可使用"状态。

```
INSERT INTO GoodsInfo
(GoodsID,ClassID,GoodsName,BarCode,GoodsUnit,Price,StopUse,StoreNum)
VALUES('G050001','SPLB05','海尔电冰箱','8920319788331','3',3200,1,13)
INSERT INTO GoodsInfo
(GoodsID,ClassID,GoodsName,BarCode,GoodsUnit,Price,StopUse,StoreNum)
VALUES('G050002','SPLB05','海尔电脑', '8920319788332','3',1324,1,11)
```

(2) 输入如下 T-SQL 语句，创建触发器 Tri_InsertGoods。

```
USE HcitPos
GO
IF EXISTS(SELECT * FROM sysobjects WHERE name='Tri_InsertGoods' AND type='TR')
```

```
    DROP TRIGGER Tri_InsertGoods
GO
CREATE TRIGGER Tri_InsertGoods
ON SalesDetails
FOR INSERT
AS
    DECLARE @SalesCount int,@GoodsID varchar(10)
    SELECT @GoodsID=GoodsID,@SalesCount=SalesCount FROM INSERTED
    UPDATE GoodsInfo
    SET StoreNum=StoreNum-@SalesCount
    WHERE GoodsID=@GoodsID
    IF(SELECT StopUse FROM GoodsInfo WHERE GoodsID=@GoodsID)=1
        BEGIN
            RAISERROR( '不能对这个商品的库存数量进行修改，因为其不可使用！',16,1)
            ROLLBACK  TRAN
        END
```

(3) 执行如下插入语句，观察触发器的工作情况。触发器工作，不允许修改商品信息表中"G050003"的库存数量，执行结果如图 lab8 所示。

```
INSERT INTO SalesDetails(SalesID,GoodsID,SalesCount,UnitPrice)
VALUES('S100004','G050003',2,3200)
```

图 lab8　事务操作 5

(4) 删除(1)插入的两条记录。

注：此练习可以在学习触发器一章后做。

书写实验报告，记录实验过程和编写执行的语句。

实验十三　存储过程

1. 实验目的
- 掌握用户存储过程的创建操作
- 掌握用户存储过程的执行操作
- 加深理解用户存储过程的意义

2. 实验内容
- 创建不带参数的用户存储过程并执行
- 创建使用输入参数的用户存储过程并执行
- 创建使用输出参数的用户存储过程并执行

3. 实验步骤

创建存储过程的基本语法如下。

```
CREATE  PROCEDURE  <存储过程名>
[@参数名 <数据类型>[=默认值][OUTPUT]][, … n]
AS
SQL 语句
```

执行存储过程的基本语法如下。

```
EXEC <存储过程名[参数]>
```

从【开始】菜单中的 Microsoft SQL Server 2005 中单击【新建查询】按钮,在 SQL Query 标签页中打开实验准备.sql 脚本文件,并执行,实现创建数据库 HcitPos。

任务 1

创建一个不使用输入参数的用户存储过程并执行,用来实现查询指定商品类别中销售金额第 1 名的商品的编号、名称、销售金额。

(1) 编写查询语句,列出商品类别名为 "SPLB05" 的商品编号、名称、销售金额,并根据销售金额由高到低对结果进行排序。

(2) 限制返回的行数为第 1 行,检测查询确保返回预期的结果集。

(3) 参考语法,编写创建用户存储过程的语句,并执行。

(4) 执行存储过程来验证存储过程是否正常工作。

(5) 执行如下 T-SQL 语句,查看存储过程的定义。

```
sp_helptext <存储过程名>
```

(6) 执行如下 T-SQL 语句,删除存储过程。

```
DROP PROC <存储过程名>
```

任务 2

创建一个使用输入参数的用户存储过程并执行,用来实现查询指定商品类别中销售金额第 1 名的商品的编号、名称、销售金额。

(1) 参考语法,在上例的基础上编写出创建存储过程的语句,并执行。

(2) 利用该存储过程,查询商品类别名为 "SPLB05" 的商品编号、名称、销售金额。

任务 3

创建一个使用输出参数的用户存储过程并执行,用来实现返回指定商品编号(默认值为 "G050001")的商品的销售数量和销售金额。

(1) 编写语句,查询商品编号为 "G050002" 的商品的销售数量和销售金额。

(2) 参考语法,编写创建存储过程的语句。

(3) 执行存储过程,注意输入参数的默认值和输出参数。

任务 4

创建一个用户存储过程并执行,用来实现将输入的字符串拆分,加入 "%" 后返回,如 "三星电视机" 变为 "%三%星%电%视%机%" 返回。

(1) 参考语法,编写创建存储过程的语句。

(2) 执行存储过程。

(3) 利用此存储过程,查询商品名中有"电"字的商品信息。

书写实验报告,记录实验过程和编写执行的语句。

实验十四　触发器

1. 实验目的

● 掌握触发器的创建、禁用和删除操作

● 掌握触发器的触发执行

● 掌握触发器与约束的不同

2. 实验内容

● 创建触发器

● 验证约束与触发器的不同作用期

● 删除新创建的触发器

3. 实验步骤

创建触发器的基本语法如下。

```
CREATE TRIGGER <触发器名>
ON <表名|视图名>
[WITH ENCRYPTION]
{FOR|AFTER|INSEAD OF} {[INSERT],[UPDATE],[DELETE]}
AS
    [IF UPDATE(列名) |IF COLUMNS_UPDATED()]
        SQL 语句
```

在 Microsoft SQL Server 上的【对象资源管理器】中删除数据库 HcitPos 后,单击【新建查询】按钮,在 SQL Query 标签页中打开实验准备.sql 脚本文件,并执行,实现创建数据库 HcitPos。

任务 1

创建一个插入触发器,用来实现当向销售明细表(SalesDetails)中插入一条销售记录时,判断商品信息表(GoodsInfo)是否有此商品信息或该商品是否可用和销售信息表(SalesInfo)是否有此商品的销售单信息,如果两者之一有问题,回滚事务,给出提示信息(要求使用语句 RAISERROR())。

(1) 禁用销售明细表上所有触发器,避免触发器工作混乱,不知是哪一个触发器工作。

```
DISABLE TRIGGER ALL ON SalesDetails
```

(2) 分析题意,参照语法,编写语句,执行创建触发器。

```
IF EXISTS(SELECT name FROM sysobjects WHERE name='Tri_InsertSalesGoods1')
    DROP TRIGGER Tri_InsertSalesGoods1
GO
CREATE TRIGGER Tri_InsertSalesGoods1
```

```
ON SalesDetails
FOR INSERT
AS
BEGIN
    DECLARE @GoodsID varchar(10),@SalesID varchar(10)
    SELECT @GoodsID=GoodsID,@SalesID=SalesID FROM INSERTED
    IF NOT EXISTS(SELECT * FROM GoodsInfo WHERE GoodsID=@GoodsID) OR
            NOT EXISTS(SELECT * FROM SalesInfo WHERE SalesID=@SalesID) OR
            (SELECT StopUse FROM GoodsInfo WHERE GoodsID=@GoodsID)=1
        BEGIN
        ROLLBACK TRAN
        RAISERROR('插入商品信息表或销售信息表的相关信息，插入失败！',16,1)
        END
END
```

(3) 执行如下 T-SQL 语句，查看语句执行情况。

```
INSERT INTO SalesDetails(SalesID,GoodsID,SalesCount,UnitPrice)
VALUES('S100006','G080001',4,450)
```

触发器没有工作，因为商品明细表中存在外键约束，约束先于触发器工作。

(4) 执行如下 T-SQL 语句，禁用商品明细表上的外键约束。

```
ALTER TABLE SalesDetails NOCHECK CONSTRAINT ALL
```

(5) 再次执行(3)中的插入语句，查看语句执行情况。插入记录失败，触发器工作。

(6) 修改商品编号(GoodsID)和销售单号(SalesID)，执行如下 T-SQL 语句，查看语句执行情况。

```
INSERT INTO SalesDetails(SalesID,GoodsID,SalesCount,UnitPrice)
VALUES('S100005','G030001',4,450)
```

插入成功。

(7) 删除刚才插入的记录，保证商品信息表、销售明细表和销售信息表中数据的一致性。

```
DELETE FROM SalesDetails
WHERE SalesID='S100005' AND GoodsID='G030001'
```

(8)执行如下 T-SQL 语句，启用/禁用商品销售明细表上的外键约束。

```
ALTER TABLE SalesDetails CHECK CONSTRAINT ALL---启用外键约束
ALTER TABLE SalesDetails NOCHECK CONSTRAINT ALL---禁用外键约束
```

任务2

创建一个插入触发器，用来实现当向销售明细表中插入一条销售记录时，修改商品信息表的相应商品的库存数量和销售信息表中相应销售单的销售金额。(参考第8章任务2-5)

(1) 分析题意，参照语法，编写语句，执行创建触发器。

```
IF EXISTS(SELECT name FROM sysobjects WHERE name='Tri_InsertSalesGoods')
    DROP TRIGGER Tri_InsertSalesGoods
GO
CREATE TRIGGER Tri_InsertSalesGoods
```

```
   ON SalesDetails
   AFTER INSERT
   AS
   BEGIN
      DECLARE  @SalesID  varchar(10),@GoodsID  varchar(10),@UnitPrice  money,
@SalesCount int
      SELECT
   @SalesID=SalesID,@GoodsID=GoodsID,@UnitPrice=UnitPrice,@SalesCount=SalesCo
unt
      FROM INSERTED
      UPDATE GoodsInfo SET StoreNum=StoreNum-@SalesCount
      WHERE GoodsID=@GoodsID
      UPDATE SalesInfo SET SalesMoney=SalesMoney+@UnitPrice*@SalesCount
      WHERE SalesID=@SalesID
   END
```

(2) 执行如下 T-SQL 语句，查看商品信息表中"G030001"的商品的编号、名称、价格和库存数量；查看销售信息表中"S100005"的销售单号信息。

```
SELECT GoodsID,GoodsName,Price,StoreNum
FROM GoodsInfo
WHERE GoodsID='G030001'
SELECT * FROM SalesInfo
WHERE SalesID='S100005'
```

执行语句的结果如图 lab9 所示。

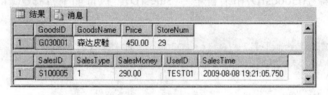

图 lab9 插入销售信息之前查询结果

(3) 执行如下 T-SQL 语句，向销售信息表插入一条记录，再执行(2)的查询语句，观察执行结果。

```
INSERT INTO SalesDetails(SalesID,GoodsID,SalesCount,UnitPrice)
VALUES('S100005','G030001',4,450)
```

执行插入语句成功，执行(2)中语句，查看的结果如图 lab10 所示。

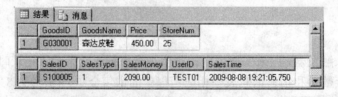

图 lab10 插入销售信息之后查询结果

任务 3

创建一个删除触发器，用来实现对销售明细表中删除一条销售记录时，修改商品信息表的相应商品的库存数量和销售信息表中相应销售单的销售金额。(参考第 8 章任务 2-6)。

(1) 分析题意，参照语法，编写语句，执行创建触发器。

```
IF EXISTS(SELECT name FROM sysobjects WHERE name='Tri_Delete_SalesGoods')
    DROP TRIGGER Tri_Delete_SalesGoods
GO
CREATE TRIGGER Tri_Delete_SalesGoods
ON SalesDetails
AFTER DELETE
AS
BEGIN
    DECLARE  @SalesID  varchar(10),@GoodsID  varchar(10),@UnitPrice  money,
@SalesCount int
        SELECT  @SalesID=SalesID,@GoodsID=GoodsID,@UnitPrice=UnitPrice,
    @SalesCount=SalesCount FROM DELETED
    UPDATE GoodsInfo SET StoreNum=StoreNum+@SalesCount
    WHERE GoodsID=@GoodsID
    UPDATE SalesInfo SET SalesMoney=SalesMoney-@UnitPrice*@SalesCount
    WHERE SalesID=@SalesID
END
```

(2) 删除任务 2 中插入的记录，保证商品信息表、销售明细表和销售信息表中数据的一致性。

```
DELETE FROM SalesDetails
WHERE SalesID='S100005' AND GoodsID='G030001'
```

执行任务 2(2)中的查询语句，查询结果附录 8 所示。

(3) 执行如下 T-SQL 插入语句，向销售信息表插入一条记录，再执行(2)中的查询语句，观察执行结果。

```
INSERT INTO SalesDetails(SalesID,GoodsID,SalesCount,UnitPrice)
VALUES('S100005','G030001',4,450)
```

执行插入语句成功，继续执行任务 2(2)中查询语句，查看的结果如图附录 9 所示。

(4) 继续执行本任务 3(2)的删除语句后，执行任务 2(2)中查询语句，查看的结果如图附录 8 所示，还原了商品信息表和销售明细表和销售信息表中信息前后一致。

(5) 删除任务 1、任务书和任务 3 中创建的触发器。

```
DROP TRIGGER Tri_InsertSalesGoods1,Tri_InsertSalesGoods
DROP TRIGGER Tri_Delete_SalesGoods
```

书写实验报告，记录实验过程和编写执行的语句。

附录 B 阶段性项目

阶段性项目实战一

一、实战目的

1. 专业知识能力

通过阶段性项目实战，进一步巩固、深化和扩展学生的 SQL Server 2005 数据库管理和开发的基本知识和技能。

(1) 理解与掌握 SQL Server 2005 数据库设计的方法。

(2) 熟练掌握 SQL Server 2005 数据库的操作方法。

(3) 熟练掌握 SQL Server 2005 数据库表的操作方法。

(4) 熟练掌握 SQL Server 2005 视图与索引的操作方法。

2. 方法能力

培养学生运用所学的知识和技能解决 SQL Server 2005 数据库管理和开发过程所遇到的实际问题的能力、掌握基本的 SQL 脚本编写规范、养成良好的数据库操作习惯。

(1) 培养学生通过各种媒体搜集资料、阅读资料和利用资料的能力。

(2) 培养学生基本的数据库应用能力。

(3) 培养学生基本的 T-SQL 编程逻辑思维能力。

(4) 培养学生通过各种媒体进行自主学习的能力。

3. 社会素质能力

培养学生理论联系实际的工作作风、严肃认真的工作态度及独立工作的能力。

(1) 培养学生观察问题、思考问题、分析问题和解决问题的综合能力。

(2) 培养学生的团队协作精神和创新精神。

(3) 培养学生学习的主动性和创造性。

二、阶段性项目实战内容

(一) 数据库设计

1. 数据库的设计

数据库用来存储现实世界中各种各样的信息，以便于对其进行有效、可靠的管理，建立数据库，首先要设计数据库，从数据库设计的角度看项目开发周期的不同阶段，数据库设计具体的工作有如下几个阶段。

(1) 需求分析阶段：分析客户的业务需求。

(2) 概要设计阶段：重点是分析数据库的 E-R 图，用于项目团队之间，以及团队和客户之间的沟通，客户根据 E-R 图提出修改意见，项目组修改后再与客户反复沟通，直到客户确认，E-R 图的好处主要是简洁直观。

(3) 详细设计阶段：重点是实现，需要把 E-R 图转化为具体的数据库表。这个阶段，需要评估、审核并优化，审核时就需要一些设计规则进行审核，这些规则就是三大范式。

(4) 代码编写阶段：根据项目性能需要、项目经费、技术实现难度等，选择具体的数据库管理系统进行物理实现，包括创建库、创建表和添加约束等。

2. 需求分析阶段，设计数据库的一般步骤

在当今信息化时代，网络已经成为大多数人学习、交友、讨论、信息共享等必备的生活工具，BBS 论坛非常流行，也比较实用，网上常见的以"水木年华"、南京大学的"小百合 BBS"为代表的校园论坛、以"百度贴吧"为代表的社会论坛等。

HABBS 则是某市网站上的 BBS 论坛，分别设置"每日新贴"、"会员日记"、"情感激流"、"投资理财"、"房产"、"美食"等版块。

经过深入的分析、讨论，归纳该论坛的主要功能如下。

(1) 用户注册。

(2) 用户发贴。

(3) 用户回贴(跟贴)。

(4) 版主的常规管理：删贴、封杀/解封某个用户、评选精华贴、评选星级用户、用户积分(威望)和金币管理。

作为一个数据库管理人员和数据库开发人员，需要理解和掌握数据库设计的如下几个步骤。

1) 收集信息

了解 HABBS 论坛的基本功能：注册、登录、发贴、版主论坛管理等。

2) 标识对象

这里的对象应理解为数据库设计需求分析阶段的实体，如房子、手表、电脑和人等。HABBS论坛简化有用户、版块、主贴和回贴 4 个实体。

3) 标识每个对象的属性

用户实体的关系表示如下。

用户(用户 ID，昵称，密码，邮件，性别，生日，级别，注册日期，状态，威望(积分)，金币，备注)

版块(版块 ID，版主 ID，版块简介，点击率，主贴数、版块名称)

主贴(主贴 ID，版块 ID，用户 ID，回贴数，表情，标题，发贴时间，点击率(或查看数)，状态，最后回贴时间，最后回贴者 ID)

回贴(回贴 ID，主贴 ID，版块 ID，用户 ID，表情，回贴内容，回贴时间，点击率，楼层)

注意： 用户实体中的积分与金币的区别是，积分不可购买网络"产品"，金币可以购买，比如下载的资料、各种需要的资源等。

4）标识对象间的关系

4 个实体之间存在如下关系。

(1) 用户实体与版块实体之间存在主从关系。

(2) 用户实体与主贴实体之间存在主从关系。

(3) 用户实体与回贴实体之间存在主从关系。

(4) 版块实体与主贴实体之间存在主从关系。

(5) 版块实体与回贴实体之间存在主从关系。

(6) 主贴实体与回贴实体之间存在主从关系。

3. 概要设计阶段——绘制 E-R 图

绘制 E-R 图，可以使用多种绘制工具，如 Word、Visio、Sybase 公司的 PowerDisigner 等。PowerDisigner 是专门为数据库设计使用的数据库模型设计软件，但学习难度较大，下面采用 Visio 绘制 E-R 图。

使用 Visio 绘制 E-R 图的步骤如下。

(1) 单击【开始】|Microsoft Office|Microsoft Office Visio 2003 命令。

(2) 单击【文件】|【新建】|【框图】|【基本框图】命令，绘制 E-R 图。

(3) 在绘图窗口左侧的【基本形状】中选择【矩形】、【椭圆】、【菱形】工具，拖动到页面的适当位置，就可以绘制需要的矩形、椭圆和菱形。

图实战 1　【绘图】工具栏

(4) 绘制直线，单击【视图】|【工具栏】|【绘图】命令，会弹出【绘图】工具栏，如图实战 1 所示。

HABBS 的 E-R 图如图实战 2 所示。

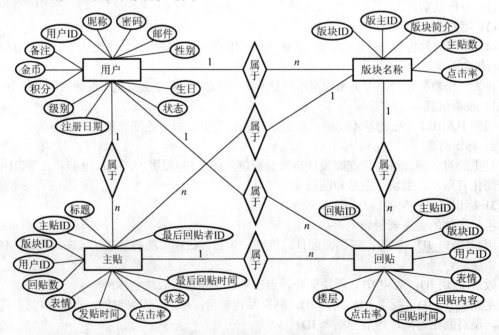

图实战 2　HABBS 的 E-R 图

4. 详细设计阶段

1) 将 E-R 图转化为表

用 Word 将各个实体关系图(E-R 图)转化为表格形式。最终形成的数据字典见表实战 1、表实战 2、表实战 3 和表实战 4。要求同时标识主键和外键。

表实战 1　用户表(UserInfo)

序号	列名	数据类型	宽度	列名含义	说明
1	UserID	int		用户 ID	标识列，主键
2	UserName	varchar	15	昵称	非空
3	UserSex	char	2	性别	默认为"男"，必须是"男"或"女"
4	UserPassword	varchar	25	密码	至少 6 位，默认密码为"888888"
5	UserEmail	varchar	20	邮件	含有@符号
6	UserBirthday	datetime		生日	
7	UserGrade	int		等级	默认 1 星级(新手上路)
8	UserRegDate	datetime		注册日期	默认 GETDATE(),非空
9	UserState	int		状态	0：离线，1：在线，2：禁言
10	UserPoint	int		积分	初始默认积分 20
11	UserGold	int		金币	初始默认积分 20
12	UserMemo	varchar	255	备注	

表实战 2　版块表(BBSSection)

序号	列名	数据类型	宽度	列名含义	说明
1	SID	int		版块 ID	标识列，主键
2	SName	varchar	32	版块名称	非空
3	SMasterID	int		版主 ID	非空，外键，UserInfo(UserID)
4	SSummary	varchar	255	版块简介	
5	SClickCount	int		点击率	默认值为 0，大于等于 0
6	STopicCount	int		主贴数	默认值为 0，大于等于 0

表实战 3　主贴表(BBSTopic)

序号	列名	数据类型	宽度	列名含义	说明
1	TID	int		主贴 ID	标识列，主键
2	TSID	int		版块 ID	非空，外键，BBSSeciton(SID)
3	TUID	int		用户 ID	非空，外键，UserInfo(UserID)
4	TReplyCount	int		回贴数	默认为 0
5	TEmotion	int		表情	
6	TTopic	varchar	255	标题	不能含有单引号"'"，长度>=6
7	TTime	datetime		发贴时间	非空，默认 GETDATE()
8	TClickCount	int		点击率	默认为 0
9	TState	int		状态	非空，默认为 0，0：普通贴，1：精华贴
10	TLastReplyTime	datetime		最后回贴时间	大于发贴时间(TTime)
11	TLastReplyID	int		最后回贴者 ID	外键，UserInfo(UserID)

表实战 4　回贴表(BBSReply)

序号	列名	数据类型	宽度	列名含义	说明
1	RID	int		回贴 ID	标识列，主键
2	RTID	int		主贴 ID	非空，外键，BBSTopic(TID)
3	RSID	int		版块 ID	非空，外键，BBSSeciton(SID)
4	RUID	int		用户 ID	非空，外键，UserInfo(UserID)
5	REmotion	int		表情	
6	RContent	varchar	4 000	回贴内容	非空
7	RTime	datetime		回贴时间	非空，默认 GETDATE()
8	RClickCount	int		点击率	默认为 0
9	RFloor	int		楼层	默认值为 1，1：沙发，2：板凳，3：地板

2) 用三大范式进行数据表规范化改进

使用三大范式，要求考虑如下几个方面。

(1) 向表中插入数据时，是否存在插入异常(某些信息无法插入)。

(2) 查看数据是否重复。

(3) 数据更新是否存在异常。

(4) 删除信息时，是否存在异常。

(5) 用三大范式进行规范化改进。

第一范式要求确保每列不可能再分为更小的数据单元；第二范式要求每列与主键相关，不相关的放入其他表中，即要求一个表只描述一件事情；第三范式要求表中各列必须与主键直接相关，不能间接相关，查看各表，是否都满足了第三范式。对于不满足三大范式的表要进行拆分操作。

经过上面几个方面验证，HABBS 数据库的 4 张表基本满足要求，当然还不可能做到十全十美。例如，版块表(BBSSection)表中的点击率和主贴数，在实际应用中可以考虑也可不考虑；回贴表的楼层，可以在高级语言中使用回贴时间顺序来代替。

3) 将规范化后的表转化为数据库模型图

用 Visio 把表转化为数据库模型图，以体现各个表的属性和表之间的映射关系。

下面以 HABBS 数据库表为例，用 Visio 把表转化为数据库模型图。

(1) 新建数据库模型图。

单击 Visio 菜单的【文件】|【新建】|【数据库】|【数据库模型图】命令，出现一空白页面，可以看到绘图页左侧是绘图模具，其中包含很多实体关系图。

(2) 添加实体。

在绘图窗口左侧的实体关系中，选择实体拖动到页面的适当位置，在【数据库属性】中定义数据表的物理名称及概念名称，如图实战 3 所示。

(3) 添加数据列及相应的属性。

在【数据库属性】中选择【列】，添加列、数据类型、注释等，如图实战 4 所示。

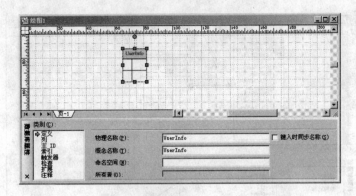

图实战 3　添加实体

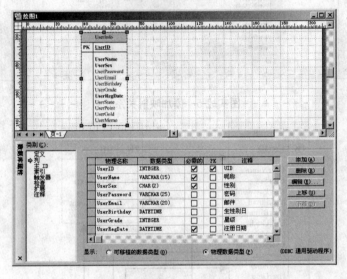

图实战 4　添加列

注意: 图中【必需的】表示是否允许空;【物理名称】表示列名,一般输入英文,如 UID;
　　PK 表示主键。

4) 添加实体之间的映射关系。

① 同添加 UserInfo 数据表实体一样,添加版块(BBSSection)实体。

② 为 BBSSection 版块添加外键约束列 SMasterID(版主 ID),对应于 UserInfo 中的 UserID 列。

单击左侧实体关系中的【连接线】工具,将【连接线】工具放在 UserInfo 表(主表)的中心上,使表的四周出现方框,并拖动到 BBSSection 表的中心,当 BBSSection 表四周出现方框时,松开鼠标按键,两个连接点均变为红色,同时将 UserInfo 表中主键 UserID 作为键添加到子表 BBSSection 中,默认添加子表 BBSSection 中的列 UserID 与表 UserInfo 中的列 UserID 外键约束,如图实战 5 所示。

③ 修改如图实战 5 所示的列 UserID 列名为 SMasterID,调整 SMasterID 的顺序(按住 BBSSection 中列 SMasterID 左边的 ▶,向上移动到适当的位置)后,表 BBSSection 中的列 SMasterID 与表 UserInfo 中的列 UserID 的外键约束关系建立成功。

数据库模型图绘制最终结果如图实战 6 所示。

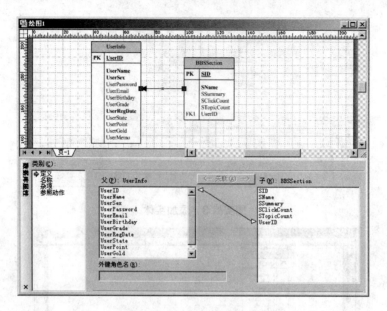

图实战 5　添加映射关系

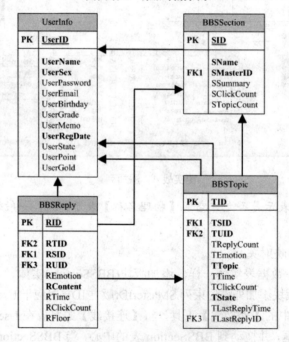

图实战 6　数据库模型图

实际应用中，如果使用 PowerDesigner 先绘制出概念模型图，由概念模型图生成物理模型图，由物理模型图可生成 SQL Server 脚本初稿，再对脚本初稿进行适当的修改，即可得到数据库脚本，在 SQL Server 中执行数据库脚本即可生成数据库。

Visio 具有数据库反向工程功能，可以从数据库管理系统(如 SQL Server 中创建好的且未分离的数据库)生成数据库模型图。

因为 Visio 早期版本还不具有生成数据脚本的功能，所以只能在数据库模型图上使用 SQL Server 2005 编写其数据库脚本。

5. 代码编写阶段

根据项目性能需要、项目经费、技术实现难度等，选择具体的数据库管理系统进行物理实现，包括创建库、创建表和添加约束等。

这里没有给出数据库 HABBS 的脚本代码。

(二) 数据库的管理

1. 数据库

1) 数据库名称

逻辑名称：HABBS。

物理名称：主数据库文件名为 HABBS_Data.mdf，日志文件名为 HABBS_Log.ldf。

2) 数据库文件的增长方式

主数据库文件：SIZE=10MB，FILEGROWTH=20%。

日志文件：SIZE =1MB，MAXSIZE=20MB，FILEGROWTH=10%。

3) 数据存放路径

C 盘根目录(可根据实际情况进行调整)。

写出创建数据库的 T-SQL 语句。

2. 表及表中约束

1) 创建仅含有主、外键约束和非空的基本表

创建数据库 HABBS 中所有 4 张表，具体主、外键约束和非空见(一)中的数据字典。

写出创建仅含有主键、外键约束和非空的基本表 T-SQL 语句。

2) 为 4 张表添加如下约束

(1) 为用户表(UserInfo)添加如下约束。

① 默认密码为"888888"。约束名为 DF_UserPassword。

② 性别(UserSex)默认值为"男"，约束名为 DF_UserSex；必须为"男"或"女"，约束名为 CK_UserSex。

③ 用户等级(UserGrade)默认值为 1，约束名为 DF_UserGrade。

④ 注册日期(UserRegDate)默认为当前日期，约束名为 DF_UserRegDate。

⑤ 用户状态默认为 0(离线)，约束名为 DF_UserState。

⑥ 邮件必须含有"@"，约束名为 CK_UseEmail。

⑦ 密码长度必须大于等于 6，约束名为 CK_UserPassword。

⑧ 用户的积分和金币默认值为 20，约束名自定义。

写出需要添加约束的 T-SQL 语句。

(2) 为版块表(BBSSeciton)添加如下默认约束。

用户的点击率和主贴数默认值为 0，约束名自定义。

写出需要添加约束的 T-SQL 语句。

(3) 为主贴表(BBSTopic)添加如下约束。

① 默认发贴时间为当前日期，约束名为 DF_TTime。

② 默认最后回贴时间为当前日期，约束名为 DF_TLastReplyTime。

③ 最后回贴时间必须大于等于发贴时间、小于等于当前时间，约束名自定义。

④ 标题不能含有引号，且长度大于等于 6。

⑤ 主贴状态默认为 0(普通贴)，约束名为 DF_TState。

⑥ 回贴数和点击率默认值为 0，约束名自定义。

写出需要添加约束的 T-SQL 语句。

(4) 为回贴表添加约束

① 回贴内容长度大于 6。

② 默认回贴时间为当前日期，约束名为 DF_TTime。

③ 默认点击率为 0。

④ 默认楼层为 1。

写出需要添加约束的 T-SQL 语句。

3. 向表中插入数据

(1) 向用户表插入如图实战 7 所示的数据。

	UserID	UserName	UserSex	UserPassword	UserEmail	UserBirthday	UserGrade	UserRegDate	UserState	UserPoint	UserGold	UserMemo
1	1	雲曲的泪	男	hyxs007	wqdl@HotMail.com	1978-07-09	1	2008-04-01	1	200	200	伤心的我如何振作
2	2	长弓追月	男	ccy001	cgzy@HotMail.com	1980-02-18	2	2008-04-04	2	800	800	我爱射雕英雄传
3	3	雨嶽	女	888888	yn@sohu.com	1976-04-03	3	2008-04-01	1	2200	2200	外面的天气好冷，雨谢沥沥下个不停
4	4	爱上小丑鱼	男	eeeeee	esxcy@163.com	1974-11-09	2	2008-05-12	1	3200	3200	我是一个丑小鱼，我想和大家做朋友
5	5	Super	男	Master	super@sina.com	1974-11-09	1	2008-01-23	1	6000	6000	超级大斑竹

图实战 7　用户表数据

写出插入数据的 T-SQL 语句。

(2) 向版块表插入如图实战 8 所示的数据。

	SID	SName	SMasterID	SSummary	SClickCount	STopicCount
1	1	美食	3	讨论淮扬菜，包括美食介绍、品尝、其他菜系等	500	1
2	2	房产	5	讨论淮安房价、房源、二手房、房屋租赁等	800	2
3	3	情感激流	3	家人、情人、朋友之间的情感、心理变化等	200	0
4	4	影视音乐	3	明星娱乐、音乐和电视剧等欣赏	1000	1
5	5	投资理财	5	家庭理财和投资技巧、贷款、公积金	12	0

图实战 8　版块表数据

写出插入数据的 T-SQL 语句。

(3) 向主贴表插入如图实战 9 所示的数据。

	TID	TSID	TUID	TReplyCount	TEmotion	TTopic	TTime	TClickCount	TSt..	TLastReplyTime	TLastReplyID
1	1	1	3	12	1	淮安美食有哪些？	2008-09-01	200	1	2008-09-24	1
2	2	2	4	2	2	淮安房价高，工薪阶层快买不起房子了	2008-09-01	2000	1	2009-08-15	4
3	3	4	3	2	2	小沈阳小品内容太俗，不值得欣赏	2008-07-01	2000	1	2009-08-15	3
4	4	2	4	0	1	中小型城市房价还在逐步攀升	2009-01-01	2000	1	2009-08-08	NULL

图实战 9　主贴表数据

写出插入数据的 T-SQL 语句。

(4) 向回贴表插入如图实战 10 所示的数据。

	RID	RTID	RSID	RUID	REmotion	RContent	RTime	RClickCount	RFloor
1	1	1	1	5	2	软兜长鱼，嫩、鲜、美	2008-08-08	100	1
2	2	1	1	4	4	钦工肉圆，有劲、不好做、味道我不喜欢	2008-08-25	200	2
3	3	1	1	1	3	平桥豆腐，外冷内热要小心	2008-09-24	10	3
4	4	2	2	3	4	最近房价过高，百姓买不起!	2008-12-30	12	1
5	5	2	2	2	3	新淮中附近房价太高，大多乡子女上淮阴中学而买	2008-11-24	16	2
6	6	2	2	4	3	三室一厅租金1000元以上，太贵	2009-01-28	134	3
7	7	2	2	4	4	大学城房价也上来了	2009-08-15	211	4
8	8	3	3	1	3	小沈阳不容易，从一个农村娃走到今天太辛苦!	2008-12-21	340	1
9	9	3	3	2	1	小沈阳她妈演的戏真俗，女不女，男不男，这是中国文化的悲哀啊。	2009-03-12	400	2
10	10	3	3	2	2	小沈阳成名后，也应该反思一下自己的戏路，少讲脏话，时间长了...	2009-08-15	100	3

图实战 10　回贴表数据

写出插入数据的 T-SQL 语句。

4. 数据查询、修改

在 HABBS 上有很多注册用户参与活动，这些活动牵涉到的查询很多。

HABBS 上的等级定义见表实战 5。

表实战 5 用户等级定义

等级号	用户等级图案	会员描述	积分起点
1	☆	新手上路	20
2	🌙	注册会员	50
3	🌙☆	中级会员	200
4	😐	高级会员	500
5	😐🌙	金牌会员	1000
6	😐😐	论坛元老	3000

HABBS 上的积分与金币说明见表实战 6。

表实战 6 用户积分说明

	积分(威望)	金币
发新主贴	+100	+200
发表回复	+1	+2
加入精华	+200	+400
删除主贴	-50	-100
删除回贴	-1	-0
回贴点击率每 50 次	+1	+2

(1) 论坛元老排名(积分 3 000 分以上)。

(2) 排名榜(前 10 名)。

(3) 显示年龄在 30 岁以上的用户。

(4) 离线用户和禁言用户列表(状态 0 表示离线，2 表示禁言)。

(5) 查询同月同日生的用户的 ID、昵称、性别、生日、等级、积分、金币。

(6) 查询本月"灌水"的人的信息，"灌水"是指在 HABBS 上发表贴子(大部情况下，都是无意义的贴子)，如发表主贴或回贴数超过 1 000 个。

(7) 根据积分要求，纠正用户等级号。

(8) 本月版块发贴数。

(9) 查询主贴和回贴。

(10) 各版块的最高、平均点击率。

(11) 整个 HABBS 本日用户发贴数排名。

(12) 整个 HABBS 用户本周发贴数排名。

(13) 各版块本日、周发贴量排名。

(14) 查询主贴号为 2 的回贴情况。

(15) 各版块点击率最高的贴子表示热贴，平均回贴数用来评估版块内的热情度和人气，查询各版块点击率最高贴数和平均回贴数。

(16) 查询主贴 ID 为 2 的主贴的主贴 ID、发贴人昵称、回贴(跟贴)人昵称、标题、跟贴内容和跟贴时间。

(17) 对发表"脏话",如"他妈"、"奶奶的"等文字的发贴者或回贴者禁言。

(18) 查询没有发主贴人的用户 ID、昵称、等级、积分和金币。

(19) 查询用户发主贴、回贴信息,包括用户 ID、昵称、主贴 ID、标题、发贴时间、跟贴者 ID、跟贴内容、跟贴时间。(采用左外连接。)

(20) 业绩最差的版主:版块点击率低于 500 或主贴量等于 0。

5. 视图

(1) 创建一个视图,实现查询用户信息,包括用户 ID、昵称、性别、等级、注册日期和积分信息。

(2) 创建一个视图,实现查询用户的用户 ID、昵称、注册日期、版主积分、版块号、版块简介、版块点击率和主贴数。

(3) 创建一个视图,实现查询用户发主贴、回贴信息,包括用户 ID、昵称、主贴 ID、发贴者 ID、标题、发贴时间、跟贴者 ID、跟贴内容、跟贴时间。

(4) 创建一个视图,实现查询回贴数在前 3 名的用户 ID、回贴数。

(5) 删除刚才创建的视图。

6. 索引

(1) 为用户表列"昵称"创建一个非聚集唯一性索引,索引名为 IX_UserInfo_Unique。

(2) 为主贴表列"标题"创建一个唯一性索引,索引名为 IX_BBSTopic_Unique。

(3) 删除(1)、(2)创建的索引。

三、阶段项目实战要求

1. 完成方式

(1) 要求使用 SSMS 和 T-SQL 语句分别完成项目实战内容。

(2) 将 SSMS 的关键过程的截图加以说明保存在 Word 文档中上交。

(3) 将完成项目实战的 T-SQL 语句以 SQL 文件形式保存上交。

2. 项目实战纪律

本阶段性项目实战是操作性很强的教学环节,针对项目实战的能力要求,教学方式和手段可以灵活多样。

(1) 要求学生在机房(或自己的计算机)上机时间不低于 30 学时,并且一人一机(有条件)。学生上机时间根据具体情况进行适当增减。

(2) 项目实战非上机时间,学生应通过各种媒体获取相关资料进行上机准备。

(3) 项目实战过程可以相互讨论,发现问题后找出解决问题的方法,但不允许抄袭、复制代码。

四、阶段性项目实战安排

项目实战内容和时间安排见表实战 7。

表实战 7　项目实战内容时间安排

序号	实战内容	课时
1	教师讲解项目要求、注意事项等安排情况、需求分析	4
2	E-R 图、数据字典、数据模型图	6
3	创建数据库、表、表的约束	6
4	插入数据	4
5	查询	6
6	视图、索引	2
7	编写 Word 文档、答辩	2
	合计	30

五、考核要求

1. 考核方式

考核方式分为过程考试和终结考核两种形式，过程考核主要考查学生的出勤情况、学习态度和学习能力情况；终结考核主要考查学生综合运用 SQL Server 2005 中的 SSMS 进行数据管理的能力、编写 T-SQL 脚本的能力和文档的书写能力。

2. 考核要求

阶段性项目实战考核要求见表实战 8。

表实战 8　项目实战考核表

序号	考核内容	考核比例(%)
1	考勤	10
2	使用 SSMS 和 T-SQL 管理数据库	60
3	主动提出问题、分析问题和解决问题	10
4	创新	5
5	相关文档	10
6	答辩	5
	合计	100

阶段性项目实战二

一、实战目的

1. 专业知识能力

通过阶段性项目实战进一步巩固、深化和扩展学生 SQL Server 2005 数据库管理和开发的基本知识和技能。

在做完阶段项目实战一的基础上：

(1) 熟练掌握 SQL Server 2005 的 T-SQL 编程技术。

(2) 熟练掌握 SQL Server 2005 T-SQL 的高级编程基础知识。

(3) 熟练掌握 SQL Server 2005 T-SQL 的存储过程与触发器的操作方法。

(4) 理解与掌握 SQL Server 2005 T-SQL 的数据安全、权限设置和备份技术。

2. 方法能力

培养学生运用所学的知识和技能解决 SQL Server 2005 数据库管理和开发过程所遇到的实际问题的能力、掌握基本的 SQL 脚本编写规范、养成良好的数据库操作习惯。

(1) 培养学生通过各种媒体收集资料、阅读资料和利用资料的能力。

(2) 培养学生基本的数据库应用能力。

(3) 培养学生基本的 T-SQL 编程逻辑思维能力。

(4) 培养学生通过各种媒体进行自主学习的能力。

3. 社会素质能力

培养学生理论联系实际的工作作风、严肃认真的工作态度及独立工作的能力。

(1) 培养学生观察问题、思考问题、分析问题和解决问题的综合能力。

(2) 培养学生的团队协作精神和创新精神。

(3) 培养学生学习的主动性和创造性。

二、阶段性项目实战内容

(一) T-SQL 高级编程

理解与掌握 SQL Server 2005 T-SQL 高级编程，对熟练掌握存储过程与触发器的操作方法会更有帮助。

1. IF...ELSE 语句的使用

因网上有人举报，"长弓追月"因涉嫌发表不合法(理)议论，版主希望核实"长弓追月"的发贴情况、回贴情况和权限。使用 IF…ELSE 语句查看"长弓追月"发贴和回贴情况及权限。

权限基本要求：成为注册会员才有资格发主贴(积分大于等于 50 分)，"新手上路"不可发表主贴，仅可发回贴和查看信息。

如果用户发表不合法的议论，则可能被禁言(状态为 2)。

T-SQL 语句如下。

```
PRINT '个人信息如下：'
SELECT 昵称=UserName,等级=UserGrade,UserPoint 积分,备注=UserMemo
FROM UserInfo
DECLARE @UserID int ,@UserState int
SELECT @UserID=UserID,@UserState=UserState,@UserPoint=UserPoint
FROM UserInfo WHERE UserName='长弓追月'
PRINT '长弓追月的发贴情况：'
SELECT * FROM BBSTopic WHERE TUID=@UserID
PRINT '长弓追月的回贴情况：'
SELECT * FROM BBSReply WHERE RUID=@UserID
IF(@UserState=2)
    PRINT '长弓追月被禁言，我们立即删除相关不合法议论内容！'
ELSE IF(@UserPoint>=50)
        PRINT '长弓追月有权发主贴'
    ELSE
        PRINT '长弓追月无权发主贴'
```

2. CASE...END 的使用

(1) 采用 CASE 语句更新用户表中用户的等级，等级要求详见表实战 9。

(2) 采用 CASE 语句查看用户星级。

表实战 9 用户等级与星级

等级号	用户等级	星级	会员描述	积分起点
1	☆	★	新手上路	20
2	☾	★★	注册会员	50
3	☾☆	★★★	中级会员	200
4	☹	★★★★	高级会员	500
5	☹☾	★★★★★	金牌会员	1000
6	☹☺	★★★★★	论坛元老	3000

T-SQL 语句如下。

```
UPDATE UserInfo
SET UserGrade=CASE
    WHEN UserPoint<50 THEN 1
    WHEN UserPoint>=50 AND UserPoint<200 THEN 2
    WHEN UserPoint>=200 AND UserPoint<500 THEN 3
    WHEN UserPoint>=500 AND UserPoint<1000 THEN 4
    WHEN UserPoint>=1000 AND UserPoint<3000 THEN 5
    ELSE 6
END
SELECT UserID 用户ID,UserName 昵称,星级=CASE
    WHEN UserGrade=1 THEN '★'
    WHEN UserGrade=2 THEN '★★'
    WHEN UserGrade=3 THEN '★★★'
    WHEN UserGrade=4 THEN '★★★★'
    ELSE '★★★★★'
END,UserPoint 积分,UserGold 金币
FROM UserInfo
```

3. 游标的使用

游标作为一种非常有用的工具，在触发器中如果没有使用游标，对多条记录同时删除和更新时常常出现错误，达不到理想的结果。这在教材里已经阐述过。

这里仅让学生理解游标的使用。

查询积分在 1 000 以上的用户的 ID、昵称、等级、积分和金币。

T-SQL 语句如下。

```
DECLARE UserPoint_CURSOR CURSOR              --声明游标
FOR
SELECT  UserID,UserName,UserState,UserPoint,UserGold
FROM UserInfo
WHERE UserPoint>1000
OPEN UserPoint_CURSOR                        --打开游标
FETCH NEXT FROM UserPoint_CURSOR
```

```
WHILE (@@FETCH_STATUS=0)
    BEGIN
        FETCH NEXT FROM UserPoint_CURSOR
    END
CLOSE UserPoint_CURSOR                   --关闭游标
DEALLOCATE UserPoint_CURSOR                 --释放游标
```

(二) 存储过程

(1) 编写一个不带参数的存储过程。创建一个存储过程 Proc_0，实现查询用户的星级排名，如图实战 11 所示。

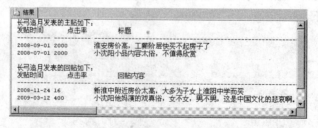

图实战 11　不带参数的存储过程

T-SQL 语句如下。

```
IF EXISTS(SELECT name FROM sysobjects WHERE name='Proc_0')
    DROP PROC Proc_0
GO
CREATE PROC Proc_0
AS
    SET NOCOUNT ON
    SELECT 昵称=UserName,星级=
    CASE
        WHEN UserGrade=0 THEN ' '
        WHEN UserGrade=1 THEN '★'
        WHEN UserGrade=2 THEN '★★'
        WHEN UserGrade=3 THEN '★★★'
        WHEN UserGrade=4 THEN '★★★★'
        WHEN UserGrade=5 THEN '★★★★★'
        ELSE            '★★★★★★'
    END
    积分=UserPoint FROM UserInfo
```

(2) 创建一个带有输入参数的存储过程。在进行论坛的奖项评选或调查某个用户的言论情况时，都需要经常查找某个用户的发贴情况(主贴和回贴)。编写存储过程 Proc_1，实现查找某个用户(假定为长弓追月)的发贴情况，结果如图实战 12 所示。

图实战 12　带输入参数的存储过程的结果

T-SQL 语句如下。

```
USE HABBS
GO
IF EXISTS(SELECT name FROM sysobjects WHERE name='Proc_1')
   DROP PROC Proc_1
GO
CREATE PROC Proc_1
@UserName varchar(10)
AS
   SET NOCOUNT ON
   DECLARE @UserID int
   SELECT @UserID=UserID FROM UserInfo WHERE UserName=@UserName
   IF EXISTS(SELECT * FROM BBSTopic WHERE TUID=@UserID)
      BEGIN
          PRINT @UserName+'发表的主贴如下：'
          SELECT 发贴时间=convert(char(10),TTime,120),点击率=TClickCount,
标题=TTopic
          FROM BBSTopic
          WHERE TUID=@UserID
      END
   ELSE
      PRINT @UserName+'没有发表主贴。'
   IF EXISTS(SELECT * FROM BBSReply WHERE RUID=@UserID)
      BEGIN
          PRINT @UserName+'发表的回贴如下：'
          SELECT 发贴时间=convert(char(10),RTime,120),点击率=RClickCount,
回贴内容=RContent
          FROM BBSReply
          WHERE RUID=@UserID
      END
   ELSE
      PRINT @UserName+'没有发表回贴。'
--执行存储过程 Proc_1
EXEC Proc_1 '长弓追月'
```

(3) 创建带有返回值的存储过程。编写一个存储过程 Proc_2，查找某个用户的发贴情况，并返回发贴数和回贴数，如图实战 13 所示。

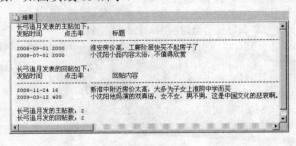

图实战 13 带输出参数的存储过程的结果

T-SQL 语句如下。

```
USE HABBS
GO
```

```
IF EXISTS(SELECT name FROM sysobjects WHERE name='Proc_2')
    DROP PROC Proc_2
GO
CREATE PROC Proc_2
@UserName varchar(10),
@TopicCount int OUTPUT,    --主贴数
@ReplyCount int OUTPUT--回贴数
AS
    SET NOCOUNT ON
    DECLARE @UserID int
    SET @TopicCount=0
    SET @ReplyCount=0
    SELECT @UserID=UserID FROM UserInfo WHERE UserName=@UserName
    IF EXISTS(SELECT * FROM BBSTopic WHERE TUID=@UserID)
        BEGIN
            SELECT @TopicCount=COUNT(*)FROM BBSTopic --获取主贴数
            WHERE TUID=@UserID
            PRINT @UserName+'发表的主贴如下：'
            SELECT 发贴时间=convert(char(10),TTime,120),点击率=TClickCount,标
题=TTopic
            FROM BBSTopic
            WHERE TUID=@UserID
        END
    ELSE
        PRINT @UserName+'没有发表主贴。'

    IF EXISTS(SELECT * FROM BBSReply WHERE RUID=@UserID)
        BEGIN
            SELECT @ReplyCount=COUNT(*)FROM BBSReply --获取回贴数
            WHERE RUID=@UserID
            PRINT @UserName+'发表的回贴如下：'
            SELECT 发贴时间=convert(char(10),RTime,120),点击率=RClickCount,回
贴内容=RContent
            FROM BBSReply
            WHERE RUID=@UserID
        END
    ELSE
        PRINT @UserName+'没有发表回贴。'

--执行存储过程 Proc_2，获取长弓追月的主贴数和回贴数
DECLARE @Sum1 int ,@Sum2 int
DECLARE @UserName  varchar(10)
SET @UserName='长弓追月'
EXEC Proc_2 @UserName, @Sum1 OUTPUT,@Sum2 OUTPUT
PRINT @UserName+'发的主贴数：'+CONVERT(char,@Sum1)
PRINT @UserName+'发的回贴数：'+CONVERT(char,@Sum2)
```

　　(4) 创建带有默认参数的存储过程。修改存储过程 **Proc_2**，查询某个用户在某个版块的发贴情况(主贴+回贴)，并返回发贴数和回贴数，如果调用者没有指定具体的版块，则默认为所有版块。

T-SQL 语句如下。

```
    USE HABBS
  GO
  IF EXISTS(SELECT name FROM sysobjects WHERE name='Proc_3')
    DROP PROC Proc_3
  GO
  CREATE PROC Proc_3
  @UserName varchar(10),
  @SID int=2,
  @TopicCount int OUTPUT,    --主贴数
  @ReplyCount int OUTPUT--回贴数
  AS
    SET NOCOUNT ON
    DECLARE @UserID int
    SET @TopicCount=0
    SET @ReplyCount=0
    SELECT @UserID=UserID FROM UserInfo WHERE UserName=@UserName
    IF EXISTS(SELECT * FROM BBSTopic WHERE TUID=@UserID AND TSID=@SID)
        BEGIN
            SELECT @TopicCount=COUNT(*)FROM BBSTopic --获取主贴数
            WHERE TUID=@UserID AND TSID=@SID
            PRINT @UserName+'发表的主贴如下：'
            SELECT 发贴时间=convert(char(10),TTime,120),点击率=TClickCount,标
题=TTopic
            FROM BBSTopic
            WHERE TUID=@UserID AND TSID=@SID
        END
    ELSE
        PRINT @UserName+'没有发表主贴。'

    IF EXISTS(SELECT * FROM BBSReply WHERE RUID=@UserID AND RSID=@SID)
        BEGIN
            SELECT @ReplyCount=COUNT(*)FROM BBSReply --获取回贴数
            WHERE RUID=@UserID AND RSID=@SID
            PRINT @UserName+'发表的回贴如下：'
            SELECT 发贴时间=convert(char(10),RTime,120),点击率=RClickCount,回
贴内容=RContent
            FROM BBSReply
            WHERE RUID=@UserID AND RSID=@SID
        END
    ELSE
        PRINT @UserName+'没有发表回贴。'
  --执行存储过程 Proc_3，获取版块长弓追月的主贴数和回贴数
  DECLARE @Sum1 int ,@Sum2 int
  DECLARE @UserName varchar(10)
  SET @UserName='长弓追月'
  EXEC Proc_3 @UserName,3,@Sum1 OUTPUT,@Sum2 OUTPUT
  PRINT @UserName+'发的主贴数：'+CONVERT(char,@Sum1)
  PRINT @UserName+'发的回贴数：'+CONVERT(char,@Sum2)
  --使用默认输入参数
  DECLARE @Sum1 int ,@Sum2 int
```

```
DECLARE @UserName varchar(10)
SET @UserName='长弓追月'
EXEC Proc_3 @UserName,DEFAULT,@Sum1 OUTPUT,@Sum2 OUTPUT
PRINT @UserName+'发的主贴数：'+CONVERT(char,@Sum1)
PRINT @UserName+'发的回贴数：'+CONVERT(char,@Sum2)
```

(5) 创建一个能实现发主贴功能的存储过程。创建一个存储过程 Proc_4，要求输入参数如下。

- 发贴者昵称。
- 所在版式块名称。
- 主贴标题。
- 发贴表情。

另外发贴后需要酌情加分，如果发新贴，积分加 100，金币加 200。版块主贴数加 1，用户等级相应作出修改。用户积分加减分见表实战 6。

T-SQL 语句如下。

```
IF EXISTS (SELECT * FROM sysobjects WHERE name = 'proc_4' )
  DROP PROCEDURE proc_4
GO
CREATE PROC Proc_4
@UserName varchar(10),
@SName varchar(32),
@Topic varchar(255),
@TEmotion int
AS
    BEGIN TRAN --开始事务
    SET NOCOUNT ON
    DECLARE @UserID int,@SID int
    DECLARE @SumError int
    SET @SumError=0
    SELECT @UserID=UserID FROM UserInfo WHERE UserName=@UserName
    SELECT TOP 1 @SID=SID FROM BBSSection WHERE SName=@SName
    INSERT INTO BBSTopic(TSID,TUID,TTopic,TEmotion,TTime,TLastReplyTime)
    VALUES(@SID,@UserID,@Topic,@TEmotion,DEFAULT,DEFAULT)
    SET @SumError=@SumError+@@ERROR
    UPDATE BBSSection SET STopicCount=STopicCount+1 WHERE SID=@SID
    SET @SumError=@SumError+@@ERROR
    IF (SELECT COUNT(*) FROM BBSTopic WHERE TTopic LIKE @Topic
AND TUID<>@UserID)=0
    AND (SELECT COUNT(*) FROM BBSTopic WHERE TTopic LIKE @Topic
AND TUID=@UserID)=1  --发新贴才加分
        BEGIN
            UPDATE UserInfo SET UserPoint=UserPoint+100,UserGold=UserGold+200
WHERE UserID=@UserID
        END
    SET @SumError=@SumError+@@ERROR
    UPDATE UserInfo SET UserGrade =
        CASE
            WHEN UserPoint<50 THEN 1
            WHEN UserPoint>=50 AND UserPoint<200 THEN 2
```

```
                WHEN UserPoint>=200 AND UserPoint<500 THEN 3
                WHEN UserPoint>=500 AND UserPoint<1000 THEN 4
                WHEN UserPoint>=1000 AND UserPoint<3000 THEN 5
                ELSE 6
        END
    SET @SumError=@SumError+@@ERROR
    IF (@SumError<>0)
        BEGIN
            ROLLBACK TRAN
            PRINT '插入主贴不成功!可能插入信息违反某约束!'
        END
    ELSE
        BEGIN
            COMMIT TRAN
            PRINT '插入主贴成功!'
            SELECT * FROM BBSTopic WHERE TID=@@IDENTITY
        END
GO
--执行存储过程，插入测试数据
exec proc_4 '委曲的泪','情感激流','每个人都要有一颗宽大的胸怀面对世界',3
exec proc_4 '雨凝','情感激流','丁克婚姻问题多多',4
exec proc_4 'super','abc','请大家公开投票',4
exec proc_4 'abc','美食','我不喜欢吃海鲜',2
--删除两个插入的主贴
DELETE FROM BBSTopic WHERE TTopic='每个人都要有一颗宽大的胸怀面对世界'
OR TTopic='丁克婚姻问题多多'
```

(三) 触发器

前面使用存储过程，简化了论坛的常规管理操作，诸如查询指定用户的发贴情况，查询指定贴子的回贴情况等。这里将利用触发器，模拟实现论坛的发贴、删贴和积分的修改。

(1) 使用触发器实现用户删贴。创建一个触发器 Tri_Delete_BBSTopic，要求实现如下业务规则。

① 被删除的贴主的积分减 50 分，金币减 100。

② 跟贴者积分减 1 分，金币不减。

③ 删除跟贴。

删除前的积分情况如图实战 14 所示。

	昵称	贴主ID	等级	积分	金币
1	委曲的泪	1	3	300	400
2	长弓追月	2	4	800	800
3	雨凝	3	5	2250	2300
4	爱上小丑鱼	4	6	3200	3200
5	Super	5	6	6000	6000

图实战 14 删除前用户积分和金币

删除后的积分情况如图实战 15 所示。

图实战 15　删除后用户积分和金币

T-SQL 语句如下。

```
USE HABBS
GO
IF EXISTS (SELECT name FROM sysobjects WHERE name = 'Tri_Delete_BBSTopic')
    DROP TRIGGER Tri_Delete_BBSTopic
GO
ALTER TABLE BBSReply NOCHECK CONSTRAINT ALL            --禁用跟贴表的外键约束
GO
CREATE TRIGGER Tri_Delete_BBSTopic
ON BBSTopic
FOR DELETE
AS
    SET NOCOUNT ON
    DECLARE @userID INT,@TID INT,@SID INT
    SELECT @userID=TUID,@TID=TID,@SID=TSID FROM DELETED
    UPDATE UserInfo SET UserPoint=UserPoint-50,UserGold=UserGold-100
WHERE UserID=@userID--贴主减去 50 分，金币减 100
--  UPDATE UserInfo SET UserPoint=UserPoint-1 FROM UserInfo
--  INNER JOIN BBSReply
--  ON UserInfo.UserID=BBSReply.RUID
--  WHERE BBSReply.RTID=@TID
    UPDATE UserInfo SET UserPoint=UserPoint-1 FROM UserInfo
--跟贴者纵容并支持犯罪，减去 1 分
    WHERE UserID IN(SELECT RUID FROM BBSReply WHERE RTID=@TID)
    UPDATE BBSsection SET STopicCount=STopicCount-1             --版块内的主贴数减 1
    WHERE SID=@SID
    DELETE FROM BBSReply WHERE RTID=@TID                        --删掉跟贴
GO
--插入测试数据
DECLARE @topicID INT
INSERT INTO bbsTopic (TSID,TUID,TReplyCount,TEmotion,TTopic,TState)
    VALUES(3,1,1,3,'每个人都要有一颗宽大的胸怀面对世界',1)    --发贴人
SET @topicID=@@IDENTITY
INSERT INTO BBSReply (RTID,RSID,RUID,REmotion,Rcontent)    --回贴人
VALUES(@topicID,3,4,3,'我的心胸总是不开阔，不能包容所有对我有意见的人！
我有时想不通。')
PRINT '>>>>>>>>>>>>>>>>>>>>>>>>>删贴前<<<<<<<<<<<<<<<<<<<<<<<<<'
SELECT 昵称=UserName,贴主 ID=UserID,等级=UserGrade,积分=UserPoint,
金币=UserGold FROM UserInfo
SELECT 主贴 ID=TID,版块 ID=TSID,发贴人 ID=TUID,标题=TTopic FROM BBSTopic
SELECT 主贴 ID=RTID,版块 ID=RSID,回贴人 ID=RUID,回贴内容=RContent FROM BBSReply
--1 号原积分 300，金币 400，4 号原积分 3 200，金币数 3 200
```

```
DELETE BBSTopic  WHERE TTopic LIKE '%每个人都要有一颗宽大的胸怀面对世界%'
--删除主贴后号积分250，金币300，4号积分3 199，金币数不变
PRINT '>>>>>>>>>>>>>>>>>>>>>>>>>>>删贴后<<<<<<<<<<<<<<<<<<<<<<<<<<'
SELECT 昵称=UserName,贴主ID=UserID,等级=UserGrade,积分=UserPoint,
金币=UserGold FROM UserInfo
SELECT 主贴ID=TID,版块ID=TSID,发贴人ID=TUID,标题=TTopic FROM BBSTopic
SELECT 主贴ID=RTID,版块ID=RSID,回贴人ID=RUID,回贴内容=RContent FROM BBSReply
ALTER TABLE BBSReply CHECK CONSTRAINT ALL       --启用跟贴表的外键约束
```

(2) 使用触发器实现用户发贴。当用户发主贴(向表 BBSTopic 中插入主贴信息)时，自动触发下列动作。

① 用户发主贴后，需要更新对应版块的信息，主贴数加1，点击率加1。

② 发贴者积分加100分，金币加200。

③ 加分后更新相应等级。

④ 插入主贴。

T-SQL 语句如下。

```
IF EXISTS (SELECT name FROM sysobjects WHERE name = 'Tri_Insert_BBSTopic')
    DROP TRIGGER Tri_Insert_BBSTopic
GO
CREATE TRIGGER Tri_Insert_BBSTopic
ON BBSTopic
FOR INSERT
AS
    BEGIN TRAN --开始事务
    SET NOCOUNT ON
    DECLARE @UserID int,@SID int,@Topic varchar(255)
    DECLARE @SumError int
    SET @SumError=0
    SELECT @UserID=TUID,@SID=TSID,@Topic=TTopic FROM INSERTED
    UPDATE BBSSection SET STopicCount=STopicCount+1 WHERE SID=@SID
    SET @SumError=@SumError+@@ERROR
    IF (SELECT COUNT(*) FROM BBSTopic WHERE TTopic LIKE @Topic
AND TUID<>@UserID)=0 AND (SELECT COUNT(*) FROM BBSTopic
WHERE TTopic LIKE @Topic AND TUID=@UserID)=1  --发新贴才加分
        BEGIN
            UPDATE UserInfo SET UserPoint=UserPoint+100,UserGold=UserGold+200
            WHERE UserID=@UserID
            UPDATE BBSSection
SET SClickCount=SClickCount+1,STopicCount=STopicCount+1
            WHERE SID=@SID
        END
     SET @SumError=@SumError+@@ERROR
    UPDATE UserInfo SET UserGrade =
    CASE
        WHEN UserPoint<50 THEN 1
        WHEN UserPoint>=50 AND UserPoint<200 THEN 2
        WHEN UserPoint>=200 AND UserPoint<500 THEN 3
        WHEN UserPoint>=500 AND UserPoint<1000 THEN 4
        WHEN UserPoint>=1000 AND UserPoint<3000 THEN 5
        ELSE 6
```

```
          END
      SET @SumError=@SumError+@@ERROR
      IF (@SumError<>0)
          BEGIN
              ROLLBACK TRAN
              PRINT '插入主贴不成功!可能插入信息违反某约束!'
          END
      ELSE
          BEGIN
              COMMIT TRAN
              PRINT '插入主贴成功!'
          END
  GO
  PRINT '>>>>>>>>>>>>>>>>>>>>>>>>>插入主贴前<<<<<<<<<<<<<<<<<<<<<<<<<'
  SELECT 昵称=UserName,贴主 ID=UserID,等级=UserGrade,积分=UserPoint,
  金币=UserGold FROM UserInfo
  SELECT * FROM BBSSection
  SELECT * FROM BBSTopic
  --插入测试数据
  INSERT                          INTO                          BBSTopic
(TSID,TUID,TReplyCount,TEmotion,TTopic,TState,TClickCount)
  VALUES(3,1,1,3,'每个人都要有一颗宽大的胸怀面对世界',1,1)  --发帖人
  PRINT '>>>>>>>>>>>>>>>>>>>>>>>>>插入主贴后<<<<<<<<<<<<<<<<<<<<<<<<<'
  SELECT 昵称=UserName,贴主 ID=UserID,等级=UserGrade,积分=UserPoint,
  金币=UserGold FROM UserInfo
  SELeCT * FROM BBSSection
  SELECT * FROM BBSTopic
```

(3) 用户积分的修改。创建一个更新触发器,当更新用户表(UserInfo)的用户积分时,自动修改用户等级。等级要求详见表实战 9。

T-SQL 语句如下。

```
  IF EXISTS (SELECT name FROM sys.objects WHERE name='Tri_Update_UserInfo' AND
type='TR')
      DROP TRIGGER Tri_Update_UserInfo
  GO
  CREATE TRIGGER Tri_Update_UserInfo
  ON UserInfo
  FOR UPDATE
  AS
  IF UPDATE(UserPoint)
      BEGIN
          SET NOCOUNT ON
          UPDATE UserInfo SET UserGrade=
          CASE
              WHEN UserPoint<50 THEN 1
              WHEN UserPoint>=50 AND UserPoint<200 THEN 2
              WHEN UserPoint>=200 AND UserPoint<500 THEN 3
              WHEN UserPoint>=500 AND UserPoint<1000 THEN 4
              WHEN UserPoint>=1000 AND UserPoint<3000 THEN 5
              ELSE 6
          END
```

```
        WHERE UserID IN(SELECT UserID FROM INSERTED)
    END
--插入测试数据
UPDATE UserInfo SET UserPoint=UserPoint+250
WHERE UserID=1
SELECT * FROM UserInfo
WHERE UserID=1
```

(4) 思考题。创建一个发回贴的插入触发器，当向回贴中插入一条记录时，实现如下业务规则。

① 对应的主贴点击率加 1，回贴数加 1。

② 发回贴者积分加 1 分，金币加 2。

③ 更新对应主贴的最后回贴时间为当前时间。

(5)思考题。创建一个回贴的删除触发器，当删除一条回贴记录时，实现如下业务规则。

① 对应的主贴点击率加 1，回贴数减 1。

② 发回贴者积分减 1 分。

(四) 数据库安全

(1) 创建 SQL Server 登录名 BBSLogin，登录密码为"123"，并将该登录名添加到"sysadmin"固定服务器角色中。

```
USE master
GO
CREATE LOGIN BBSLogin
WITH PASSWORD='123',DEFAULT_DATABASE=HABBS
EXEC sp_addsrvrolemember 'BBSLogin','sysadmin'
```

(2) 创建 BBSLogin 登录名的数据库 HABBS 对应数据库用户名 BBSUser。

```
USE HABBS
GO
CREATE USER BBSUser FOR LOGIN BBSLogin
```

(3) 创建数据库角色 BBSRole，并设置 BBSRole 拥有对 HABBS 数据库的所有权限。

```
CREATE Role BBSRole
GRANT SELECT,INSERT,DELETE,UPDATE ON UserInfo TO BBSRole
GRANT SELECT,INSERT,DELETE,UPDATE ON BBSSection TO BBSRole
GRANT SELECT,INSERT,DELETE,UPDATE ON BBSTopic TO BBSRole
GRANT SELECT,INSERT,DELETE,UPDATE ON BBSReply TO BBSRole
```

(4) 将 BBSUser 添加到该数据库角色中。

```
EXEC sp_addrolemember 'BBSRole','BBSUser'
```

(5) 以 BBSLogin 登录 SQL Server 数据库引擎服务器。

(五) 数据备份

(1) 在 E:\Backup\文件夹中创建备份设备 HABBS_bak。

```
EXEC sp_addumpdevice 'disk','HABBS_bak','E:\Backup\HABBS.bak'
```

(2) 将 HABBS 数据库完整备份到备份设备 HABBS_bak 上。

```
BACKUP DATABASE HABBS TO HABBS_bak
```

(3) 分离数据库 HABBS 后，再附加到服务器中。

```
EXEC sp_detach_db HABBS
EXEC sp_attach_db HABBS, 'D:\student\HABBS_Data.mdf',
'D:\student\HABBS Log.ldf'
```

(4) 将 HABBS 数据库导出到 E:\Backup\HABBS.xls。

三、阶段项目实战要求

1. 完成方式

(1) 要求使用 SSMS 和 T-SQL 语句分别完成项目实战内容。

(2) 将 SSMS 的关键过程的截图加以说明保存在 Word 文档中上交。

(3) 将完成项目实战的 T-SQL 语句以 SQL 文件形式保存上交。

2. 项目实战纪律

本阶段性项目实战是操作性很强的教学环节，针对项目实战的能力要求，教学方式和手段可以灵活多样。

(1) 要求学生在机房(或自己的计算机)上机时间不低于 18 学时，并且一人一机(有条件)。学生上机时间根据具体情况进行适当增减。

(2) 项目实战非上机时间，学生应通过各种媒体获取相关资料进行上机准备。

(3) 项目实战过程可以相互讨论，发现问题后找出解决问题的方法，但不允许抄袭、复制代码。

四、阶段性项目实战安排

项目实战内容和时间安排见表实战 10。

表实战 10　项目实战内容时间安排

序号	实战内容	课时
1	教师讲解项目要求、注意事项等安排情况、需求分析	2
2	T-SQL 高级编程	4
3	创建存储过程	4
4	创建触发器	6
5	编写 Word 文档、答辩	2
	合计	18

五、考核要求

1. 考核方式

考核方式分为过程考试和终结考核两种形式，过程考核主要考查学生的出勤情况、学习态度和学习能力情况；终结考核主要考查学生综合运用 SQL Server 2005 中的 SSMS 进行数据管理的能力、编写 T-SQL 脚本的能力和文档的书写能力。

2. 考核要求

阶段性项目实战考核要求见表实战 11。

表实战 11　项目实战考核表

序号	考核内容	考核比例(%)
1	考勤	10
2	使用 SSMS 和 T-SQL 管理数据库	60
3	主动提出问题、分析问题和解决问题	10
4	创新	5
5	相关文档	10
6	答辩	5
8	合计	100

参 考 文 献

[1] 康会光，王俊伟，张瑞平，等．SQL Server 2005 标准教程[M]．北京：清华大学出版社，2007．

[2] 陶宏才．数据库原理及设计[M]．北京：清华大学出版社，2004．

[3] 龚小勇．关系数据库与 SQL Server 2000[M]．北京：机械工业出版社，2007．

[4] 北京阿博泰克北大青鸟信息技术有限公司．数据库的设计与实现[M]．北京：科学技术出版社，2005．

[5] 李代平，等．中文 SQL Server 2000 数据库应用基础[M]．北京：冶金工业出版社，2002．

[6] 董福贵，李存斌．SQL Server 2005 数据库简明教程[M]．北京：电子工业出版社，2006．

[7] 微软公司．数据库程序设计[M]．北京：高等教育出版社，2004．

[8] 老虎工作室．从零开始——SQL Server 2005 中文版基础培训教程[M]．北京：人民邮电出版社，2007．

[9] 夏帮贵，刘凡馨．中文版 SQL Server 数据库开发培训教程[M]．北京：人民邮电出版社，2005．

[10] 何文华，李萍．SQL Server 2000 应用开发教程[M]．北京：电子工业出版社，2004．

[11] 王能斌．数据库系统教程[M]．北京：电子工业出版社，2002．

[12] 王珊，陈红．数据库系统原理教程[M]．北京：清华大学出版社，1998．

[13] 汤承林．SQL Server 数据库应用基础与实现[M]．北京：电子工业出版社，2008．

全国高职高专计算机、电子商务系列教材

序号	标准书号	书　名	主　编	定价(元)	出版日期
1	978-7-301-11522-0	ASP.NET 程序设计教程与实训(C#语言版)	方明清等	29.00	2009 年重印
2	978-7-301-10226-8	ASP 程序设计教程与实训	吴鹏，丁利群	27.00	2009 年第 6 次印刷
3	7-301-10265-8	C++程序设计教程与实训	严仲兴	22.00	2008 年重印
4	978-7-301-15476-2	C 语言程序设计(第 2 版)	刘迎春，王磊	32.00	2009 年出版
5	978-7-301-09770-0	C 语言程序设计教程	季昌武，苗专生	21.00	2008 年第 3 次印刷
6	978-7-301-16878-3	C 语言程序设计上机指导与同步训练(第 2 版)	刘迎春，陈静	30.00	2010 年出版
7	7-5038-4507-4	C 语言程序设计实用教程与实训	陈翠松	22.00	2008 年重印
8	978-7-301-10167-4	Delphi 程序设计教程与实训	穆红涛，黄晓敏	27.00	2007 年重印
9	978-7-301-10441-5	Flash MX 设计与开发教程与实训	刘力，朱红祥	22.00	2007 年重印
10	978-7-301-09645-1	Flash MX 设计与开发实训教程	栾蓉	18.00	2007 年重印
11	7-301-10165-1	Internet/Intranet 技术与应用操作教程与实训	闻红军，孙连军	24.00	2007 年重印
12	978-7-301-09598-0	Java 程序设计教程与实训	许文宪，董子建	23.00	2008 年第 4 次印刷
13	978-7-301-10200-8	PowerBuilder 实用教程与实训	张文学	29.00	2007 年重印
14	978-7-301-15533-2	SQL Server 数据库管理与开发教程与实训(第 2 版)	杜兆将	32.00	2010 年重印
15	7-301-10758-7	Visual Basic .NET 数据库开发	吴小松	24.00	2006 年出版
16	978-7-301-10445-9	Visual Basic .NET 程序设计教程与实训	王秀红，刘造新	28.00	2006 年重印
17	978-7-301-10440-8	Visual Basic 程序设计教程与实训	康丽军，武洪萍	28.00	2010 年第 4 次印刷
18	7-301-10879-6	Visual Basic 程序设计实用教程与实训	陈翠松，徐宝林	24.00	2009 年重印
19	978-7-301-09698-7	Visual C++ 6.0 程序设计教程与实训(第 2 版)	王丰，高光金	23.00	2009 年出版
20	978-7-301-10288-6	Web 程序设计与应用教程与实训(SQL Server 版)	温志雄	22.00	2007 年重印
21	978-7-301-09567-6	Windows 服务器维护与管理教程与实训	鞠光明，刘勇	30.00	2006 年重印
22	978-7-301-10414-9	办公自动化基础教程与实训	靳广斌	36.00	2010 年第 4 次印刷
23	978-7-301-09640-6	单片机实训教程	张迎辉，贡雪梅	25.00	2006 年重印
24	978-7-301-09713-7	单片机原理与应用教程	赵润林，张迎辉	24.00	2007 年重印
25	978-7-301-09496-9	电子商务概论	石道元等	22.00	2007 年第 3 次印刷
26	978-7-301-11632-6	电子商务实务	胡华江，余诗建	27.00	2008 年重印
27	978-7-301-10880-2	电子商务网站设计与管理	沈凤池	22.00	2008 年重印
28	978-7-301-10444-6	多媒体技术与应用教程与实训	周承芳，李华艳	32.00	2009 年第 5 次印刷
29	7-301-10168-6	汇编语言程序设计教程与实训	赵润林，范国渠	22.00	2005 年出版
30	7-301-10175-9	计算机操作系统原理教程与实训	周峰，周艳	22.00	2006 年重印
31	978-7-301-14671-2	计算机常用工具软件教程与实训(第 2 版)	范国渠，周敏	30.00	2010 年重印
32	7-301-10881-8	计算机电路基础教程与实训	刘辉珞，张秀国	20.00	2007 年重印
33	978-7-301-10225-1	计算机辅助设计教程与实训(AutoCAD 版)	袁太生，姚桂玲	28.00	2007 年重印
34	978-7-301-10887-1	计算机网络安全技术	王其良，高敬瑜	28.00	2008 年第 3 次印刷
35	978-7-301-10888-8	计算机网络基础与应用	阚晓初	29.00	2007 年重印
36	978-7-301-09587-4	计算机网络技术基础	杨瑞良	28.00	2007 年第 4 次印刷
37	978-7-301-10290-9	计算机网络技术基础教程与实训	桂海进，武俊生	28.00	2010 年第 6 次印刷
38	978-7-301-10291-6	计算机文化基础教程与实训(非计算机)	刘德仁，赵寅生	35.00	2007 年第 3 次印刷
39	978-7-301-09639-0	计算机应用基础教程(计算机专业)	梁旭庆，吴焱	27.00	2009 年第 3 次印刷
40	7-301-10889-3	计算机应用基础实训教程	梁旭庆，吴焱	24.00	2007 年重印刷
41	978-7-301-09505-8	计算机专业英语教程	樊晋宁，李莉	20.00	2009 年第 5 次印刷
42	978-7-301-15432-8	计算机组装与维护(第 2 版)	肖玉朝	26.00	2009 年出版
43	978-7-301-09535-5	计算机组装与维修教程与实训	周佩锋，王春红	25.00	2007 年第 3 次印刷
44	978-7-301-10458-3	交互式网页编程技术(ASP .NET)	牛立成	22.00	2007 年重印
45	978-7-301-09691-8	软件工程基础教程	刘文，朱飞雪	24.00	2007 年重印
46	978-7-301-10460-6	商业网页设计与制作	丁荣涛	35.00	2007 年重印
47	7-301-09527-9	数据库原理与应用(Visual FoxPro)	石道元，邵亮	22.00	2005 年出版
48	978-7-301-10289-3	数据库原理与应用教程(Visual FoxPro 版)	罗毅，邹存者	30.00	2010 年第 3 次印刷
49	978-7-301-09697-0	数据库原理与应用教程与实训(Access 版)	徐红，陈玉国	24.00	2006 年重印
50	978-7-301-10174-2	数据库原理与应用实训教程(Visual FoxPro 版)	罗毅，邹存者	23.00	2010 年第 3 次印刷
51	7-301-09495-7	数据通信原理及应用教程与实训	陈光军，陈增吉	25.00	2005 年出版
52	978-7-301-09592-8	图像处理技术教程与实训(Photoshop 版)	夏燕，姚志刚	28.00	2008 年第 4 次印刷
53	978-7-301-10461-3	图形图像处理技术	张枝军	30.00	2007 年重印
54	978-7-301-16877-6	网络安全基础教程与实训(第 2 版)	尹少平	30.00	2010 年出版
55	978-7-301-15086-3	网页设计与制作教程与实训(第 2 版)	于巧娥	30.00	2010 年重印
56	978-7-301-16706-9	网站规划建设与管理维护教程与实训(第 2 版)	王春红，徐洪祥	32.00	2010 年出版
57	7-301-09597-X	微机原理与接口技术	龚荣武	25.00	2007 年重印

序号	标准书号	书　名	主　编	定价(元)	出版日期
58	978-7-301-10439-2	微机原理与接口技术教程与实训	吕勇，徐雅娜	32.00	2010年第3次印刷
59	978-7-301-15466-3	综合布线技术教程与实训(第2版)	刘省贤	36.00	2009年出版
60	7-301-10412-X	组合数学	刘勇，刘祥生	16.00	2006年出版
61	7-301-10176-7	Office应用与职业办公技能训练教程(1CD)	马力	42.00	2006年出版
62	978-7-301-12409-3	数据结构(C语言版)	夏燕，张兴科	28.00	2007年出版
63	978-7-301-12322-5	电子商务概论	于巧娥，王震	26.00	2010年第3次印刷
64	978-7-301-12324-9	算法与数据结构(C++版)	徐超，康丽军	20.00	2007年出版
65	978-7-301-12345-4	微型计算机组成原理教程与实训	刘辉珞	22.00	2007年出版
66	978-7-301-12347-8	计算机应用基础案例教程	姜丹，万春旭，张飏	26.00	2007年出版
67	978-7-301-12589-2	Flash 8.0动画设计案例教程	伍福军，张珈瑞	29.00	2009年出版
68	978-7-301-12346-1	电子商务案例教程	龚民	24.00	2010年第2次印刷
69	978-7-301-09635-2	网络互联及路由器技术教程与实训(第2版)	宁芳露，杨旭东	27.00	2010年重印
70	978-7-301-13119-0	Flash CS3平面动画制作案例教程与实训	田启明	36.00	2008年出版
71	978-7-301-12319-5	Linux操作系统教程与实训	易著梁，邓志龙	32.00	2008年出版
72	978-7-301-12474-1	电子商务原理	王震	34.00	2008年出版
73	978-7-301-12325-6	网络维护与安全技术教程与实训	韩最蛟，李伟	32.00	2010年重印
74	978-7-301-12344-7	电子商务物流基础与实务	邓之宏	38.00	2008年出版
75	978-7-301-13315-6	SQL Server 2005数据库基础及应用技术教程与实训	周奇	34.00	2010年第3次印刷
76	978-7-301-13320-0	计算机硬件组装和评测及数码产品评测教程	周奇	36.00	2008年出版
77	978-7-301-12320-1	网络营销基础与应用	张冠凤，李磊	28.00	2008年出版
78	978-7-301-13321-7	数据库原理及应用(SQL Server版)	武洪萍，马桂婷	30.00	2010年重印
79	978-7-301-13319-4	C#程序设计基础教程与实训(1CD)	陈广	36.00	2010年第4次印刷
80	978-7-301-13632-4	单片机C语言程序设计教程与实训	张秀国	25.00	2008年出版
81	978-7-301-13641-6	计算机网络技术案例教程	赵艳玲	28.00	2008年出版
82	978-7-301-13570-9	Java程序设计案例教程	徐翠霞	33.00	2008年出版
83	978-7-301-13997-4	Java程序设计与应用开发案例教程	汪志达，刘新航	28.00	2008年出版
84	978-7-301-13679-9	ASP .NET动态网页设计案例教程(C#版)	冯涛，梅成才	30.00	2010年重印
85	978-7-301-13663-8	数据库原理及应用案例教程(SQL Server版)	胡锦丽	40.00	2008年出版
86	978-7-301-13571-6	网站色彩与构图案例教程	唐一鹏	40.00	2008年出版
87	978-7-301-13569-3	新编计算机应用基础案例教程	郭丽春，胡明霞	30.00	2009年重印
88	978-7-301-14084-0	计算机网络安全案例教程	陈昶，杨艳春	30.00	2008年出版
89	978-7-301-14423-7	C语言程序设计案例教程	徐翠霞	30.00	2008年出版
90	978-7-301-13743-7	Java实用案例教程	张兴科	30.00	2010年重印
91	978-7-301-14183-0	Java程序设计基础	苏传芳	29.00	2008年出版
92	978-7-301-14670-5	Photoshop CS3图形图像处理案例教程	洪光，赵倬	32.00	2009年出版
93	978-7-301-13675-1	Photoshop CS3案例教程	张喜生等	35.00	2009年重印
94	978-7-301-14473-2	CorelDRAW X4实用教程与实训	张祝强等	35.00	2009年出版
95	978-7-301-13568-6	Flash CS3动画制作案例教程	俞欣，洪光	25.00	2009年出版
96	978-7-301-14672-9	C#面向对象程序设计案例教程	陈向东	28.00	2009年重印
97	978-7-301-14476-3	Windows Server 2003维护与管理技能教程	王伟	29.00	2009年出版
98	978-7-301-13472-0	网页设计案例教程	张兴科	30.00	2009年出版
99	978-7-301-14463-3	数据结构案例教程(C语言版)	徐翠霞	28.00	2009年出版
100	978-7-301-14673-6	计算机组装与维护案例教程	谭宁	33.00	2009年出版
101	978-7-301-14475-6	数据结构(C#语言描述)(含1CD)	陈广	38.00	2009年出版
102	978-7-301-15368-0	3ds max三维动画设计技能教程	王艳芳，张景虹	28.00	2009年出版
103	978-7-301-15462-5	SQL Server数据库应用技能教程	俞立梅，吕树红	30.00	2009年出版
104	978-7-301-15519-6	软件工程与项目管理案例教程	刘新航	28.00	2009年出版
105	978-7-301-15588-2	SQL Server 2005数据库原理与应用案例教程	李军	27.00	2009年出版
106	978-7-301-15618-6	Visual Basic 2005程序设计案例教程	靳广斌	33.00	2009年出版
107	978-7-301-15626-1	办公自动化技能教程	连卫民，杨娜	28.00	2009年出版
108	978-7-301-15669-8	Visual C++程序设计技能教程与实训：OOP、GUI与Web开发	聂明	36.00	2009年出版
109	978-7-301-15725-1	网页设计与制作案例教程	杨森香，聂志勇	34.00	2009年出版
110	978-7-301-15617-9	PIC系列单片机原理和开发应用技术	俞光昀，吴一锋	30.00	2009年出版
111	978-7-301-16900-1	数据库原理及应用(SQL Server 2008版)	马桂婷等	31.00	2010年出版
112	978-7-301-16901-8	SQL Server 2005数据库系统应用开发技能教程	王伟	28.00	2010年出版
113	978-7-301-16935-3	C#程序设计项目教程	宋桂岭	26.00	2010年出版
114	978-7-301-17021-2	计算机网络技术案例教程	黄金波，齐永才	28.00	2010年出版
115	978-7-301-16736-6	Linux系统管理与维护	王秀平	29.00	2010年出版
116	978-7-301-17091-5	网页设计与制作综合实例教程	姜春莲	38.00	2010年出版
117	978-7-301-17175-2	网站建设与管理案例教程	徐洪祥	28.00	2010年出版
118	978-7-301-17136-3	Photoshop案例教程	沈道云	25.00	2010年出版
119	978-7-301-17174-5	SQL Server数据库实例教程	汤承林，杨玉东	38.00	2010年出版

电子书(PDF版)、电子课件和相关教学资源下载地址：http://www.pup6.com/ebook.htm，欢迎下载。
欢迎访问立体教材建设网站：http://blog.pup6.com。
欢迎免费索取样书，请填写并通过E-mail提交教师调查表，下载地址：http://www.pup6.com/down/教师信息调查表excel版.xls，欢迎订购，欢迎投稿。
联系方式：010-62750667，liyanhong1999@126.com.，linzhangbo@126.com，欢迎来电来信。